高等学校规划教材

基础化学实验

刘　琦　白建伟　朱春玲　主编

张宏森　刘岩峰　副主编

化学工业出版社

·北京·

内 容 简 介

《基础化学实验》包括基础化学实验的基本知识、基本操作和实验技术、常用基本测量仪器及使用方法、基础化学实验和综合设计性实验五部分内容，综合了有机化学实验、物理化学实验和分析化学实验的重要基本知识和实验方法。实验项目包括 35 个基础性实验和 15 个综合设计性实验，注重学生基本操作技能的训练和综合实践能力的提升，培养学生科学素养与探究能力。

《基础化学实验》可作为高等学校化学工程与工艺、应用化学、环境工程、材料科学等相关专业本科生的基础化学实验教材，也可供从事化学实验工作或化学研究工作的人员参考。

图书在版编目（CIP）数据

基础化学实验 / 刘琦，白建伟，朱春玲主编；张宏森，刘岩峰副主编. —北京：化学工业出版社，2022.11

高等学校规划教材

ISBN 978-7-122-41985-9

Ⅰ. ①基… Ⅱ. ①刘… ②白… ③朱… ④张… ⑤刘… Ⅲ. ①化学实验–高等学校–教材 Ⅳ. ①O6–3

中国版本图书馆 CIP 数据核字（2022）第 147458 号

责任编辑：刘俊之　汪　靓　　　文字编辑：刘志茹
责任校对：宋　玮　　　装帧设计：韩　飞

出版发行：化学工业出版社（北京市东城区青年湖南街 13 号　邮政编码 100011）
印　　装：北京科印技术咨询服务有限公司数码印刷分部
787mm×1092mm　1/16　印张 12¾　字数 302 千字　2023 年 2 月北京第 1 版第 1 次印刷

购书咨询：010-64518888　　　售后服务：010-64518899
网　　址：http://www.cip.com.cn
凡购买本书，如有缺损质量问题，本社销售中心负责调换。

定　　价：38.00 元

前 言

基础化学实验是一门为化学、化工、环境工程、材料及相关专业开设的专业基础课。在化学相关学科的教学中，基础化学实验占有极其重要的地位，在人才培养中起着十分重要的作用，其目标是加深学生对基础化学所涉及的基本分析方法和基本原理的理解，使学生掌握基础化学实验的基本操作技能，通过选择合适的实验数据处理分析方法正确地获得实验结果，培养严谨求实的科学态度，勇于科技创新的精神。

本书立足于课程的基础性、系统性、实用性和创新性。结合哈尔滨工程大学新版人才培养方案、实验教学大纲和基础化学实验课程建设的要求，参考国内部分院校实验教材的内容进行编写。除了选取教学效果良好的经典实验项目外，本书还融合了化学实验教学中心实验教师的部分科研成果，开发了新的实验项目，将科研成果反哺教学实验，使实验教学与科学研究密切结合，以培养学生创新思维和科学实验能力。

本书主要分为五部分内容，包括基础化学实验的基本知识、基本操作和实验技术、常用基本测量仪器及使用方法、基础化学实验和综合设计性实验。书中内容综合了有机化学实验、物理化学实验和分析化学实验的重要基本知识和实验方法，其中有机化学实验内容侧重使学生学会正确选择有机化合物的合成、分离提纯和分析鉴定的方法；物理化学实验内容重在使学生掌握重要物理化学性质的测定方法，了解物质的物理性质及其与化学变化和相变化之间的关系；分析化学实验内容旨在使学生掌握化学分析和仪器分析方法，学会正确地使用分析仪器，合理地选择实验条件。

本书实验项目包括 35 个基础性实验和 15 个综合设计性实验，基础性实验注重学生基本操作技术和技能的训练，树立严谨的工作作风和实事求是的科学态度；综合性实验更注重学生综合实践能力的强化和提升，选取了部分与生产生活、环境保护密切相关的内容，体现应用性和趣味性；设计性实验通过对学生提出实验要求，学生自主查阅文献和书籍，独立设计实验方案和完成实验，初步培养学生文献综述的能力、独立工作和创新能力，设计性实验内容体现了前沿学科的新进展和新技术。

本书由刘琦、白建伟和朱春玲任主编，张宏森和刘岩峰任副主编。第 1 章由白建伟、朱春玲和刘琦编写；第 2 章由刘琦和白建伟编写；第 3 章由朱春玲、张宏森和刘琦编写；第 4 章由白建伟、朱春玲、刘琦、张宏森编写；第 5 章由刘琦、白建伟、朱春玲、刘岩峰、陈蓉蓉和吕艳卓编写，全书由刘琦统稿。本书内容汇聚了哈尔滨工程大学化学实验教学中心各位教师的多年教学经验和成果，编者一并表示衷心感谢。在编写过程中，编者参考了国内高校相关实验教材，在此谨对相关作者表示由衷的感谢。

限于编者学识水平，书中内容有欠妥之处，恳请读者批评指正。

编者

2022年5月

目 录

第1章 基础化学实验的基本知识

1.1 基础化学实验课程的目的及要求

基础化学实验主要是通过实验室实践环节，加深学生对有机化学、物理化学、分析化学所涉及的基本分析方法和基本原理的理解，使学生掌握基础化学实验的基本操作技能，以及分析结果的处理方法，为学习后续课程和今后解决生产与科学研究中的有关问题打下基础。

1.1.1 基础化学实验课程的目的

（1）使学生加深对基础化学的基本理论和基本知识的理解和掌握，熟悉基础化学实验常用的仪器和装置，具备通过实验获得新知识的能力；通过对学生实验操作的严格训练，使其掌握基础化学实验的基本技术、基本操作和基本技能，培养学生实事求是的科学态度和作风以及动手能力。

（2）通过验证性和综合性实验，培养学生正确记录实验数据和现象，确立“量”“误差”和“有效数字”的概念，正确掌握实验数据的处理方法和用文字表达实验结果的能力；掌握影响分析结果的关键环节，学会正确、合理地选择实验条件和实验仪器，以保证实验结果的可靠性，学会分析问题和解决实验中所遇到问题的能力。

（3）通过设计性实验，使学生掌握自主地查阅文献资料、设计方案、实施实验的方法以及提高对实验结果的综合分析能力，充分激发学生学习的积极性，培养学生的探索与创新意识及科研能力，为学生从事化学、化工以及相关领域的科学研究和技术开发工作打下扎实的基础。

1.1.2 基础化学实验课程的要求

为了保证基础化学实验课正常、有效、安全地进行，保证实验课的教学质量，学生除了需要有积极的学习态度外，还需要有正确的学习方法，严格要求自己。

（1）实验预习

为使学生在进行实验时做到思路清晰，操作有条不紊，对实验现象及测量数据做出正确的分析判断，要求学生在实验前必须仔细阅读有关教材，查阅手册或其他参考书。要做到：充分理解实验要做什么，怎样做，为什么这样做，还有什么方法等。同时完成预习报告的撰写，预习报告主要包括以下内容：①实验目的；②实验基本原理；③实验操作步骤及注意事项；④列出实验数据记录的表格，并提出预习中出现的问题；⑤仔细阅读实验所涉及的实验技术部分的内容。

对于有机合成实验的预习报告要完成如下内容：①主反应和重要的副反应的反应方程式；②原料、产物和副产物的物理常数；③原料用量（g、mol、mL）；④正确而清楚地画出仪器装置图；⑤用图表形式表示整个实验步骤的流程。

（2）实验记录

在实验过程中，实验者必须养成一边实验一边记录实验条件、实验现象和测量数据的习惯，所有实验数据必须记录在预先编好的实验记录表格里。记录的内容包括实验的全部过程，如使用药品的名称及数量，仪器装置，每一步操作的时间、内容和所观察到的现象（包括温度、颜色、体积或质量的数据等）。记录要求实事求是，准确反映真实的情况，特别是当观察到的现象和预期的不同，以及操作步骤与教材规定的不一致时，要按照实际情况记录清楚，以便作为总结讨论的依据。应该牢记，实验记录是原始资料，科学工作者必须重视。

（3）实验报告

做完实验后，需要整理实验报告，具体包括实验目的、简明实验原理、实验仪器和实验条件、具体实验步骤（不要照抄实验讲义），实验数据的记录及处理（处理应采用表格形式表示实验数据，用坐标纸或电脑作图），还要根据实际情况对实验过程中出现的问题进行讨论，对实验方法和操作的改进意见等进行总结和经验教训分析。

1.2 基础化学实验的基本知识

1.2.1 基础化学实验规则

基础化学是以实验为基础的学科，重视和学好这门课程，对于培养人才起着十分重要的作用，为了保证实验安全顺利进行，培养学生良好的实验习惯和严谨的科学态度，在学生进入实验室之前，一定要认真学习和掌握好化学实验的基本知识。

（1）在进入实验室之前，应认真预习有关实验内容，明确实验目的和所需解决问题，了解进入实验室后应该注意的事项及有关的操作要求，掌握实验室安全和紧急救护的常识。

（2）实验过程中应遵守实验室纪律和各项规章制度，不得大声喧哗，保持实验室安静，不得擅自离开实验室。在实验室内应穿实验服，不得穿拖鞋、短裤等裸露皮肤的服装，根据实验需要佩戴防护镜。实验室内不能吸烟、吃东西等。书包、衣服等物品应放在指定的地方或衣柜中。

（3）进入实验室应了解实验室的环境，如防火工具、安全喷淋装置、煤气阀、电气开关的位置等。除此之外还应了解消防器材、洗眼器、紧急喷淋装置的位置和使用方法。以及药品、玻璃仪器及实验中所用到的公用物品的存放位置。

（4）对公用仪器和工具要加以爱护，应在指定地点使用并保持整洁。对公用药品不能任意挪动，保持药品架的整洁。实验时，应爱护仪器和节约药品。

（5）严格按照操作规程进行实验，胆大心细，听从实验教师和工作人员的指导，若发生意外事故，要镇定自若，不要惊慌失措，及时采取应急措施，并立即报告指导教师。

（6）实验中应仔细观察，如实地做好实验记录，实验结束后记录本须经教师审阅后方可离开。

（7）始终保持实验室的整洁，做到桌面、地面、水槽、仪器“四净”，不得随意乱丢纸屑、药品、火柴棍和沸石等废弃物品。取完药品及时将容器的盖子盖好，液体药品在通风橱中量取，固体药品在称量台上称取。废液应倒入专门回收容器内（易燃液体除外），固体废物（如沸石、棉花等）应倒入垃圾桶内，不要倒入水池中，以免堵塞。

（8）实验结束后，将个人实验台面打扫干净，仪器清洗、放好，关闭水、电开关，请指导教师检查后方可离开实验室。值日生轮流值日，负责打扫和整理实验室，检查水、电、煤气和门窗是否关闭，经教师检查后方可离去。

1.2.2　基础化学实验安全规则

在基础化学实验中，经常使用易燃溶剂，如乙醚、乙醇、丙酮和苯等；还会用到易燃、易爆的气体和药品，如氢气、乙炔和金属有机试剂等；有时也会用到有毒药品，如氰化钠、硝基苯和某些有机磷化合物等；还会接触有腐蚀性的药品，如氯磺酸、浓硫酸、浓硝酸、浓盐酸、烧碱及溴等。这些药品若使用不当，就可能发生着火、爆炸、烧伤、中毒等事故。此外，在进行化学实验时，使用的仪器大部分为玻璃仪器，容易破损，引起割伤等事故。另外在使用电器设备时，若处理不当也容易发生事故。虽然在选择实验时，尽量选用低毒性的溶剂和试剂，减少实验室的污染，改善师生的实验环境，使燃烧、爆炸、中毒等隐患事故相应减少，但也一定要重视安全问题，思想上提高警惕，实验时严格遵守操作规程，加强安全措施，避免事故的发生，才能有效地维护人身安全和实验室的安全，确保实验顺利进行。

实验室安全规则如下：

（1）实验开始前应检查仪器是否完整无损，装置是否正确稳妥，在征求指导教师同意后，方可进行实验。

（2）实验进行时，不得离开岗位，要经常注意反应进行的情况和装置有无漏气、堵塞、反应是否平稳进行、仪器有无破裂等现象。

（3）当进行有可能发生危险的实验时，要根据实验情况采取必要的安全措施，如戴防护眼镜、面罩、橡皮手套等。

（4）使用易燃、易爆药品时，应远离火源。实验试剂不得入口。严禁在实验室内吸烟、吃食物。实验结束后要认真洗手。

（5）使用易燃、易爆药品时，应远离火源，不得将易燃液体放在敞口容器中明火加热。易燃和挥发的废弃物不得倒入废液缸或垃圾桶中，量大时应专门回收处理。

（6）常压或加压系统不能保持密闭，应与大气相通。

（7）在减压系统中应使用耐压仪器，不得使用锥形瓶、平底烧瓶等不耐压的容器。

（8）无论常压或减压蒸馏都不能将液体蒸干，防止局部过热或产生过氧化物而发生爆炸。

1.2.3 化学实验事故的预防、处理和急救常识

1.2.3.1 火灾

（1）预防火灾的注意事项

① 使用易燃溶剂如乙醇、乙醚、甲醇、苯等以及其他易燃品时，严禁在敞口容器（如烧杯）中存放或加热，加热时要根据实验要求及易燃物的特点，选择仪器装置和热源，尽可能采用水浴、油浴或电热套加热，装置要求安装紧密不漏气，接收器支管应接尾气吸收装置。蒸馏乙醚和二硫化碳时，应采用预先加热的水浴加热，并远离火源。

② 加热易挥发性液体或反应中产生有毒气体时，必须在通风橱内进行，或在反应装置出口处接一橡皮管，导出室外。加热易挥发性液体还要注意远离火源。

③ 易燃及易挥发物，不得倒入废液桶内，量大时，要专门作回收处理。

④ 实验室不得存放大量易燃、易挥发性物质。

（2）着火的处理

一旦发生着火事故，应沉着镇静及时采取下列措施，防止事故的扩大。首先切断电源，关闭煤气灯或熄灭其他火源，然后将燃烧物与其他可燃物、助燃物迅速隔离，防止火势进一步扩大。同时视燃烧物性质选用适当的灭火方法进行灭火。

① 容器内溶剂着火或小范围着火可用石棉布、石棉网、玻璃布、湿毛巾等覆盖着火物，使之与空气隔绝而灭火。对于活泼金属钠、钾等引起的火灾，应用干燥的细沙覆盖灭火。

② 若衣服着火，切勿奔跑，以免风助火势，应立即脱去外衣将火扑灭。一般小火可立即用湿抹布或灭火毯等包裹使火熄灭。若火势较大，可以就地打滚（以免火焰烧向头部），也可以打开附近的自来水开关用水冲淋至火熄灭。

③ 对于有机溶剂着火时一般不用水进行灭火，这是因为大多数有机溶剂不溶于水且比水轻，若用水灭火，有机溶剂会浮在水面上，反而扩大火势；有些药品（如金属钠、三氯化磷等）与水反应产生可燃、易爆、有毒气体，会引起更大事故，可以撒上细沙或用灭火毯扑灭。

④ 如火势不易控制，应立即拨打火警电话119！

⑤ 电器及贵重仪器等着火时，要用二氧化碳灭火器灭火，灭火后不留痕迹。

（3）化学实验室常备的灭火器材及其使用范围

① 泡沫灭火器　泡沫灭火器所产生的泡沫（含 CO_2）在燃烧物表面形成覆盖层，从而封闭其表面，隔绝空气。泡沫灭火器适用于扑灭油类、木材、纸张、布匹等着火，不能扑救水溶性易燃液体，如醇、酯、醚、酮等物质的火灾。不适用于轻金属、碱金属及遇水能发生燃烧的物质和带电设备的灭火。

② 二氧化碳灭火器　二氧化碳灭火器以液体形式压装在灭火器中。当阀门一开，喷出的二氧化碳迅速气化，从灭火器喷出的是温度很低的气、固二氧化碳，可降低燃烧区空气中的氧含量。当空气中二氧化碳的浓度达到30%～35%时，火就会熄灭，同时，喷出二氧

化碳的冷却作用也有助于灭火。二氧化碳无毒、不导电，对大多数物质无损坏，故适用于扑灭油脂、电器及贵重仪器、易燃液体、易燃气体、图书、档案等和忌水的物质及有机物着火，不能用于扑灭金属着火。

③ 干粉灭火器　干粉灭火剂是由硫酸氢钠（钾）、磷酸铵、氯化钾、碳酸钠的干粉及适量的润滑剂和防潮剂组成，装在相应的灭火器内。使用时借压缩气体（二氧化碳或氮气）将干粉以雾状流喷向燃烧物。当干粉与火焰接触时，受热分解出不燃气体，稀释燃烧区域中氧气的含量，从而使火焰熄灭。它主要用于各种水溶性和非水溶性可燃液体及一般带电设备的着火。

④ 四氯化碳灭火器　四氯化碳灭火器内装有液体 CCl_4，CCl_4 沸点低，相对密度大，不会引起燃烧。使用时，把 CCl_4 喷射到燃烧物的表面，CCl_4 迅速气化，覆盖在燃烧物上而灭火。它主要用于电器设备及汽油、丙酮等的着火，使用时必须注意空气流通，防止因产生光气而中毒。

⑤ 沙箱　将干燥沙子贮于容器中备用，灭火时，将沙子撒在着火处。干沙对扑灭金属起火特别安全有效。平时经常保持沙箱干燥，切勿将火柴梗、玻璃管、纸屑等杂物随手丢入其中。

⑥ 灭火毯　通常用大块石棉布作为灭火毯，灭火时包盖住火焰即成。近年来已确证石棉有致癌性，故应改用玻璃纤维布。沙子和灭火毯经常用来扑灭局部小火，必须妥善安放在固定位置，不得随意挪作他用，使用后必须归还原处。

1.2.3.2　爆炸

在化学实验中，发生爆炸事故的原因大致如下：

（1）某些化合物容易爆炸。例如，有机过氧化物、芳香族多硝基化合物和硝酸酯等，受热或敲击，均会爆炸。蒸馏含过氧化物的乙醚时，有爆炸的危险，事先必须除去过氧化物。芳香族多硝基化合物不宜在烘箱内干燥。乙醇和浓硝酸混合在一起，会引起极强烈的爆炸。

（2）仪器装置不正确或操作错误，有时会引起爆炸。若在常压下进行蒸馏或加热回流，仪器装置必须与大气相通。

为避免爆炸事故，应注意下列问题：

① 常压加热操作时切勿将反应体系密闭，应使装置与大气相通；减压蒸馏时不可使用锥形瓶或平底烧瓶；加压操作应经常注意体系是否超过安全负荷。否则都可能引起爆炸。

② 接触易爆物质时，要特别小心。不能加热、剧烈震动和摩擦。使用易爆物质时须在防爆装置中进行，用量不能太大。

③ 仪器安装不正确或操作不当时，也可引起爆炸。如蒸馏或反应时实验装置被堵塞，或减压蒸馏时使用不耐压的仪器等。

1.2.3.3　中毒

大多数药品都具有一定的毒性，使用不慎会造成中毒。中毒主要是通过呼吸道和皮肤接触有毒物品而对人体造成危害。实验中应防止中毒，除保持室内通风、勤洗手外，还要注意以下几点：

（1）实验前必须了解实验中所用化学药品的化学和物理性质、毒性、侵入途径、中毒症状和急救方法等，以减少或避免化学毒物引起的中毒事故。

（2）药品不要沾到皮肤上，尤其是剧毒药品。接触这类药品必须戴橡皮手套，操作完后应立即洗手。称量任何药品都应使用工具，不得用手直接接触。嗅闻气体时，应用手将少量气体轻轻扇向自己，不要用鼻子对准气体逸出的管口。

（3）皮肤上有伤口时，绝不能操作剧毒药品。例如，氰化钠、芳香族硝基化合物、芳胺等，沾及伤口后就会随血液循环至全身，严重的会造成中毒身亡。

（4）处理有毒、有害或腐蚀性物质时，应在通风橱中进行，必要时戴上防护用具，尽可能地避免这些物质的蒸气扩散到实验室内，污染工作环境。

（5）对沾过有毒物质的仪器和工具，实验完后应立即清洗或采取适当措施处理，以破坏或消除其毒性。

（6）有毒药品应妥善管理，不得乱放。剧毒药品应由专人负责收发，并应向使用者提供操作规范及使用注意事项。

一般药品溅到手上，可用水和乙醇洗去。实验者如有轻微中毒症状，应到空气新鲜的地方休息。若中毒症状较严重，如皮肤出现斑点、头昏、呕吐、瞳孔放大等应及时送医院救治。

1.2.3.4 玻璃割伤

割伤主要发生于以下两种情况：

（1）玻璃仪器口径不合而勉强连接或装配仪器时用力过猛；

（2）在向橡皮塞中插入玻璃管、玻璃棒或温度计时，塞孔太小，而手在玻璃管、玻璃棒或温度计上的握点离塞子太远。所以，预防割伤就必须注意口径不合的仪器不要勉强连接，装配仪器用力要适度。

在割伤发生后应先取出伤口中的碎玻璃，若伤口不大，可用蒸馏水洗净伤口，涂上紫药水，撒上止血粉，再以纱布包扎；若伤口较大或割破了动脉血管，应以手按住或用布带扎住血管靠近心脏的一端，以防止大量出血，并迅速送往医院。

1.2.3.5 灼伤

皮肤接触高温蒸气、火焰、高热物体以及低温物质（如干冰、液氮）或腐蚀性试剂等都会造成灼伤。因此，实验时要避免皮肤与上述能引起灼伤的物体接触，特别要注意保护眼睛。取用有腐蚀性化学药品时，应戴上橡皮手套和防护眼镜。实验中发生灼伤时，要根据不同情况及时处理。

受到灼伤伤害时的应急处理方法如下。

（1）酸灼伤：如为大量浓酸（如硫酸、硝酸）倾倒或喷溅到皮肤裸露处，应用软布或卫生纸轻轻沾去，然后再用大量水冲洗，再以3%～5%的碳酸氢钠溶液涂洗，最后用水冲洗。

（2）碱灼伤：立即用大量水冲洗，再以1%～2%的乙酸或硼酸溶液冲洗，最后再用水冲洗，严重时涂上烫伤膏。

（3）溴灼伤：立即用大量水冲洗，再用酒精擦洗或用2%的硫代硫酸钠溶液洗至灼伤处呈白色，然后涂上甘油或者鱼肝油软膏加以按摩。

（4）烫伤：轻者立即将烫伤部位浸入冷水或冰水中以减轻疼痛，洗净后涂上红花油。灼伤严重者按上述简单方法处理后，及时送医院治疗。

（5）金属钠灼伤：可见的小块钠用镊子移走，再用乙醇擦洗，然后用水冲洗，最后涂上烫伤膏。

试剂溅入眼内，任何情况下均要先洗涤，紧急处理后送医院治疗。酸：用大量水冲洗，再用 1%的碳酸氢钠溶液洗；碱：用大量水冲洗，再用 1%的硼酸液洗；溴：用大量水冲洗，再用 1%的碳酸氢钠溶液洗。

1.2.3.6　触电

使用电器设备时，不要用湿手或握住湿抹布接触仪器，以免触电，用后应关闭电源，拔下电源插头。不慎触电时，应立即切断电源，必要时进行人工呼吸。因此，安全用电非常重要，在实验室用电过程中必须严格遵守以下操作规程：

（1）进入实验室后，首先应了解水、电、气的开关位置，并且掌握它们的使用方法。在实验中，应先将电器设备上的插头与插座连接好，再打开电源开关。不能用湿手或手握湿物去插或拔插头。使用电器前，应先了解它们的使用方法及注意事项，检查线路连接是否正确，运转是否正常后才能使用。实验做完后，应先关闭电源，再拔插头。

（2）电器内外要保持干净、干燥，切不可进水或其他溶剂。在电器设备附近，不要放置易燃性或可燃性的物质。

（3）电路中各接点要牢固，防止短路。电路元件两端接头不能直接接触，以免烧坏仪器或产生触电、着火等事故。若电源或电器的保险丝烧断，应先查明原因，排除故障后，再按原负荷换上适宜的保险丝。

（4）正确操作闸刀开关，应使闸刀处于完全合上或完全拉断的位置，不能若即若离，以防接触不良打火花。禁止将电线头直接插入插座内使用。

1.3　化学试剂及实验室用水

1.3.1　常用化学试剂的规格

化学试剂广泛应用于物质的合成、分离、定性和定量分析，化学试剂的纯度对实验结果的准确度有着直接影响，应根据实验具体要求选用合适等级的试剂。化学试剂的规格一般按实际的用途或纯度、杂质含量来划分规格标准，具体的规格等级划分见表 1-1。

表 1–1　试剂规格和适用范围

等级	名称	符号	适用范围	标签标注
一级品	优级纯（保证试剂）	G.R.	适用于精密分析工作和科学研究工作	绿色
二级品	分析纯（分析试剂）	A.R.	适用于多数分析工作和科学研究工作	红色
三级品	化学纯	C.P.	适用于一般分析工作	蓝色
四级品	实验试剂医用	L.R.	适用于作实验辅助试剂	棕色或其他颜色

除表1-1中规格的试剂外，还有光谱纯试剂、基准试剂、色谱纯试剂等。光谱纯试剂是以光谱分析时出现的干扰谱线的数目及强度来衡量的，其杂质含量用光谱分析法已测不出或杂质的含量低于某一限度标准，光谱纯试剂主要用作光谱分析中的标准物质。基准试剂是可直接用于配制标准溶液的化学物质，也可用于标定其他非基准物质的标准溶液。色谱纯试剂主要是色谱分析时使用的标准试剂，其在色谱条件下会只出现指定化合物的峰，不出现杂质峰。因此选用化学试剂的规格时应与分析方法相适应。

1.3.2 实验室用水规格及技术指标

在实际工作中，同样需要根据实验要求合理选用不同级别的水，尤其是分析化学实验，实验成功与否与实验室用水质量和器皿的清洁度有直接关系。我国“分析实验室用水规格和试验方法”的国家标准（GB/T 6682—2008）规定了分析实验室用水的级别、规格、制备方法及试验方法，该标准参照采用了国际标准（ISO 3696—1987）。分析实验室用水的原水为饮用水或适当纯度的水，共分三个级别，具体用水规格见表1-2。

表1-2　实验室用水的级别及主要技术指标（引自GB/T 6682—2008）

指标名称	一级	二级	三级
pH值范围（25℃）	—	—	5.0～7.5
电导率（25℃）/mS·m^{-1}	≤0.01	≤0.10	≤0.50
可氧化物质含量（以O计）/mg·L^{-1}		≤0.08	≤0.4
吸光度（254nm，1cm光程）	≤0.001	≤0.01	—
蒸发残渣含量（105℃±2℃）/mg·L^{-1}	—	≤1.0	≤2.0
可溶性硅含量（以SiO_2计）/mg·L^{-1}	≤0.01	≤0.02	—

注：由于在一级水、二级水的纯度下，难以测定其真实的pH值，因此，对一级水和二级水的pH值范围不作规定；由于在一级水的纯度下，难以测定其可氧化物质和蒸发残渣，因此，对其限量不做规定，可用其他条件和制备方法来保证一级水的质量。

一级水主要用于有严格要求的分析试验，如高效液相色谱分析用水。一级水可用二级水经过石英设备蒸馏或离子交换混合床处理后，再经0.2μm微孔滤膜过滤来制取。一级水基本上不含有离子杂质和有机物。

二级水用于无机痕量分析等试验，如原子吸收光谱分析用水；二级水可用离子交换或多次蒸馏等方法制取。二级水可含有微量的无机、有机或胶态杂质。

三级水用于一般化学分析试验。三级水可用蒸馏或离子交换等方法制取。三级水是实验室使用最普遍的纯水，如蒸馏水，其是将自来水在用铜质或玻璃蒸馏装置中经加热汽化，再将水蒸气冷凝而制得的，是实验室常用的溶剂和洗涤剂。

在实验室用水各项技术指标中，电导率是纯水质量的一项重要指标，水的纯度越高，水的电导率越低。测定一级水和二级水的电导率时，必须将测量电极安装在水处理装置流动出水口处“在线”测量，电导池常数应为0.01～0.1cm^{-1}。三级水的电导率测定时，可取400mL水样于锥形瓶中测量即可，电导池常数应为0.1～1cm^{-1}。

各级用水在贮存期间，可能会因存储容器中可溶成分的溶解引入或是吸收空气中二氧化碳或是其他杂质而被污染，因此一级水不可贮存，应使用前制备。二级水和三级水可适量制备，分别贮存在预先经同级别水清洗过的相应容器中备用。

1.4 化学实验的三废处理

化学实验过程中产生的三废包括废气、废液和废渣。实验室废弃物的处理原则如下：

（1）废弃物应优先选择回收再利用，或者经转化利用变废为宝。

（2）废弃物应当经无害化处理。

（3）废弃物不能随意处理，如不能直接倒入下水道和生活垃圾桶，也不能随意倒入废弃的无标签的容器中，必须放置于实验室专门的收集废弃物的容器内，并应根据种类和性质不同，分类收集。

（4）收集容器要求不与废弃物发生化学反应，不易破损、老化等，并能防止废液挥发扩散和渗漏，容器必须要有密封盖，务必按要求对废试剂进行分类和包装管理。

总之，应关注和重视废弃物的处理，树立环境保护意识和绿色化学实验观念。

1.4.1 废气的排放

产生少量有毒气体的化学实验，可在通风橱内进行，通过排风设备将少量有毒气体稀释排到室外，以免污染室内空气，注意通风橱排气口朝向应避开居民点并有一定高度，使之易于扩散。

产生大量有毒气体的实验，必须备有吸收和处理装置。有害气体可采用液体或固体吸收法进行处理，如 CO_2、SO_2、Cl_2、H_2S、HF 等可用碱液吸收；CO 可直接点燃使其转为 CO_2。固体吸收法则是用固体吸附剂将污染物分离，常用的吸附剂有活性炭、硅胶和分子筛等。

1.4.2 废液的排放

废酸和废碱可经过中和处理，使溶液 pH 值控制在 6～8 范围，用水稀释后方可排放。

（1）含贵重金属离子的溶液的回收

一般盐溶液可以直接排放，含有有害离子的盐溶液需要通过化学法转化处理后，经稀释排放。含有贵重金属离子的溶液，可通过还原法处理后回收。

① 含镉废液：可加入消石灰等碱性试剂，使金属离子形成氢氧化物沉淀而除去。

② 含氰化物的废液：方法一是氯碱法，将废液调节至碱性后，通入 Cl_2 或 NaClO，使氰化物分解成 CO_2 或 N_2 而除去；方法二是铁蓝法，向含氰化物的废液中加入 $FeSO_4$，使其变成氰化亚铁沉淀除去。

③ 铬酸废液：加入 $FeSO_4$、Na_2SO_3，使 Cr（Ⅵ）变成 Cr（Ⅲ），再加入 NaOH 或 Na_2CO_3 等碱性试剂调溶液 pH 值至 6～8，使 Cr^{3+}转化成 $Cr(OH)_3$ 沉淀而除去。

④ 含铅及重金属的废液：加入 Na_2S 或 NaOH，使铅盐及重金属离子生成难溶性的硫化物或氢氧化物而除去。

⑤ 含汞废液：调节 pH 值至 8～10，加入过量的 Na_2S，使其生成难溶 HgS 沉淀而除去。

少量残渣可埋于地下，大量残渣可用焙烧法回收汞，但注意一定要在通风橱中进行。

⑥ 含砷及其化合物的废液：方法一是在通入空气的同时加入 $FeSO_4$，用 NaOH 调 pH 值至 9，砷化物就会与 $Fe(OH)_3$ 及难溶性的亚砷酸钠或亚砷酸钾共沉淀，再经过滤除去。方法二是硫化物沉淀法，在废液中加入硫化氢或硫化钠，使砷化物生成硫化砷沉淀而除去。

（2）含有有机溶剂废液的回收

有机类实验废液应尽量回收溶剂，不影响实验的前提下反复使用。其中含有有机溶剂的废液可通过蒸馏回收或焚烧处理。

① 废乙醚溶液：将其置于分液漏斗中，用水洗一次中和后，用 0.5%高锰酸钾溶液洗至紫色不褪，再用水洗，然后用 0.5%～1%硫酸亚铁溶液洗涤除去过氧化物，再经水洗，用氯化钙干燥、过滤、分馏、收集 33.5～34.5℃馏分。

② 氯仿、四氯化碳等废液：通过水洗后再用试剂处理，最后经蒸馏收集沸点左右馏分。

③ 含酚废液的处理：低浓度的含酚废液可加入次氯酸钠或漂白粉煮，使酚分解为二氧化碳和水；高浓度的含酚废液，先通过醋酸丁酯萃取，然后用少量的氢氧化钠溶液反萃取，经调节 pH 值后进行蒸馏回收。

1.4.3 废渣的处理

实验室所产生的固体废物包括残留的或多余的固体化学试剂、沉淀絮凝反应所产生的沉淀残渣、消耗和破损的实验用品（如玻璃器皿、包装材料等），以及实验室的常用滤纸、脱脂棉等耗材。固体废弃物的处理方法有：①无毒固体废物按垃圾处理，分类收集于专门的废弃物桶内，定期回收处理；②能够自然降解的有毒固体废物，通过集中深埋处理，要求被填埋的废弃物应是惰性物质或经微生物可分解为无害物质；③不能自然降解的有毒固体废物，集中到焚化炉焚烧处理；④对少量（如放射性废弃物等）高危险性物质，可将其通过物理或化学的方法进行（玻璃、水泥、岩石的）固化，再深地填埋。填埋场地应远离水源，场地底土不透水，不能穿入地下水层。

1.5 实验结果的数据表达及处理

由于实验方法的可靠程度、所用仪器的精密度和实验者感官的限度等各方面条件的限制，使得一切测量均带有误差——测量值与真值之差。因此，必须对误差产生的原因及其规律进行研究，获得可靠的实验结果，再通过实验数据的列表、作图、建立数学关系式等处理步骤，使实验结果变得更真实可靠，这在科学研究中是必不可少的。

1.5.1 误差的分类

一切物理量的测定，可分为直接测量和间接测量两种。直接表示所求结果的测量称为直接测量，如用天平称量物质的质量，用电位计测定电池的电动势等。若所求的结果由数个测量值以某种公式计算而得，则这种测量称为间接测量。如用电导法测定乙酸乙酯皂化反应的速率常数，是在不同时间测定溶液的电阻，再由公式计算得出。物理化学实验中的测量大都属于间接测量。

误差按其性质可分为如下三种：

（1）系统误差

系统误差是指在相同条件下，多次测量同一物理量时，误差的绝对值和符号保持恒定，或在条件改变时，按某一确定规律变化的误差，产生的原因如下：

① 实验方法方面的缺陷，例如使用了近似公式。

② 仪器药品的不良，如电表零点偏差、温度计刻度不准、药品纯度不高等。

③ 操作者的不良习惯，如观察视线偏高或偏低。

④ 改变实验条件可以发现系统误差的存在，针对产生原因可采取措施将其消除。

系统误差总是以同一符号出现，在相同条件下重复实验无法消除，但可以通过测量前对仪器进行校正或更换，选择合适的实验方法，修正计算公式和用标准样品校正实验者本身所引进的系统误差来减少。只有不同实验者用不同的校正方法、不同的仪器所得数据相符合，才可以认为系统误差基本消除。

（2）过失误差（或粗差）

过失误差主要是由于实验者粗心大意、操作不正确等所引起。此类误差无规则可循，只要正确细心操作就可避免。这是一种明显歪曲实验结果的误差。若发现有此种误差产生，所得数据应予以剔除。

（3）偶然误差（随机误差）

在相同条件下多次测量同一量时，误差的绝对值时大时小，符号时正时负，但随测量次数的增加，其平均值趋近于零，即具有抵偿性，此类误差称为偶然误差。它产生的原因并不确定，一般是由环境条件的改变（如大气压、温度的波动），操作者感官分辨能力的限制（例如对仪器最小分度以内的读数难以读准确等）所致。

1.5.2　测量的准确度与测量的精密度

准确度是指测量结果的准确性，即测量结果偏离真值的程度。而真值是指用已消除系统误差的实验手段和方法进行足够多次的测量所得的算术平均值或者文献手册中的公认值。

精密度是指测量结果的可重复性及测量值有效数字的位数。因此测量的准确度和精密度是有区别的，高精密度不一定能保证有高准确度，但高准确度必须有高精密度来保证。

（1）平均误差和标准误差

误差一般用以下两种方法表达：

① 在一定条件下对某一个物理量进行 n 次测量，所得的结果为 x_1、x_2、…、x_n，其算术平均值为 $\bar{x}=\dfrac{\sum x_i}{n}$（$i$=1，2，…，$n$），则平均误差为：$\delta=\dfrac{\sum|d_i|}{n}$，其中 d_i 为测量值 x_i 与算术平均值 $\bar{x}$ 之差。平均误差的优点在于其计算方便，但可能会把质量不高的测量值掩盖住。

② 常用标准误差来衡量精密度。标准误差（或称均方根误差）$\sigma=\sqrt{\dfrac{\sum d_i^2}{n-1}}$，在用标准误差时，测量误差平方后能显著地反映一组测量中的较大误差，因此它是表示精密度的较

好方法，在近代科学中多采用标准误差。

（2）绝对误差和相对误差

为了表达测量的精度，误差又分为绝对误差、相对误差两种表达方法。

① 绝对误差　它表示了测量值与真值的接近程度，即测量的准确度。其表示法为$\bar{x}\pm\delta$或$\bar{x}\pm\sigma$，其中δ和σ分别为平均误差和标准误差，一般以一位数字（最多两位）表示。

② 相对误差　它表示测量值的精密度，即各次测量值相互靠近的程度。其表示法为：

$$平均相对误差=\pm\frac{\delta}{\bar{x}}\times100\%$$

$$标准相对误差=\pm\frac{\sigma}{\bar{x}}\times100\%$$

1.5.3　偶然误差的统计规律和可疑值的舍弃

偶然误差符合正态分布规律，即正、负误差具有对称性。所以，只要测量次数足够多，在消除了系统误差和粗差的前提下，测量值的算术平均值趋近于真值，

即
$$\lim_{n\to\infty}\bar{x}=x_{真}$$

但是，一般测量次数不可能有无限多次，所以一般测量值的算术平均值也不等于真值。于是人们又常把测量值与算术平均值之差称为偏差，常与误差混用。

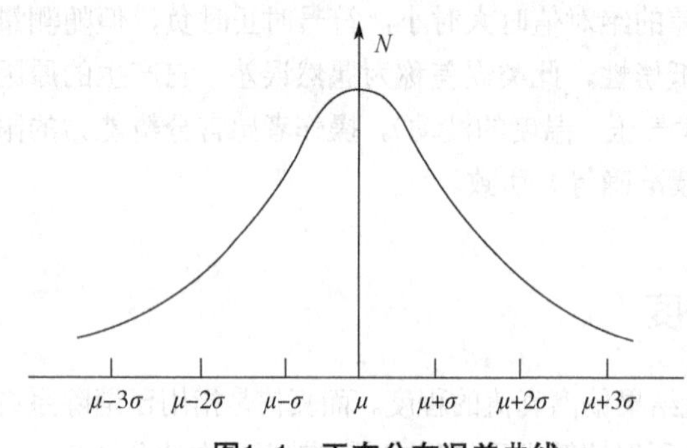

图1-1　正态分布误差曲线

如果以误差出现次数N对标准误差的数值σ作图，得一对称曲线（如图1-1）。统计结果表明，测量结果的偏差大于3σ的概率不大于0.3%。因此根据小概率定理，凡误差大于3σ的点，均可以作为粗差剔除。严格地说，这是指测量达到一百次以上时方可如此处理，粗略地用于15次以上的测量。对于10～15次时可用2σ，若测量次数再少，应酌情递减。

1.5.4　误差传递——间接测量结果的误差计算

测量分为直接测量和间接测量两种，一切简单易得的量均可直接测量出，如用米尺测量物体的长度，用温度计测量体系的温度等。对于较复杂不易直接测得的量，可通过直接测定简单量，而后按照一定的函数关系将它们计算出来。例如在燃烧热的测定实验中，需要先测定温度变化ΔT和样品质量，代入公式

$$-\frac{m_{样}}{M}Q_V-m_{镍丝}Q_{镍丝}-m_{棉线}Q_{棉线}=(m_{水}C_{水}+C_{计})\ \Delta T$$

就可求出燃烧热Q，从而使直接测量值T、m的误差传递给Q。

误差传递符合一定的基本公式。通过间接测量结果误差的求算，可以知道哪个直接测量值的误差对间接测量结果影响最大，从而可以有针对性地提高测量仪器的精度，获得好的结果。

（1）间接测量结果的平均误差和相对平均误差的计算

设有函数 $u=F(x,y)$，其中 x，y 为可以直接测量的量。则

$$\mathrm{d}u=\left(\frac{\partial u}{\partial x}\right)_y\mathrm{d}x+\left(\frac{\partial u}{\partial y}\right)_x\mathrm{d}y$$

此为误差传递的基本公式。若 Δu、Δx、Δy 为 u、x、y 的测量误差，且设它们足够小，可以代替 $\mathrm{d}u$、$\mathrm{d}x$、$\mathrm{d}y$，则得到具体的简单函数及其误差的计算公式，列入表1-3。

表 1–3 部分函数的平均误差

函数关系	绝对误差	相对误差
$Y=x_1+x_2$	$\pm(\lvert\Delta x_1\rvert+\lvert\Delta x_2\rvert)$	$\pm\left(\frac{\lvert\Delta x_1\rvert+\lvert\Delta x_2\rvert}{x_1+x_2}\right)$
$Y=x_1-x_2$	$\pm(\lvert\Delta x_1\rvert+\lvert\Delta x_2\rvert)$	$\pm\left(\frac{\lvert\Delta x_1\rvert+\lvert\Delta x_2\rvert}{x_1-x_2}\right)$
$Y=x_1x_2$	$\pm(x_1\lvert\Delta x_2\rvert+x_2\lvert\Delta x_1\rvert)$	$\pm\left(\frac{\lvert\Delta x_1\rvert}{x_1}+\frac{\lvert\Delta x_2\rvert}{x_2}\right)$
$Y=x_1/x_2$	$\pm\left(\frac{x_1\lvert\Delta x_2\rvert+x_2\lvert\Delta x_1\rvert}{x_2^2}\right)$	$\pm\left(\frac{\lvert\Delta x_1\rvert}{x_1}+\frac{\lvert\Delta x_2\rvert}{x_2}\right)$
$Y=x^n$	$\pm(nx^{n-1}\Delta x)$	$\pm\left(n\frac{\lvert\Delta x\rvert}{x}\right)$
$Y=\ln x$	$\pm\left(\frac{\Delta x}{x}\right)$	$\pm\left(\frac{\lvert\Delta x\rvert}{x\ln x}\right)$

例如计算函数 $x=\frac{8M}{mrd^2}$ 的误差，其中 M、m、r、d 为直接测量值。

对上式取对数：

$$\ln x=\ln 8+\ln M-\ln m-\ln r-2\ln d$$

微分得：$\frac{\mathrm{d}x}{x}=\frac{\mathrm{d}M}{M}-\frac{\mathrm{d}m}{m}-\frac{\mathrm{d}r}{r}-\frac{2\mathrm{d}d}{d}$

对每一项取绝对值得：

相对误差：$\frac{\Delta x}{x}=\pm\left(\frac{\Delta M}{M}+\frac{\Delta m}{m}+\frac{\Delta r}{r}+\frac{2\Delta d}{d}\right)$

绝对误差：$\Delta x=\left(\frac{\Delta x}{x}\right)\times\frac{8M}{mrd^2}$

根据 $\frac{\Delta M}{M}$、$\frac{\Delta m}{m}$、$\frac{\Delta r}{r}$、$\frac{2\Delta d}{d}$ 各项的大小，可以判断间接测量值 x 的最大误差来源。

（2）间接测量结果的标准误差计算

若 $u=F(x,y)$，则函数 u 的标准误差为

$$\sigma_u=\sqrt{\left(\frac{\partial u}{\partial x}\right)^2\sigma_x^2+\left(\frac{\partial u}{\partial y}\right)^2\sigma_y^2}$$

部分函数的标准误差列入表1-4。

表 1-4　部分函数的标准误差

函数关系	绝对误差	相对误差
$u=x\pm y$	$\pm\sqrt{\sigma_x^2+\sigma_y^2}$	$\pm\frac{1}{\lvert x\pm y\rvert}\sqrt{\sigma_x^2+\sigma_y^2}$
$u=xy$	$\pm\sqrt{y^2\sigma_x^2+x^2\sigma_y^2}$	$\pm\sqrt{\frac{\sigma_x^2}{x^2}+\frac{\sigma_y^2}{y^2}}$
$u=\frac{x}{y}$	$\pm\frac{1}{y}\sqrt{\sigma_x^2+\frac{x^2}{y^2}\sigma_y^2}$	$\pm\sqrt{\frac{\sigma_x^2}{x^2}+\frac{\sigma_y^2}{y^2}}$
$u=x^n$	$\pm nx^{n-1}\sigma_y^2$	$\pm\frac{n}{x}\sigma_x$
$u=\ln x$	$\pm\frac{\sigma_x}{x}$	$\pm\frac{\sigma_x}{x\ln x}$

1.5.5　有效数字

所谓有效数字，具体地说，是指在分析工作中实际能够测量到的数字。所谓能够测量到的是包括最后一位估计的、不确定的数字。我们把通过直读获得的准确数字叫作可靠数字；把通过估读得到的那部分数字叫作存疑数字。把测量结果中能够反映被测量大小的带有一位存疑数字的全部数字叫有效数字，它的位数不可随意增减。在间接测量中，须通过一定公式将直接测量值进行运算，运算中对有效数字位数的取舍应遵循如下规则：

（1）误差（包括绝对误差和相对误差）一般只取一位有效数字，最多不超过两位。

（2）有效数字的位数越多，数值的精确度也越大，相对误差越小。如（1.23+0.01）为三位有效数字，相对误差为 0.8%；然而（1.230+0.001）为四位有效数字，相对误差为 0.08%。

（3）若第一位的数值等于或大于 8，则有效数字的总位数可多算一位，如 9.18 虽然只有三位，但在运算时，可以看作四位有效数字。

（4）运算中舍弃过多不定数字时，应用“4 舍 6 入，逢 5 尾留双”的法则。

（5）在加减运算中，各数值小数点后所取的位数，以其中小数点后位数最少者为准。

（6）在乘除运算中，各数保留的有效数字，应以其中有效数字最少者为准。

（7）在乘方或开方运算中，结果可多保留一位。

（8）对数运算时，对数中的首数不是有效数字，对数的尾数的位数，应与各数值的有效数字相当。

（9）算式中，常数π、e 及乘子 $\sqrt{2}$ 和某些取自手册的常数，如阿伏伽德罗常数、普朗克常数等，不受上述规则限制，其位数按实际需要取舍。

1.5.6　基础化学实验中的数据处理方法

由于基础化学实验中所采用的方法不同，这样所得到的实验数据种类很多，怎么样将实验数据合理地表达出来并进行有效处理很关键。物理化学实验数据的表示主要有三种方法：列表法、作图法和方程式法。

（1）列表法

列表法是比较简单而且方便的一种数据表达方式。将实验数据按照一定规律列成表格，排列整齐，使人一目了然。列表时应注意以下几点：

① 表格要注明序号，且应标有名称，名称要简短且能表达出该表格的意义。

② 对于要表达的物理量写清名称和单位，并把二者表示为相除的形式。如 T/K，因为物理量的符号本身是带有单位的，除以它的单位，即等于表中的纯数字。

③ 公共的乘方因子应写在开头一栏与物理量符号相乘的形式。

④ 表格中表达的数据顺序为：由左到右，由自变量到因变量，可以将原始数据和处理结果列在同一表中，但应以一组数据为例，在表格下面列出算式，写出计算过程。

（2）作图法

作图法可更形象地表达出数据的特点，如极大值、极小值、拐点等，可以利用图形做切线，求面积等。并可进一步用图解求积分、微分、外推、内插值。作图应注意如下几点：

① 根据作图的意图标上适当的图名。例如“P-1/T图”，“A-c图”等。

② 用市售的正规坐标纸来完成作图，并根据需要选用合适的坐标纸，坐标纸分为：直角坐标纸、三角坐标纸、半对数坐标纸、对数坐标纸等。物理化学实验中一般用直角坐标纸，只有三组分相图使用三角坐标纸。

③ 在直角坐标中，一般以横轴代表自变量，纵轴代表因变量，在轴旁须注明变量的名称和单位（二者表示为相除的形式），10 的幂次以相乘的形式写在变量旁。

④ 适当选择坐标比例，以表达出全部有效数字为准，即最小的毫米格内表示有效数字的最后一位。每厘米格代表 1、2、5 为宜，切忌 3、7、9。如果作直线，应正确选择比例，使直线呈 45°倾斜为好。

⑤ 坐标原点不一定选在零，应使所作直线与曲线匀称地分布于图面中，切勿使曲线只是占据图面的一小部分，这样会增大误差。在图中应用黑点或其他符号表示出该点的位置，符号总面积表示了实验数据误差的大小，所以不应超过 1mm 格。同一图中表示不同曲线时，要用不同的符号描点，以示区别。

⑥ 作出数据点后，将各点连成光滑曲线，作曲线要用曲线板，应使曲线尽量多地通过所描的点，但不要强行通过每一个点，对于不能通过的点，应该使其等量地分布于曲线的两边。

⑦ 图解微分　图解微分的关键是作曲线的切线，而后求出切线的斜率值，即图解微分值。作曲线的切线可用如下两种方法：

a. 镜像法。取一平面镜，使其垂直于图面，并通过曲线上待作切线的点 P（见图 1-2），然后让镜子绕 P 点转动，注意观察镜中曲线的影像。当镜子转到某一位置，使得曲线与其影像刚好平滑地连为一条曲线时，过 P 点沿镜子作一直线即为 P 点的法线，过 P 点再作法线的垂线，就是曲线上 P 点的切线。若无镜子，可用玻璃棒代替，方法相同。

b. 平行线段法。如图 1-3 所示，在选择的曲线段上作两条平行线 AB 及 CD，然后连接 AB 和 CD 的中点 PQ 并延长相交曲线于 O 点，过 O 点作 AB、CD 的平行线 MN，则 MN 就是曲线上 O 点的切线。

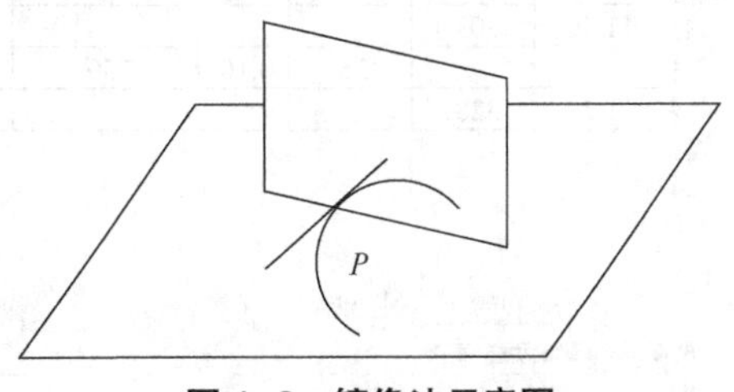

图 1-2　镜像法示意图

（3）计算机软件绘图及数据处理

在基础化学实验数据处理中，常用的数

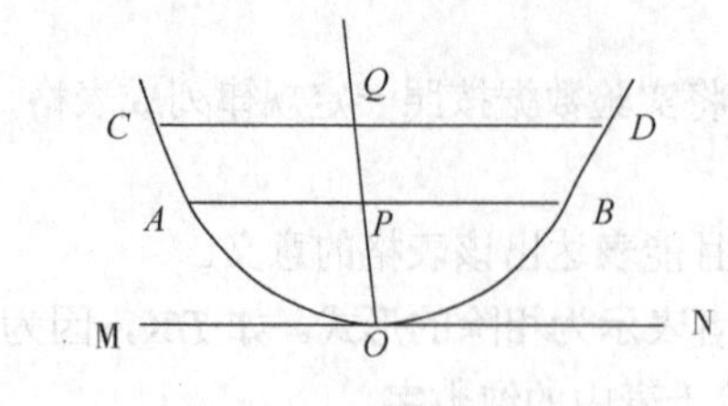

图 1-3　平行线段法示意图

据处理软件有 Microsoft Excel 和 Origin 软件，Microsoft Excel 是常用的办公软件，Origin是化学专业的高级数据分析和制图工具软件。通过计算机软件可以快捷准确地完成各种数据处理和绘图，减少手工作图所引起的误差，很好地满足化学实验对数据处理的要求。

① Microsoft Excel 作图软件

Microsoft Excel 电子表格可以跟踪数据，生成数据分析模型，编写公式以对数据进行计算，以多种方式透视数据，并以各种具有专业外观的图表来显示数据。利用 Excel 强大的计算功能和作图表功能，可以快速、准确地完成批量数据的处理。

a. 以电位滴定法测定卤素实验为例，实验数据（见表 1-5）处理方法如下：

表 1-5　电位滴定法测定卤素实验数据

V/mL	11.00	11.10	11.20	11.30	11.40	11.50
E_{MF} /mV	202	210	224	250	303	328

i. 输入数据：在第一行的单元格中依次输入参数：V 、E_{MF}、ΔE_{MF}、ΔV 、$\Delta E_{MF}/\Delta V$、$\Delta^2 E_{MF}/\Delta V^2$，把数据表 1-5 中 V 和 E_{MF} 实验数据依次输入到前两列中。

ii. 结果计算：在 ΔE_{MF} 列输入公式 “=B4−B2”，在 ΔV 列输入公式 “=A4−A2”，在 $\Delta E_{MF}/\Delta V$ 列输入公式： “=C3/D3”，在 $\Delta^2 E_{MF}/\Delta V^2$ 列输入公式 “=(E5−E3)/D3”，利用 Excel 的公式复制功能可以直接完成所有数据的计算，计算结果见图 1-4。

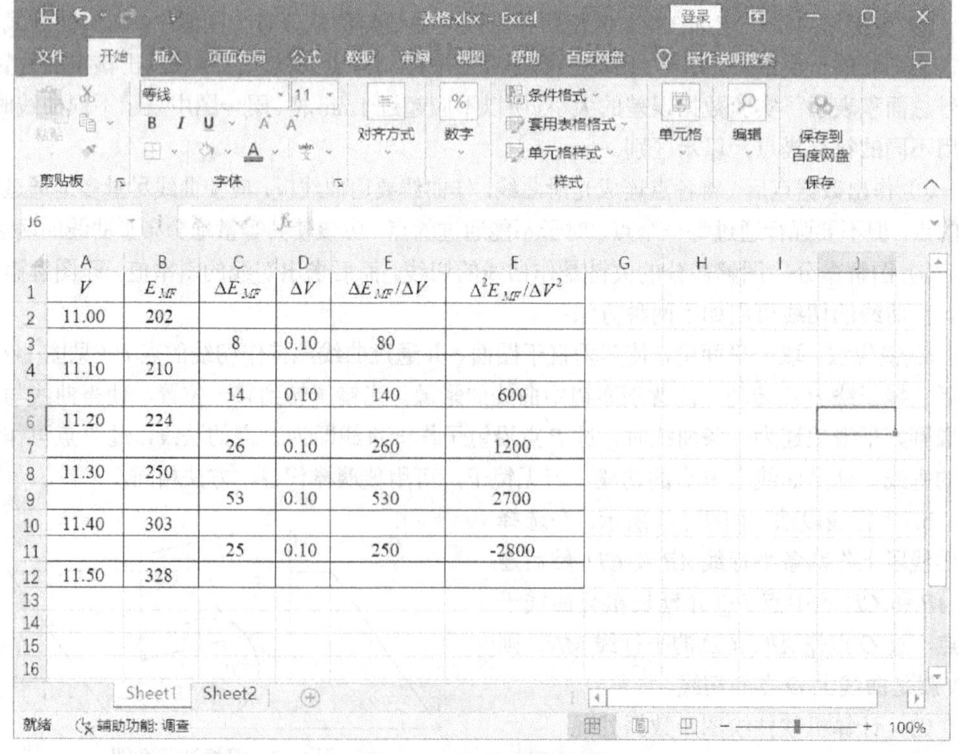

	A	B	C	D	E	F
1	V	E_{MF}	ΔE_{MF}	ΔV	$\Delta E_{MF}/\Delta V$	$\Delta^2 E_{MF}/\Delta V^2$
2	11.00	202				
3			8	0.10	80	
4	11.10	210				
5			14	0.10	140	600
6	11.20	224				
7			26	0.10	260	1200
8	11.30	250				
9			53	0.10	530	2700
10	11.40	303				
11			25	0.10	250	-2800
12	11.50	328				

图 1-4　Excel 数据计算

b. 邻二氮菲分光光度法测定微量铁含量实验中要求以测量波长为横坐标，以吸光度为纵坐标，绘制吸收曲线，此时可通过 Microsoft Excel 电子表格绘图，以 Excel 2019 为例，绘图方法如下：

i. 将表1-6中波长和吸光度值数据分两列逐一输入到 Excel 工作表，选取图 1-5 中 A 和 B 两列数据区域，单击“插入”菜单，选择工具栏中“图表”选项中的“散点图”按钮，启动散点图向导。

ii. 在“散点图”按钮的下拉菜单中选择“带平滑线和数据标记的散点图”，得到图 1-5 中的曲线。

表 1–6 不同波长下铁标准溶液的吸光度测定

波长λ/nm	440	460	480	500	510	520	540	560
吸光度（A）	0.305	0.365	0.420	0.449	0.461	0.447	0.261	0.083

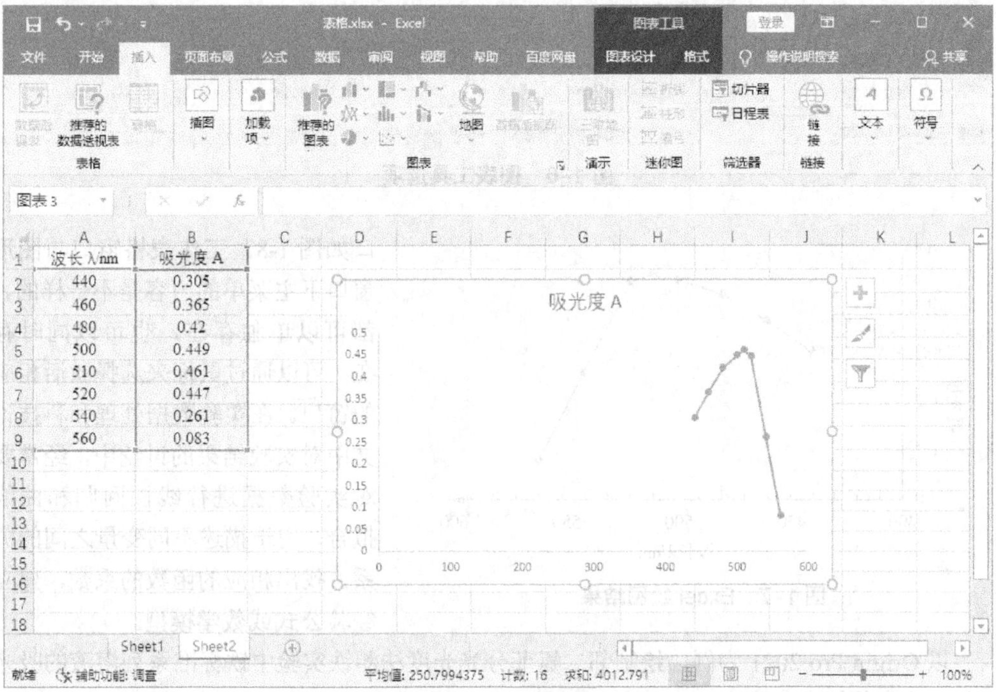

图 1–5 Excel 绘图

iii. 插入的图表可根据图表内容、图表格式和布局进行编辑。如图 1-6，通过“图表工具”菜单中的各选项，可以设置背景阴影和背景网格线、标注的字体、标注图表题、坐标轴名称、设置颜色等；将鼠标放在坐标轴上双击，在显示的对话框中修改坐标尺、坐标刻度及字体大小等。编辑修改后的效果图如图 1-7 所示。

② Origin 作图软件

Origin 是一款广泛流行和国际科技出版界公认的数据分析和科技作图工具。Origin 可以实现数据的统计分析，实验曲线的回归与拟合，函数作图，实验数据作图，插值与外推，数据检验等功能。Origin 的主窗口下分工作表格窗口、图形窗口、矩阵窗口，主窗

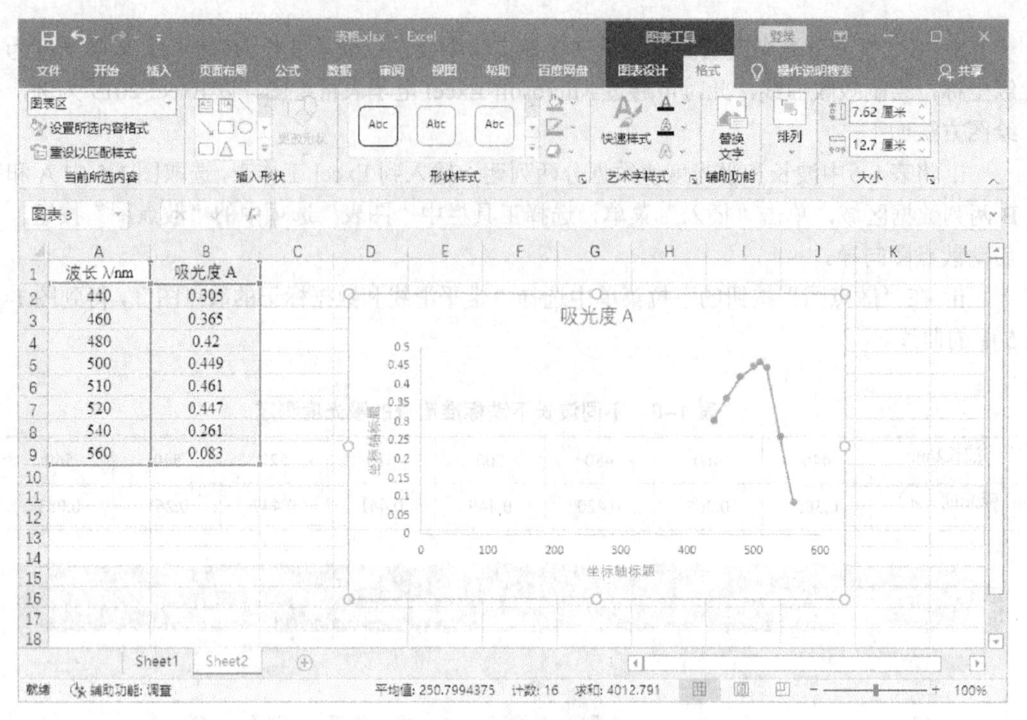

图 1–6　图表工具选项

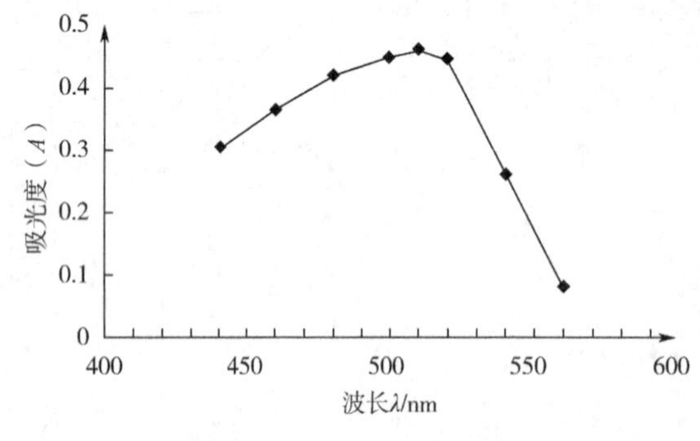

图 1–7　Excel 绘图结果

口如图 1-8。工作表格窗口与图形窗口下主菜单的内容是不一样的，都可以单独存在，也可以同时存在，可以通过鼠标来选择激活相应的窗口。在实验数据处理和科技论文中对实验结果的讨论中，经常要对实验数据进行线性回归和曲线拟合，用于描述不同变量之间的关系，找出相应的函数的系数，建立经验公式或数学模型。

以 Origin Pro 2021 为例，绘制邻二氮菲分光光度法测铁实验中铁标准系列溶液的吸光度值对浓度的标准曲线。

a. 数据输入：将表 1-7 中浓度数据输入到新建表格的 A（X）列，吸光度值 A 数据输入到 B（Y）列。

b. 图形绘制：选中两列数据，点击菜单中的“Plot”按钮，选择相应的点线图格式“Line+Symbol”，完成绘图。

c. 线性拟合：绘制完点线图后，选择 Analysis 菜单中 Fitting 的子菜单 Linear Fit 对图形进行线性拟合，在弹出的窗口中会显示拟合直线的关系式、斜率和截距的值及其误差，相关系数和标准偏差等数据，如图 1-9，x 和 y 之间的关系式为 y=0.0173+0.37525x，线性相关系数为 0.99886。对于用线性拟合误差比较大的数据曲线，可尝试使用多项式回归拟合，选择菜单命令 Analysis 中 Fitting 的子菜单 Polynomial Fit。

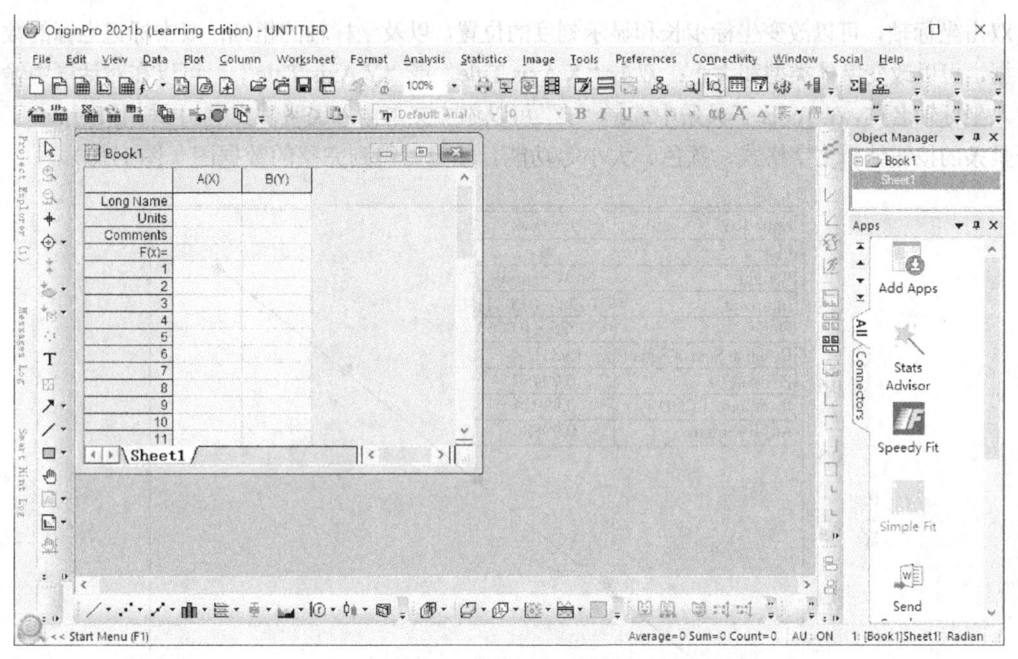

图 1–8　Origin 主窗口

表 1–7　标准系列溶液和样品溶液的吸光度测定

溶液编号	1	2	3	4	5
$c_{Fe^{2+}}$/mg・L^{-1}	0.40	0.80	1.20	1.60	2.00
吸光度（A）	0.159	0.326	0.470	0.621	0.762

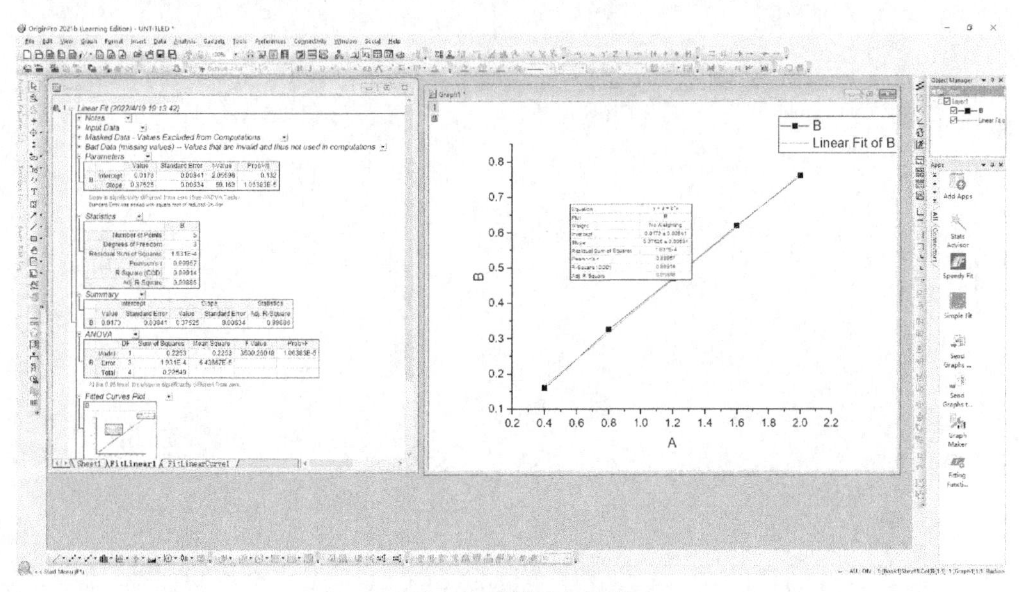

图 1–9　线性拟合结果

d. 图形的编辑：鼠标双击未拟合前的曲线，选择对话框中的“Connect”中的“No Line”，可以只保留最终的拟合曲线；双击曲线点，可以改变曲线点的颜色、形状和大小；

双击坐标轴，可以改变坐标步长和显示刻度的位置，以及坐标轴的粗细；双击标记坐标的数据，可以改变字体类型和大小；双击“X Axis Title”或“Y Axis Title”，可以在对话框中输入坐标轴名称，在 Tools 工具条中选择“T”可以添加文本输入说明性文字，再利用 Format 工具条的按钮编辑文字格式、颜色、大小等功能。编辑后得到完整的数据图（图 1-10）。

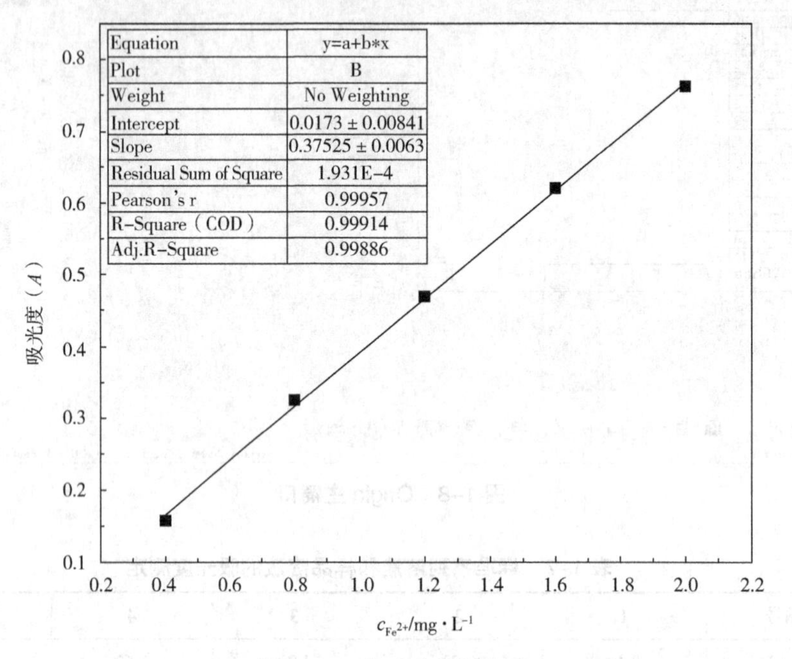

图 1-10　标准曲线拟合图

第2章

基础化学实验的基本操作和实验技术

2.1 玻璃仪器的洗涤和干燥

化学实验中常使用玻璃仪器，如用于反应或储存溶液的容器，用于定量量取液体试剂的量器，用于过滤、蒸馏、冷凝、萃取等的玻璃仪器。

玻璃仪器常用软质玻璃或硬质玻璃来制作。软质玻璃的硬度、耐热性和耐腐蚀性较差，可用于制作试剂瓶、量筒、容量瓶等不用加热的玻璃仪器。硬质玻璃仪器具有较好的耐热性和耐腐蚀性，可制作实验中用于加热的玻璃仪器，如烧杯、烧瓶、试管等。

玻璃仪器按其用途还可分为容器类玻璃仪器（如烧杯、烧瓶、锥形瓶、试管、试剂瓶、称量瓶等)、量器类玻璃仪器（如吸量管、滴定管、移液管、容量瓶等）以及一些特殊用途的玻璃仪器（如干燥器、漏斗、冷凝管等)。

2.1.1 玻璃仪器的洗涤

玻璃仪器洗涤是否干净，直接影响实验结果的准确性，因此实验前须对玻璃仪器进行清洗，应根据实验具体要求、污物的性质、污染程度等实际情况来选择洗涤方法和洗涤剂。实验结束后也应根据实验残渣的成分和性质选择合适的洗涤方法及时将玻璃仪器清洗洁净，以免久置后不宜清洗。实验室常用的洗涤剂有去污粉、肥皂液、洗衣粉、各种洗涤液和有机溶剂等。

一般的玻璃器皿如烧杯、锥形瓶、试剂瓶、表面皿等，可用自来水和毛刷刷洗，除去仪器表面上的灰尘、可溶性物质和不溶性物质。对于仪器表面有油污或有机物时，可用毛刷蘸取少量去污粉刷洗其内外表面，利用去污粉中细沙的摩擦和白土的吸附作用清洁玻璃仪器，最后用自来水将仪器冲洗干净。使用毛刷时不要用力过猛，避免损坏玻璃仪器。

对于定量分析工作中常使用的滴定管、容量瓶、移液管等玻璃量器，为了避免容器内壁受机械磨损而影响容积测量的准确度，一般不用刷子刷洗。如果其内壁沾有油脂性污物，可向容器内加入合适的洗涤剂摇动淌洗，必要时把洗涤剂先加热，并浸泡一段时间，然后再用自来水清洗仪器。滴定管等量器不宜用强碱性的洗涤剂洗涤，以免玻璃受腐蚀而影响容积的准确性。

如果实验对玻璃仪器的洁净程度要求特别高时，可用铬酸洗液进行洗涤。铬酸洗液是用浓硫酸和重铬酸钾配制而成，其是强酸和强氧化剂，对有机物和油污的去污能力特别强。洗涤时，最好在容器内壁干燥的情况下（因经水稀释后去污能力降低），将少量洗液缓缓倒入容器，然后将仪器倾斜并慢慢转动，使仪器的内壁能够充分地被洗液润湿，反复操作几分钟后，将洗液倒回原来的试剂瓶中，然后加入少量水，摇荡后，将废液倒入废液缸中，最后用自来水将玻璃仪器冲洗干净。使用铬酸洗液时要注意：①铬酸洗液呈红棕色，可以反复使用，长期使用后变成绿色时即失效；②铬酸洗液具有很强的腐蚀性，若溅到身上会“烧”破衣服和腐蚀皮肤，使用时应注意安全；③六价铬化合物有毒，使用铬酸洗液时不要多用，用后应倒回原试剂瓶，淌洗过的器皿，第一次用少量自来水冲洗后废液应回收处理，以免腐蚀水槽和下水道。

对于容器壁上留有的特殊污物，应根据污物的性质选用合适的试剂经化学反应除去，如附在容器壁上的氯化银沉淀可用氨水洗涤，氧化剂二氧化锰可用浓盐酸处理，高锰酸钾污垢可用草酸溶液处理等。

除了上述洗涤方法外，也可将要清洗的玻璃仪器置于超声波清洗器中，利用超声波的空化作用对物体表面上的污物进行撞击与剥离，以达到清洗的目的。该方法具有清洗洁净度高、清洗速度快等特点，尤其适用于各种特殊几何形状的玻璃仪器。

在用上述各种方法洗涤后，应用自来水反复冲洗仪器，再根据实验要求用蒸馏水或去离子水洗涤，洗涤时应按照少量多次的原则，每次洗涤加水一般为容量的5%～20%，一般洗三次即可。洁净的玻璃器皿应透明并无肉眼可见的污物，其内外壁能被水均匀地润湿，且不挂水珠。

2.1.2 玻璃仪器的干燥

洗涤洁净的玻璃仪器内壁不应用纸或布擦拭，否则纸或布的纤维容易留在仪器内壁上而沾污了仪器，如果实验前需要对玻璃仪器进行干燥处理，可以采用以下几种方法。

（1）晾干：玻璃仪器洗净后，先尽量倒净其内部的水，然后倒置于干净的柜子内或仪器架上自然晾干。

（2）烘干：将洗净的玻璃仪器内部水分倒净后，放置于鼓风电热干燥箱内烘干，放置时仪器口应向下，同时在干燥箱的最下层放一个搪瓷盘，接收从仪器上滴下的水珠，防止水滴到电炉丝上损坏电炉丝。

（3）吹干：可将洗净的玻璃仪器放置于气流烘干器上的多孔金属管上进行干燥，干燥时可调节冷风或是热风吹干。此外也可用吹风机吹干。

（4）用有机溶剂干燥：对于急需使用又不易加热干燥的仪器，可向仪器中加入少量易挥发的有机溶剂，如乙醇或丙酮，倾斜转动仪器使其内部的水与有机溶剂混合，再将用过的溶剂倒入回收瓶中，仪器内壁会因挥发作用很快干燥，也可利用吹风机冷风吹干。

2.2 常用玻璃量器的使用方法

2.2.1 滴定管

滴定管是滴定分析时准确测量溶液的体积的量出式玻璃量器。最常用的滴定管容积有50mL和25mL，其最小刻度是0.1mL，最小刻度间可估计到0.01mL，一般读数误差为±0.02mL。此外，还有10mL、5mL、2mL和1mL的微量滴定管。滴定管颜色有无色和棕色，棕色滴定管用于装见光易分解的溶液，如$AgNO_3$、$KMnO_4$等溶液。

滴定管分为酸式滴定管和碱式滴定管，如图2-1。酸式滴定管下端有玻璃旋塞，主要用来盛装酸性溶液和氧化性溶液，不适于装碱性溶液，因为碱性溶液容易腐蚀玻璃旋塞，使玻璃旋塞难以转动。碱式滴定管的下端连有一乳胶管，管内放有一玻璃珠，以控制溶液的流出，乳胶管下端连接一个尖嘴玻璃管。碱式滴定管可以盛放碱性及无氧化性溶液，不能装与乳胶管发生反应的溶液，如高锰酸钾、碘水和硝酸银等溶液。近年来，实验室常使用通用型滴定管，通用型滴定管外形与酸式滴定管相同，不同的是由聚四氟乙烯制作的旋塞替代了玻璃旋塞，适用于酸、碱、氧化剂和还原剂。

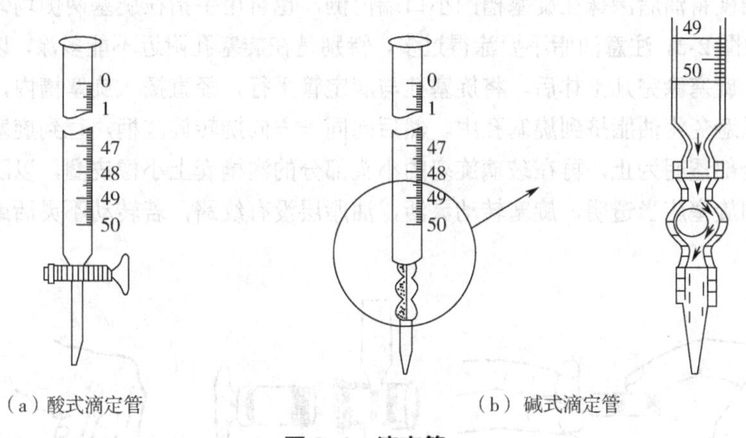

（a）酸式滴定管　　（b）碱式滴定管

图2–1　滴定管

2.2.1.1 滴定管的准备

（1）洗涤

洗涤滴定管时，可根据沾污的程度采用不同的洗涤方法。一般先用自来水冲洗，再用滴定管刷蘸肥皂水或洗涤剂刷洗，刷洗时注意铁丝部分不要划伤滴定管内壁。如果用上述方法不能洗净时，可用铬酸洗液洗。洗涤酸式滴定管时，向其中加入5～10mL洗液后，边转动滴定管边将其放平使洗液布满滴定管内壁，同时应将滴定管口对着洗液瓶口，以防洗液流出。洗净后由滴定管上端管口将洗液倒回原瓶，再打开旋塞，将剩余的洗液从下端管口放出回收，必要时可加满洗液浸泡10～20min。碱式滴定管的洗涤方法与酸式滴定管相同。当用洗液洗涤时，应除去乳胶管，用橡胶塞将碱式滴定管下口堵住后进行洗涤。用各种洗涤剂清洗后，须用自来水冲洗干净，并将管外壁擦干，以便观察内壁是否挂水珠，洗净的滴定管应内壁完全被水均匀地润湿而不挂水珠。用自来水冲洗碱式滴定管时，应特别注意玻璃球下方死角，清洗时可不断改变方向捏挤乳胶管，使玻璃球的四周都洗到。

（2）检漏

酸式滴定管主要检查旋塞与旋塞槽是否配合紧密，如不密合，将会出现漏水现象，需要将旋塞涂凡士林。碱式滴定管应检查乳胶管的粗细和玻璃球的大小是否匹配，若乳胶管已老化或变质，玻璃球过大（不易操作）或过小（漏水），应重新更换适合的玻璃球或乳胶管。具体的检漏方法如下：关闭酸式滴定管旋塞，将滴定管充满自来水至最高标线后，放在滴定管架上静置约 2min，观察旋塞或滴定管口是否漏水，然后再将旋塞旋转 180°，再放置 2min，若前后两次均无水渗出，方可使用。检漏后的滴定管，应用蒸馏水润洗 2～3 次，每次加入 5～10mL 蒸馏水。洗涤时，双手拿滴定管两端无刻度处，边转动边倾斜滴定管，使水布满滴定管全管内壁。然后将滴定管垂直，打开旋塞将水由下端出口管放出，以冲洗出口管，也可将大部分水从上端管口倒出，剩余的水从下端出口管放出。

（3）涂凡士林

如果旋塞转动不灵活或出现漏水现象，可将旋塞重新涂抹凡士林油。涂油的具体操作方法为：先取下玻璃旋塞小头处的小橡皮圈，再将旋塞取出。用滤纸或干净的布将清洗干净的旋塞和旋塞槽内壁擦干，用手指沾少许凡士林油脂，将其涂抹在旋塞的大头端，再用纸卷或火柴梗将油脂涂抹在旋塞槽的小口端内侧，也可用手指在旋塞两侧均匀地涂薄薄一层油脂，如图 2-2。注意油脂不要涂得过多，特别是在旋塞孔附近不能多涂，以免旋转时堵塞旋塞孔。旋塞涂完凡士林后，将旋塞孔与滴定管平行，径直插入旋塞槽内，此时不要转动旋塞，以避免将油脂挤到旋塞孔中。然后向同一方向旋转旋塞柄，直到旋塞和旋塞槽上的油脂层全部透明为止，再在玻璃旋塞的小头部分的沟槽套上小橡皮圈，以防活塞掉落打碎。涂好的旋塞应当透明，旋塞转动灵活，油脂层没有纹路，若转动不灵活或漏水，需要重新涂油。

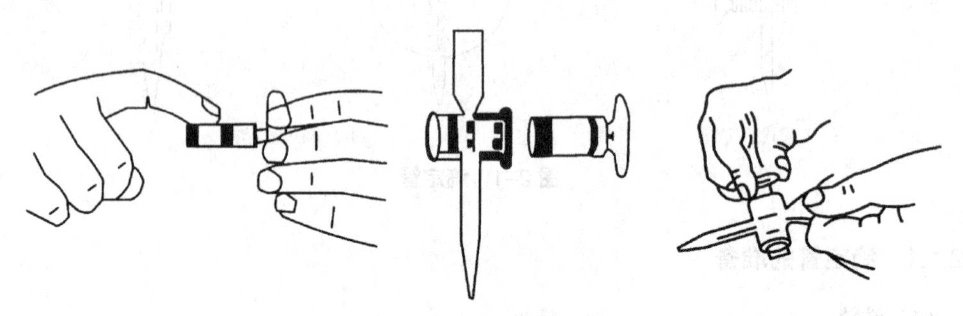

图 2-2　旋塞涂凡士林的方法

（4）装液

首先将试剂瓶中溶液摇匀，使凝结在瓶内壁上的水珠混入溶液。装入操作溶液时，用左手前三指持滴定管上部无刻度处，并将滴定管稍微倾斜，右手拿住试剂瓶（瓶签正对手心），向滴定管中直接倒入溶液，不得借助其他容器（如烧杯、漏斗等），以免改变溶液的浓度。

为了防止滴定管内残留水分改变操作液的浓度，需要先用操作液润洗滴定管内壁 2～3 次，每次用量约 10mL，加入操作液后，两手平端滴定管两侧无刻度线处，慢慢转动滴定管，使操作液洗遍全管的内壁，并使溶液接触管壁 1～2min，以便与原来残留的溶液混合均匀。最后打开玻璃旋塞或是捏玻璃珠将操作液由滴定管下端管口放出，并尽量放出残留液。润洗完毕，补充操作溶液至0刻度线以上。

（5）排气泡

检查滴定管的出口管（尖嘴部位）内有无气泡，如果有，必须将气泡排除。同时注意酸式滴定管的旋塞孔中是否暗藏气泡，或是碱式滴定管乳胶管内是否有气泡。

酸式滴定管排气泡的方法：右手持滴定管上端无刻度处，将滴定管倾斜约30°，左手迅速打开旋塞使溶液冲出，将气泡排出。若气泡仍未能排出，可重复上述操作。如仍无法排出气泡，可能是出口管未洗净，须重新清洗。

碱式滴定管排气泡的方法：将其垂直地夹在滴定管架上，左手拇指和食指拿住玻璃球所在部位并使乳胶管向上弯曲，使出口管斜向上，然后轻轻捏玻璃球部位一侧的橡皮管，使溶液从管口冲出后（见图2-3），边捏乳胶管边把乳胶管放直，最后再松开拇指和食指。

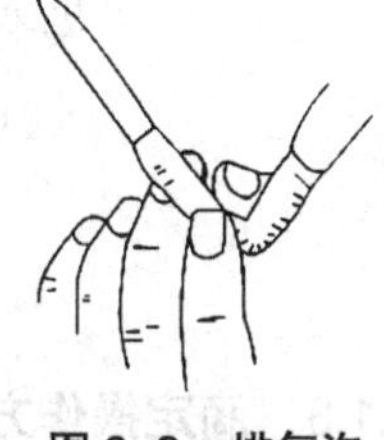

图2-3　排气泡

2.2.1.2　滴定管的读数

装入溶液或放出溶液后，必须等1～2min，使附着在内壁的溶液流下来，再读数。读数前要检查滴定管管壁是否挂水珠，管尖是否有气泡，出口管尖嘴处是否有悬挂液滴。读数时，可使滴定管垂直地夹在滴定管架上，也可用右手大拇指和食指拿住滴定管上部无刻度处，使滴定管自然垂直于地面。读数时应遵循下列原则：

① 读数时精确到0.01mL，读到小数点后第二位。

② 对于无色或浅色溶液，应读取弯月面下缘实线的最低点，视线应与弯月面下缘最低点在同一水平面上，如图2-4（a）；可采用读数卡辅助读数，即在滴定管背后放一黑白两色的读数片［图2-4（b）］，当读数卡黑色部分上缘放在弯月面下约1mm处时，弯月面的反射层会变成黑色，读此黑色弯月面下缘的最低点。

③ 对于有色溶液，如高锰酸钾溶液等，可读液面两侧的最高点，即视线应与液面两侧的最高点相切［见图2-4（c）］。

④ 对于蓝带滴定管，读数时，应当读取蓝线上下两尖端相对点的位置［见图2-4（d）］。

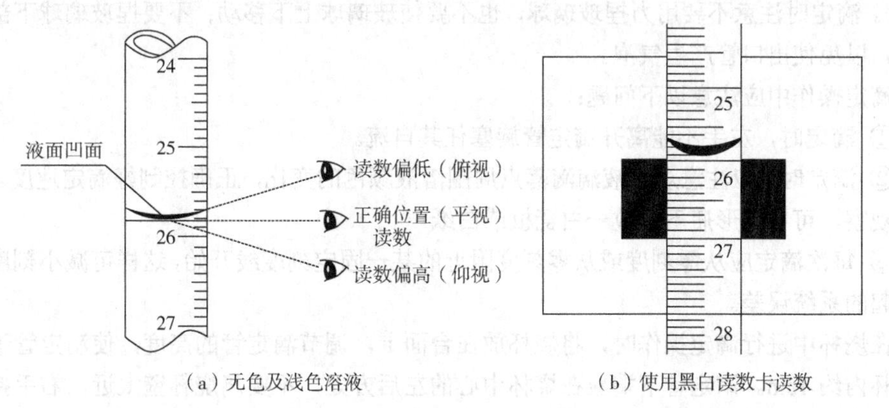

（a）无色及浅色溶液　　（b）使用黑白读数卡读数

图2-4

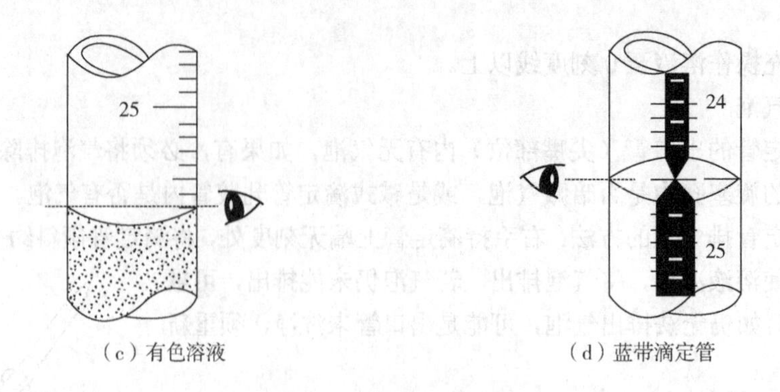

（c）有色溶液　　（d）蓝带滴定管

图 2-4　滴定管的读数

2.2.1.3　滴定操作方法

滴定操作时，应将滴定管垂直地夹在滴定管架上。滴定操作可在锥形瓶或烧杯内进行，以锥形瓶为例说明滴定操作基本步骤。

酸式滴定管的滴定方法：用左手大拇指、食指和中指三指控制滴定管旋塞柄，其余两指向手心弯曲，轻轻地贴着出口管，大拇指在管前，食指和中指在管后控制旋塞的转动，如图 2-5。注意控制旋塞时不要向外拉旋塞，要向手心用力，以免将旋塞顶出漏水。用右手前三指拿住锥形瓶瓶颈，使滴定管的下端伸入锥形瓶口约 1cm，左手控制旋塞滴加溶液，右手用腕力向同一方向摇动锥形瓶，使其做圆周运动，边滴加边摇动锥形瓶，如图 2-6（a）。滴定开始时，滴定速度可稍快，但不要使溶液呈“水线”流出，一般每秒 3～4 滴。接近终点时，应逐滴加入，加一滴后充分摇动。最后应控制半滴滴加，微微转动旋塞，使溶液悬挂在出口管管尖而不滴落，用锥形瓶内壁将其沾落，再用洗瓶以少量蒸馏水吹洗锥形瓶内壁，待内壁上溶液全部流下，再摇动锥形瓶，如此反复直至滴定终点。

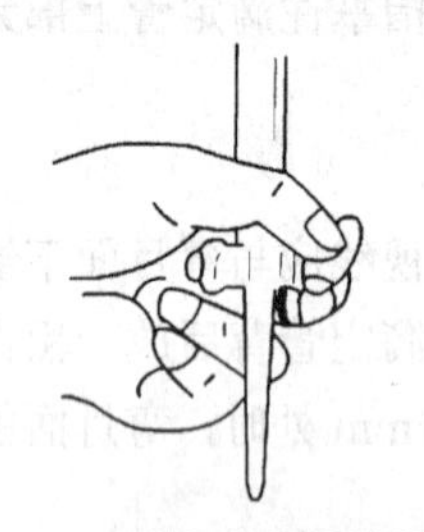

图 2-5　酸式滴定管的操作

碱式滴定管的滴定方法：左手拇指在前，食指在后，捏挤玻璃球所在部位稍上处一侧的乳胶管，使溶液从玻璃球旁空隙处流出滴下，无名指和小指应配合夹住出口管，如图 2-6（b）。滴定时注意不要用力捏玻璃球，也不要使玻璃球上下移动；不要捏玻璃球下部的乳胶管，以免使出口管产生气泡。

滴定操作中应注意以下问题：

① 滴定时，左手不能离开滴定管旋塞任其自流。

② 滴定时，应注意观察液滴滴落点周围溶液颜色的变化，正确控制好滴定速度。为了便于观察，可在锥形瓶下方放一白瓷板或白纸。

③ 每次滴定应从零刻度或从零刻度附近的某一固定刻度线开始，这样可减小刻度不均匀引起的系统误差。

在烧杯中进行滴定操作时，将烧杯放在台面上，调节滴定管的高度，使滴定管下端伸入烧杯内约 1cm。滴定管下端应在烧杯中心的左后方处，不要离烧杯壁太近，右手持搅拌棒在右前方搅拌溶液，边滴加边搅拌，搅拌时不要接触烧杯壁和底，如图 2-7。当滴加半滴溶液时，用搅拌棒下端靠下滴定管口悬而未落的液滴，再将玻璃棒放入溶液中搅拌。搅拌棒只能接触液滴，不要接触滴定管尖。

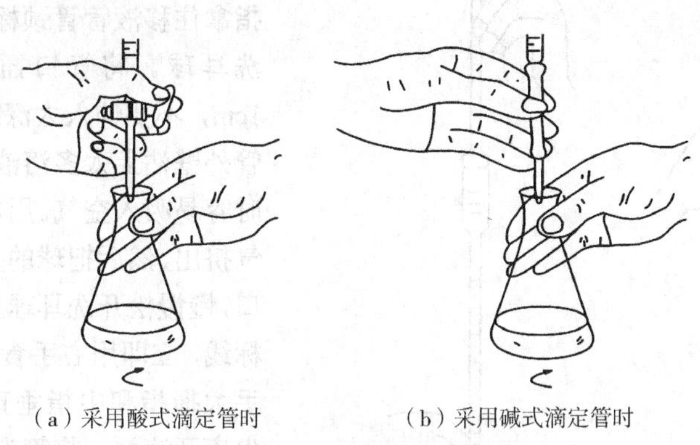

（a）采用酸式滴定管时　　（b）采用碱式滴定管时

图 2-6　锥形瓶中滴定操作

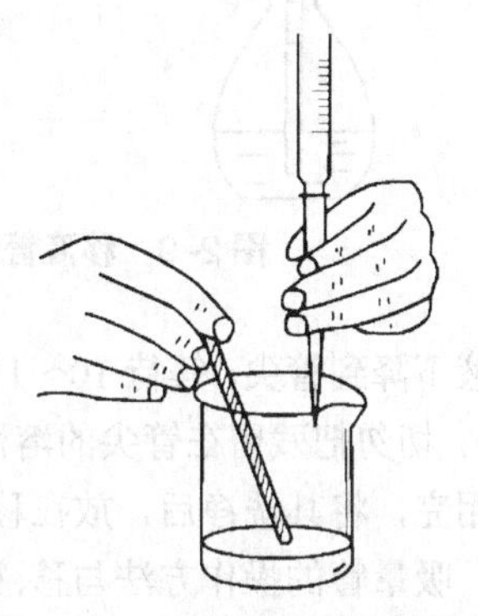

图 2-7　在烧杯中滴定操作

滴定结束后，应将滴定管内剩余的溶液弃去，不得将其倒回原瓶，以免沾污整瓶操作溶液，用水洗净滴定管后，把滴定管夹在滴定管架上，用一器皿把上口罩上。若长时间不用时，还应将旋塞取出，洗去油脂，擦干，在旋塞和管内槽间夹一小纸片，套上橡皮圈。

2.2.2　移液管和吸量管

移液管是用于准确量取一定体积溶液的量出式玻璃量器，它的中腰膨大，上下两端细长，上端刻有环形标线，膨大部分标有容积和标定时的温度，如图 2-8。常用的移液管的容积有 5mL、10mL、25mL 和 50mL。将溶液吸入管内，使溶液的弯月面与标线相切，再使溶液流出，则放出的溶液体积就等于管上标示的容积。

具有分刻度的玻璃管叫吸量管，可以准确量取刻度范围内所需不同体积的溶液，常用的吸量管规格有 1mL、2mL、5mL 和 10mL 等。

使用前需将移液管和吸量管洗涤至内壁不挂水珠，具体的洗涤方法如下：用右手大拇指和中指拿住移液管管颈的上方，左手拿洗耳球。将移液管插入洗液中，用洗耳球将洗液慢慢吸至全管容积 1/3 处，用右手食指按住管口，将移液管取出并横放，左右手分别拿住移液管两端，松开右手食指，慢慢转动移液管，使洗液布满全管内壁润洗，然后将洗液回收到原瓶。如果内壁污染严重，则可把管放入盛有洗液的大量筒或高型玻璃缸内浸泡数分钟到数小时，取出后用自来水及蒸馏水冲洗。移取溶液前，用滤纸擦去管外的水，再用少量待移取液将吸管内壁润洗 2～3 次，以保证转移的溶液浓度不变，方法同上述洗涤方法。

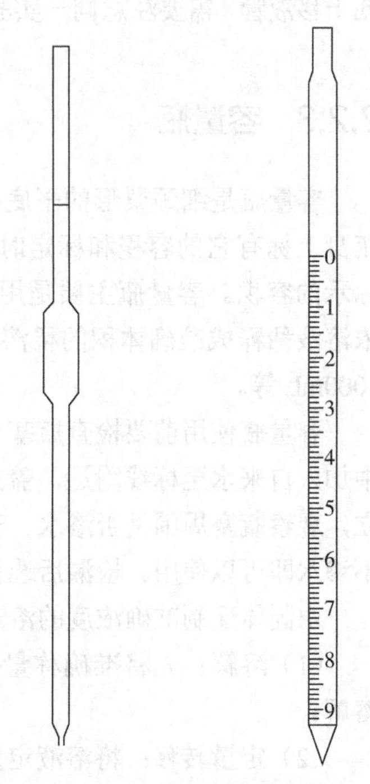

图 2-8　移液管和吸量管

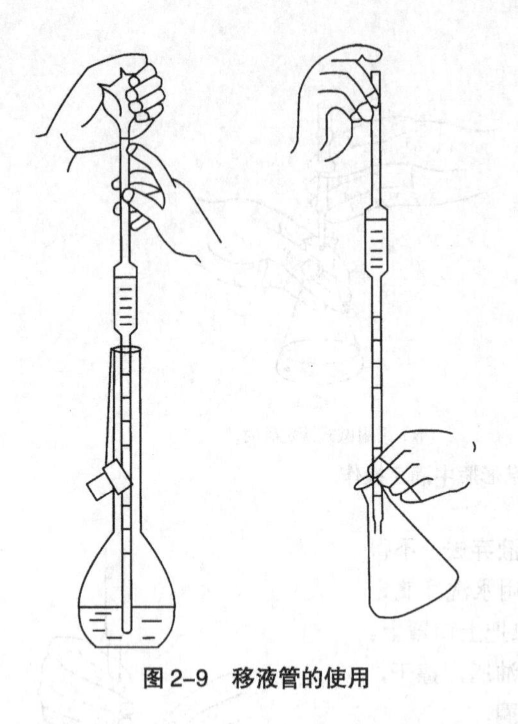

图 2-9　移液管的使用

移取溶液过程：用右手大拇指和中指拿住移液管管颈标线的上方，左手拿洗耳球。将管口插入溶液液面下约1cm，不要伸入太深或太浅，太深会使管外壁沾上太多溶液，太浅当液面下降时容易吸入空气。用左手把洗耳球中空气挤出，然后把球的尖端紧靠在移液管口，慢慢松开洗耳球把溶液吸至稍高于标线，立即用右手食指按住管口。用右手大拇指和中指垂直拿起移液管使管尖离开液面，将管尖端靠着贮液瓶口，用拇指和中指轻轻转动吸管，微微松动食指让溶液慢慢流出，直至溶液弯月面下缘与标线相切，立即按紧食指。然后将接收溶液的容器倾斜30°，使移液管垂直，管尖紧靠容器内壁上，松开食指（见图 2-9），使溶液自然顺壁流下。待溶液下降到管尖，等待10～15s，取出移液管。在使用非吹出式的移液管时（管上未标"吹"字），切勿把残留在管尖的溶液吹出，因校准移液管时已考虑了管尖残留溶液的体积。移液管用完，将其洗净后，放在移液管架上。

吸量管的操作方法与移液管相同，将溶液吸入吸量管内，通常是使液面从最高刻度开始，当将溶液放出至适当刻度时，两刻度之差即为放出溶液的体积。吸量管的容量精度稍低于移液管。需要注意同一实验应尽量使用同一吸量管的同一部位，且尽可能用上面部分。

2.2.3　容量瓶

容量瓶是细颈梨形的平底玻璃瓶，具有磨口玻璃塞或塑料塞，瓶颈上刻有环形标线，瓶身上标有它的容积和标定时的温度。当液体充满至标线时，瓶内所装液体的体积等于标示的容积。容量瓶主要是用来把精密称量的物质准确地配成一定体积的溶液，或是将浓溶液稀释成准确体积的稀溶液。常用的容量瓶规格有50mL、100mL、250mL、500mL、1000mL等。

容量瓶使用前要检查瓶塞和容量瓶瓶口是否密合不漏水，检漏的方法如下：向容量瓶中加入自来水至标线附近，盖上瓶塞，右手托住瓶底，左手食指按压住瓶塞，将容量瓶倒立，观察瓶塞周围是否渗水。若不渗水，再将瓶塞转动180°，同样操作检查是否漏水，均不渗水即可以使用。检漏后选择合适的洗涤剂和洗涤方法将容量瓶洗净。

由固体配制准确浓度的溶液时，容量瓶的操作方法如下。

（1）溶解：先将准确称量的固体放入烧杯中，加入少量水或适当溶剂，使固体完全溶解。

（2）定量转移：将溶液定量转移到容量瓶中，转移时，将玻璃棒下端靠住瓶颈内壁，烧杯嘴紧靠玻璃棒，慢慢倾斜烧杯，使烧杯中溶液沿玻璃棒顺瓶壁流下，如图 2-10。溶液流尽后，将烧杯轻轻顺玻璃棒上提，使附在玻璃棒和烧杯嘴之间的液滴回到烧杯中。再用洗瓶挤出少量蒸馏水冲洗烧杯和玻璃棒几次，每次洗涤液按上法将其完全转移到容量瓶中。

（3）定容混匀：用蒸馏水稀释，当水加至容积的2/3处时，水平旋摇容量瓶，使溶液混合均匀，注意不能倒转容量瓶。继续加蒸馏水稀释至接近标线下1cm时，改用滴管逐滴加水至弯月面最低点与标线相切，盖紧瓶塞，一手食指压住瓶塞，另一手的大拇指、中指和食指托住瓶底，倒转容量瓶，如图2-11，使瓶内气泡上升到顶部，摇晃数次，再将容量瓶倒转过来，如此反复多次，使瓶内溶液充分混匀。当将浓溶液稀释成一定体积的稀溶液时，选用合适的移液管或吸量管准确量取所需体积的浓溶液，并转移至容量瓶中，按上述方法稀释定容至标线配成稀溶液。

使用容量瓶时应注意，容量瓶不宜长期存放溶液。若需长时间存放溶液，应将溶液转移至预先经干燥或用该溶液润洗过的试剂瓶中。由于温度对量器的容积有影响，所以热溶液应先冷却至室温，再转移至容量瓶中。

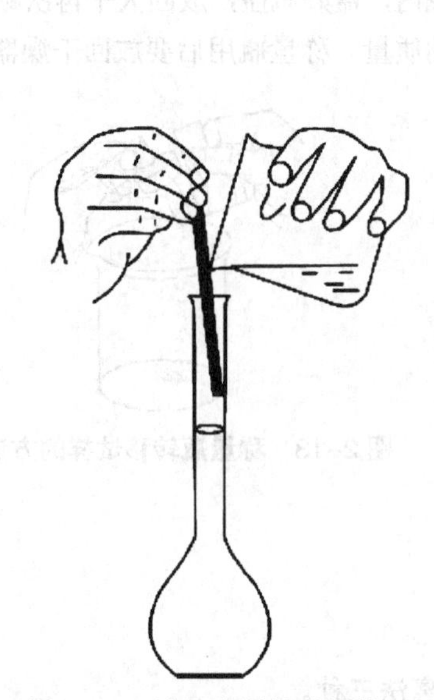

图2-10　溶液定量转移操作

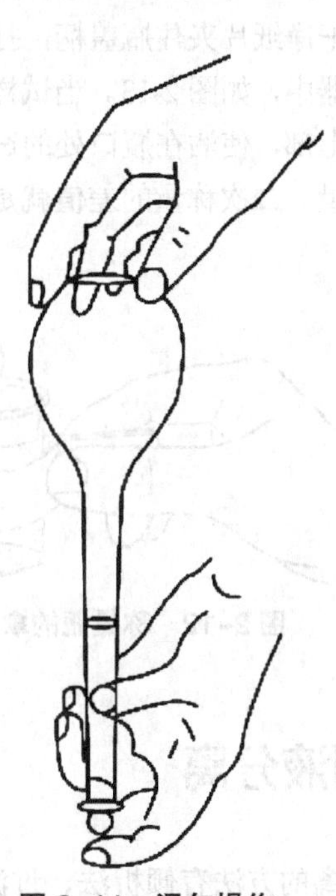

图2-11　混匀操作

2.3 称量方法

称量试样时，可根据称量对象的性质和称量要求选用合适的天平和相应的称量方法，称量方法分为直接称量法、固定质量称量法和递减称量法。

（1）直接称量法

将被称量物或容器直接放在天平上进行称量。这种方法适用于称量洁净、干燥的器皿（烧杯、表面皿、坩埚等）或是不易吸潮或升华的固体试样（金属片等）。

（2）固定质量称量法

也称增量法，该方法用于称量某一固定质量的试样，适用于不易吸潮、在空气中性质稳定的粉末状或小颗粒试样，如基准物质。称量时，可用表面皿、烧杯、称量纸（硫酸纸）作称量器皿，先把称量器皿放在天平称量盘上，将天平清零，手持盛有试样的药匙伸向容器上方 2～3cm 处，用拇指、中指及掌心拿稳药匙，并用食指轻弹药匙柄，将试样慢慢落入称量器皿中，直到达到所需数值为止。若称量时试样超过所需质量，可用药匙取出多余的试样，放到试样回收瓶里，不要随意丢弃。

（3）递减称量法

用于称量一定质量范围的试样，也称差减称量法，该方法适用于易吸水、易氧化或在空气中性质不稳定的试样。

先将试样经适当的干燥处理后放在称量瓶中，再将称量瓶放入干燥器中备用。称量时，称量瓶不得直接用手拿，可用干净的纸带套住称量瓶瓶身，如图 2-12。左手持纸带两边夹紧称量瓶将其从干燥器中取出，注意不要使称量瓶从纸带中滑落，也可以佩戴手套取出称量瓶。将称量瓶放在天平称量盘上，先称量试样和称量瓶的总质量。再将称量瓶放在接收容器的上方，右手用干净纸片夹住瓶盖柄，打开瓶盖，倾斜称量瓶身，用瓶盖轻敲瓶口上部，使试样慢慢落入容器中，如图 2-13。当试样量接近所要求的质量时，将称量瓶缓缓竖起，用瓶盖轻轻敲打瓶口上部，使沾在瓶口处的试样落入称量瓶内，盖好瓶盖，放回天平再次称量试样和称量瓶的质量。二次称量的差值就是转移出试样的质量。称量瓶用后要放回干燥器中。

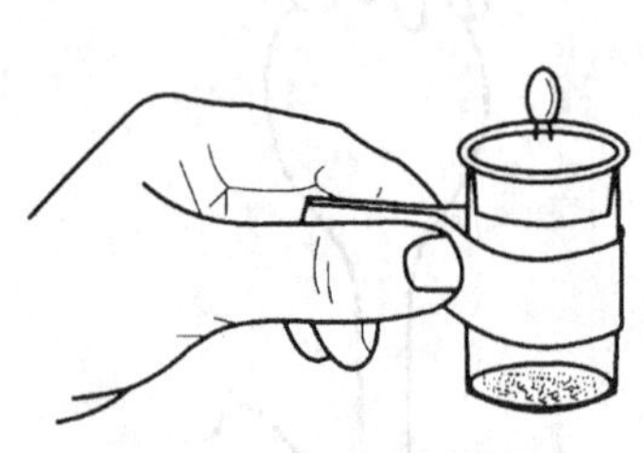

图 2-12　称量瓶的拿法

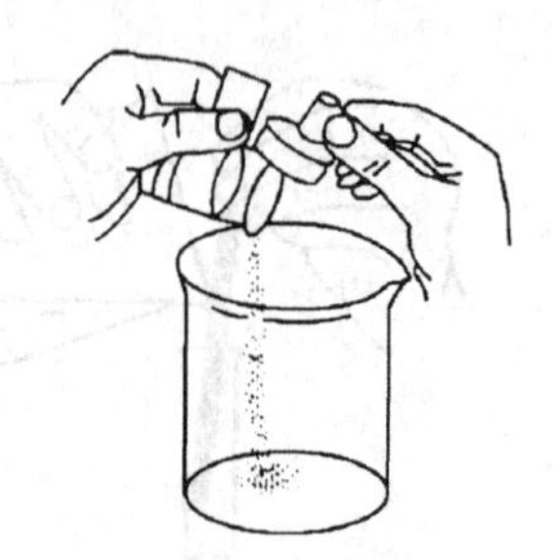

图 2-13　称量瓶转移试样的方法

2.4　固液分离

固液分离的方法有倾析法、过滤法和离心分离法三种。

2.4.1　倾析法

如果沉淀的相对密度较大或晶体颗粒较大，静置后能较快沉降的，常用倾析法分离和洗涤沉淀。操作时将沉淀上部的清液缓慢沿玻璃棒倾入另一容器中，如图 2-14。然后在盛沉淀的容器中加入少量洗涤液（如蒸馏水），充分搅拌后静置，待沉淀沉降后倾去洗涤液，重复 2～3 次，即可将沉淀洗净。

2.4.2　过滤法

当溶液和固体的混合物通过过滤器（如滤纸或玻璃砂芯）时，沉淀留在过滤器上，溶液通过过滤器流入另一容器中，过滤后的溶液称为滤液。

2.4.2.1　滤纸的选择

实验时应根据具体要求选用合适类型和规格的滤纸，如 $BaSO_4$、$CaC_2O_4 \cdot 2H_2O$ 等细晶形沉淀，应选用“慢速”滤纸过滤；$Fe_2O_3 \cdot nH_2O$ 为胶状沉淀，应选用“快速”滤纸过滤；$MgNH_4PO_4$ 等粗晶形沉淀，应选用“中速”滤纸过滤。

2.4.2.2　过滤方法选择

过滤方法又分常压过滤、减压过滤和热过滤三种。

（1）常压过滤（普通过滤）

常压过滤即普通过滤，是借助于重力作用而实现过滤目的，在大气压下使用普通玻璃漏斗过滤的方法。沉淀物为胶体或微细晶体时，用此法过滤较好。

根据沉淀的具体情况选择适合的滤纸和漏斗。圆形滤纸对折两次成扇形，展开成圆锥形，一边为三层，一边为一层（图 2-15），放入漏斗中的滤纸，其边缘要低于漏斗边缘，用水润湿滤纸，使滤纸漏斗内壁紧贴。

图 2–14　倾析法过滤

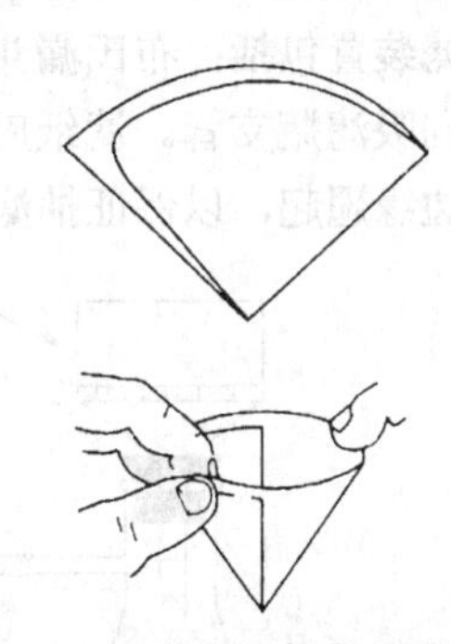

图 2–15　普通滤纸的折叠

漏斗应放在漏斗架上，下面用一个洁净的烧杯承接滤液，将漏斗颈出口斜口长的一侧贴紧烧杯内壁，以加快过滤速度，并防止滤液外溅。

过滤时，为了避免沉淀堵塞滤纸的空隙，影响过滤速度，一般多采用倾析法过滤。首先倾斜静置烧杯，待沉淀下降后，先采用倾析法滤去尽可能多的清液，如果需要洗涤沉淀，可在溶液转移后，往盛沉淀的容器中加入洗涤液充分搅匀，待沉淀沉降后按倾析法倾出溶液，如此洗涤沉淀 2～3 次；然后把沉淀转移到漏斗上；最后清洗烧杯和洗涤漏斗上的沉淀。而不是一开始过滤就将沉淀和溶液搅混后过滤。

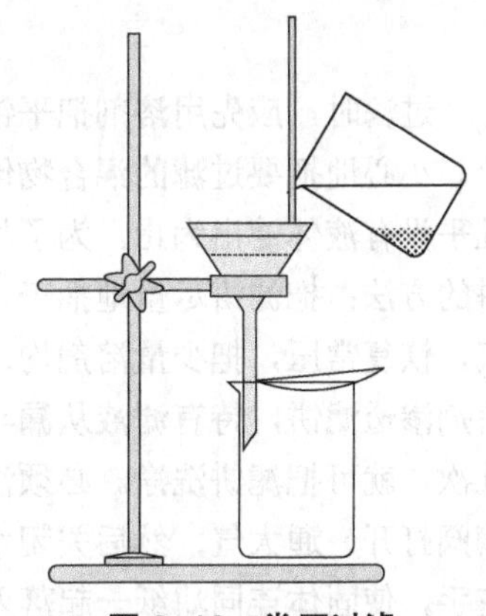

图 2–16　常压过滤

操作中注意让溶液沿玻璃棒在三层滤纸一侧倾入漏斗中，液面高度应低于滤纸 1～2cm（图 2-16），玻璃棒下端尽可能接近滤纸，但不能接触滤纸。

过滤过程中暂停倾注时，应沿玻璃棒将烧杯嘴往上提，逐渐使烧杯直立，等玻璃棒和烧杯由相互垂直变为几

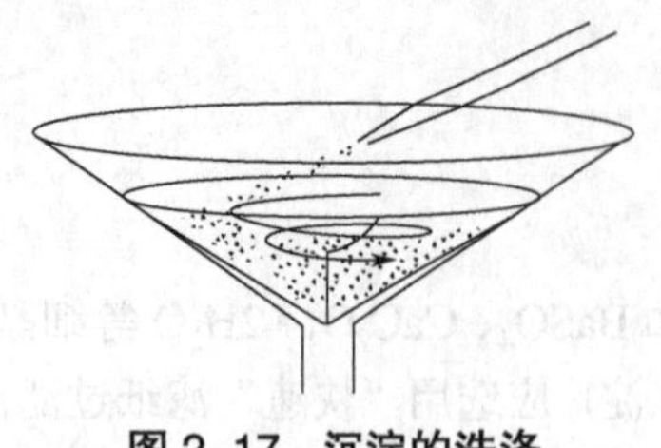
图 2-17 沉淀的洗涤

乎平行时，将玻璃棒离开烧杯嘴而移入烧杯中。这样才能避免留在棒端及烧杯嘴上的液体流到烧杯外壁上。

沉淀用倾析法洗涤后，在盛有沉淀的烧杯中加入少量洗涤液，搅拌混合，全部倾入漏斗中。然后用洗瓶小心冲洗烧杯壁上附着的沉淀，使之全部转移入漏斗中。

沉淀全部转移到滤纸上后，需对沉淀进行洗涤，以除去沉淀表面吸附的杂质和母液。洗涤时要用洗瓶由滤纸边缘稍下地方螺旋形向下移动冲洗沉淀，将沉淀集中到滤纸锥体的底部，不可将洗涤液直接冲到滤纸中央沉淀上，以免沉淀外溅，如图 2-17。洗涤沉淀采用“少量多次”的方法，提高洗涤效率，每次使用少量洗涤液，尽量滤干后进行下一次洗涤。

（2）减压过滤（抽滤或真空过滤）

减压能加快过滤速度，也可将沉淀抽吸得比较干燥。胶体或细颗粒沉淀会透过滤纸或使滤纸堵塞，不能用减压过滤的方法分离沉淀。减压过滤的最大优点是过滤速度快，结晶一般不易在漏斗中析出，操作较简便。其缺点是滤下的热滤液在减压条件下易沸腾，可能从抽气管中抽走，使结晶在滤瓶中析出；如果操作不当，活性炭或悬浮的不溶性杂质微粒也可能从滤液边缘通过而进入滤液。

减压过滤装置包括：布氏漏斗、吸滤瓶、安全瓶和减压泵，如图 2-18。布氏漏斗管下端的斜面朝向吸滤瓶支管。滤纸应剪成比漏斗的内径略小，但能完全盖住所有的小孔。不要让滤纸的边缘翘起，以保证抽滤时密封。

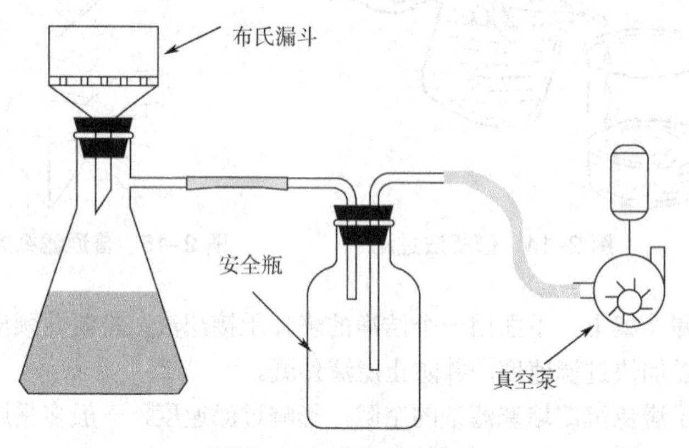

图 2-18 减压过滤

过滤时，应先用溶剂把平铺在漏斗上的滤纸润湿，然后开动水泵，使滤纸紧贴在漏斗上。小心地把要过滤的混合物倒入漏斗中，使固体均匀地分布在整个滤纸面上，一直抽到几乎没有液体滤出为止。为了尽量把液体除净，可用玻璃瓶塞压挤滤饼。在漏斗上洗涤滤饼的方法：把滤饼尽量地抽干、压干，拔掉抽气的橡皮管（或打开安全瓶上的阀门）通大气，恢复常压，把少量溶剂均匀地洒在滤饼上，以溶剂刚好盖住滤饼为宜。静置片刻，让溶剂渗透滤饼，待有滤液从漏斗下端滴下时，重新抽气，再把滤饼抽干、压干。这样反复几次，就可把滤饼洗净。必须注意：在停止抽滤时，应先拔去橡皮管（或将安全瓶上的玻璃阀打开）通大气，然后关闭水泵。取下漏斗，左手把握漏斗管，倒转，用右手“拍击”左手，使固体连同滤纸一起落入洁净的纸片或表面皿上，然后揭去滤纸。

强酸性或强碱性溶液过滤时，应在布氏漏斗上铺上玻璃布或涤纶布、氯纶布来代替滤纸。对个别特殊性质的固液分离，需选用一些特殊的过滤器和材料，如玻璃砂芯漏斗（或坩埚）。

微孔玻璃漏斗（或坩埚）的滤板是用玻璃粉末在高温熔结而成的，如图2-19。1990年前，我国微孔玻璃滤板按孔径大小（μm）分为6种型号：G_1（80～120）、G_2（40～80）、G_3（15～40）、G_4（5～15）、G_5（2～5）、G_6（<2）。1990年后，我国微孔玻璃滤板的牌号以P_n表示，n代表每级孔径（μm）的上限值，有$P_{1.6}$、P_4、P_{10}、P_{16}、P_{40}、P_{100}、P_{160}等规格。分析实验中常用P_{40}（G_3）和P_{16}（G_4）号微孔玻璃滤板，一般须用减压过滤法。

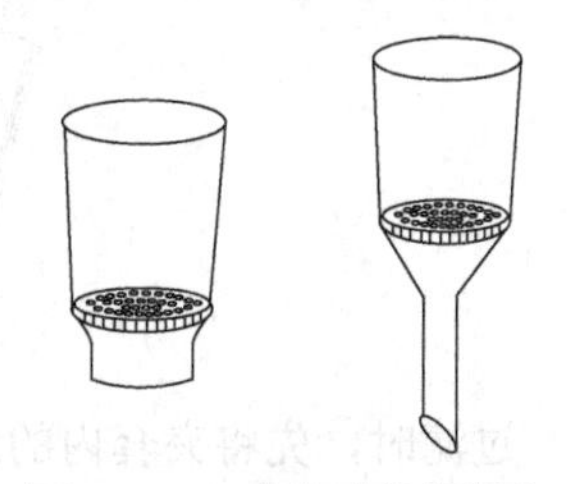

图2-19　玻璃砂芯坩埚和玻璃砂芯漏斗

玻璃砂芯漏斗（或坩埚）在使用前，先用强酸（HCl或HNO_3）处理，然后再用水洗净。洗涤时在抽滤瓶瓶口配一块稍厚的橡皮垫，垫上挖一个圆孔，将微孔玻璃坩埚（或漏斗）插入圆孔中；再将强酸倒入微孔玻璃漏斗中，然后减压抽滤。抽滤结束时，应先通大气，再关闭减压泵，否则减压泵中的水会倒吸入抽滤瓶中。

微孔玻璃漏斗（或坩埚）不耐强碱，会损坏漏斗（或坩埚）的微孔。因此，不可用强碱处理，也不适于过滤强碱溶液。

过滤时，所用装置与减压过滤装置相同，在减压抽滤下用倾析法进行过滤，具体操作与上述用滤纸过滤相同。

（3）热过滤

热过滤就是在普通玻璃漏斗外套上一个保温漏斗，其装置如图2-20所示。

热过滤的目的就是除去不溶性杂质，同时防止产物结晶析出。为了避免过滤过程中因溶剂的挥发而造成晶体的损失。在过滤过程中要做到仪器热、溶液热、动作快。为了过滤得较快，可选用颈短而粗的玻璃漏斗，这样可避免晶体在颈部析出而造成堵塞。在过滤前，要把漏斗放在烘箱中预先烘热，等过滤时再将漏斗取出放在铁架台上的铁圈中，或放在盛滤液的锥形瓶上。

图2-20　热过滤

为了尽量利用滤纸的有效面积以加快过滤速度，过滤热的饱和溶液时，常使用折叠式滤纸，其折叠方法如图2-21所示。先将滤纸一折为二，再折成四分之一，产生2-4折纹，然后将1-2的边沿折至4-2，2-3的边沿折至2-4分别产生2-6和2-5两条新折纹。继续将1-2折向2-5，2-3折向2-6，再得2-8和2-7的折纹。同样以2-3对2-5，1-2对2-6分别折出2-9和2-10的折纹。最后在八个等分的每小格中间以相反方向折成16等分，结果得到像折扇一样的排列。再在1-2和2-3处各向内折一小折面，展开后即得到折叠滤纸。在折纹集中的圆心处折时切勿重压，否则滤纸的中央在过滤时容易破裂。使用前应将折好的滤纸翻转并整理好再放入漏斗中，这样可避免被手弄脏的一面接触滤过的滤液。

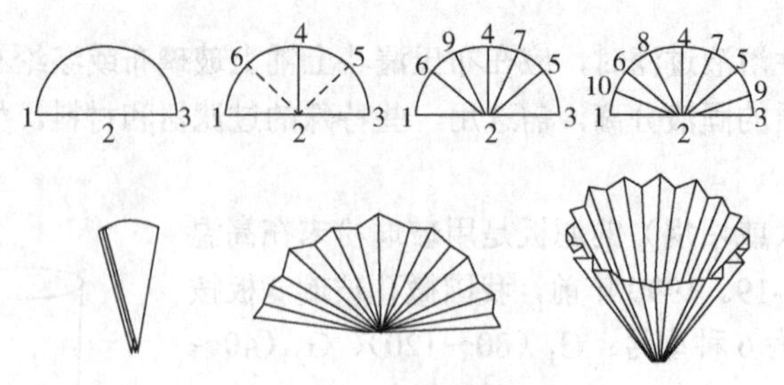

图 2-21 折叠式滤纸

过滤时，先将夹套内的水加热，当到达所需温度时，将热的饱和溶液逐渐地倒入漏斗中；在漏斗中的液体仍不宜积得太多，以免析出晶体，堵塞漏斗；最好在漏斗上盖上一表面皿。

也可用布氏漏斗趁热进行减压过滤。为了避免漏斗破裂和在漏斗中析出晶体，最好先用热水浴或水蒸气浴，或在电烘箱中把漏斗预热，然后用来进行减压过滤。

2.5 沉淀的烘干与灼烧

沉淀重量分析法是利用沉淀反应，使待测物质与试样中的其他组分分离后，再通过称重的方法测定组分含量的方法。操作过程中需要将沉淀经烘干，再灼烧恒重，具体操作方法如下。

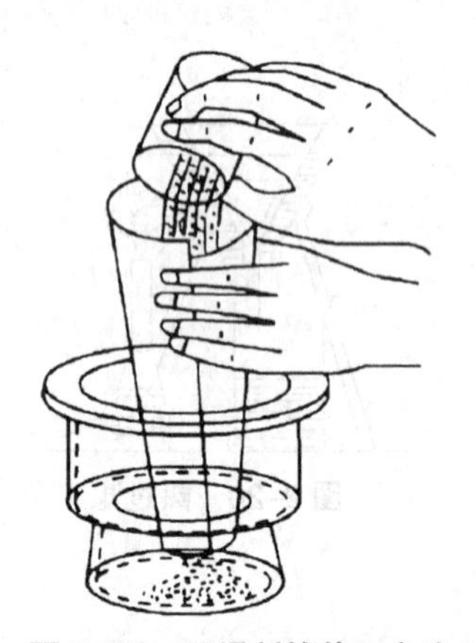

图 2-22 干燥剂的装入方法

（1）干燥器的准备

灼烧后的坩埚或沉淀需要放在干燥器内保存。干燥器是一种带有磨口盖子的厚质玻璃器皿。使用干燥器前，先将干燥器内壁和多孔瓷板擦干净，将适量的干燥剂通过一纸筒装入干燥器的底部，应避免干燥剂沾污内壁的上部，如图 2-22 所示，然后盖上已烘干的多孔瓷板。干燥器盛装干燥剂后，应在干燥器的磨口上涂上一层薄而均匀的凡士林油，以保持与干燥器盖密合，盖上干燥器盖。

常用的干燥剂有变色硅胶、无水氯化钙等。由于干燥剂吸收水分的能力都是有一定限度的，因此干燥器中的空气并不是绝对干燥的，而只是湿度相对降低而已。

开启干燥器时，左手按住干燥器的下部，右手按住盖子上的圆顶，向左前方推开器盖，不要用力直接拔开，如图 2-23 所示。用左手放入坩埚或称量瓶，盖上干燥器盖时，也应当拿住盖上圆顶，向边缘一侧推着盖好。干燥器盖取下后，也可将盖子圆顶朝下（磨口向上）倒放在实验台上。搬动干燥器时，应该用两手的拇指同时按住盖，防止盖滑落损坏，如图 2-24 所示。

当坩埚或称量瓶等放入干燥器时，应放在瓷板圆孔内，若比圆孔小时可放在瓷板上。若灼烧或干燥后的坩埚等热的容器，应稍冷却放入干燥器，并应连续推开干燥器 1～2 次。灼烧和干燥后的坩埚和沉淀，不宜在干燥器中放置太久。

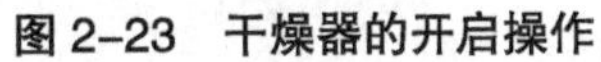
图 2-23 干燥器的开启操作

图 2-24 干燥器的搬动操作

（2）坩埚的准备

沉淀的烘干和灼烧常用瓷坩埚，坩埚需要提前洗净晾干，在坩埚的外壁和盖上用蓝黑墨水或 $K_4[Fe(CN)_6]$溶液编号，然后将坩埚底放在泥三角的边上，倾斜放在泥三角上，如图 2-25。经小火烘干，最后继续在煤气灯上或放高温炉里逐渐升温灼烧至恒重。如果坩埚放在煤气灯上灼烧，最后应在强氧化焰上灼烧约 30min，稍冷后，用坩埚钳将其放在干燥器中冷却至室温，称重。第二次再灼烧 15～20min 左右，冷却称重，直至相邻两次灼烧后的坩埚称重差值小于 0.2mg，即认为恒重。空坩埚的恒重方法和灼烧条件应与灼烧沉淀时条件完全相同。恒重的坩埚应放在干燥器中备用。

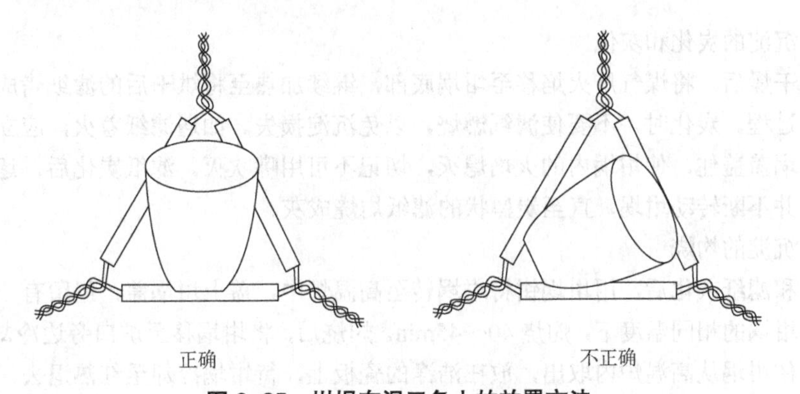

图 2-25 坩埚在泥三角上的放置方法

（3）沉淀的烘干

滤纸和沉淀的烘干通常在煤气灯上或电炉上进行。如果是胶体沉淀，先用扁头玻璃棒将三层滤纸边挑起，向中间折叠，将沉淀全部盖住，如图 2-26（a）。再用玻璃棒轻轻转动滤纸包，以擦净漏斗内壁可能沾有的沉淀。如果沉淀是晶形沉淀，用洗净的手从三层滤纸部分将带有沉淀的滤纸取出，按照图 2-26（b）中的折叠方法和顺序包裹沉淀。然后，将三层滤纸朝上的滤纸包转移至已恒重的坩埚中，把坩埚斜放在泥三角上，坩埚盖应倾斜靠在坩埚口的中部，如图 2-27（a）。用小火烘烤坩埚盖部位。加热时热空气流由于对流到坩埚内部，使滤纸和沉淀烘干，而水蒸气从坩埚上部逸出。烘干时，温度不能太高，以免坩埚受热不均而炸裂。

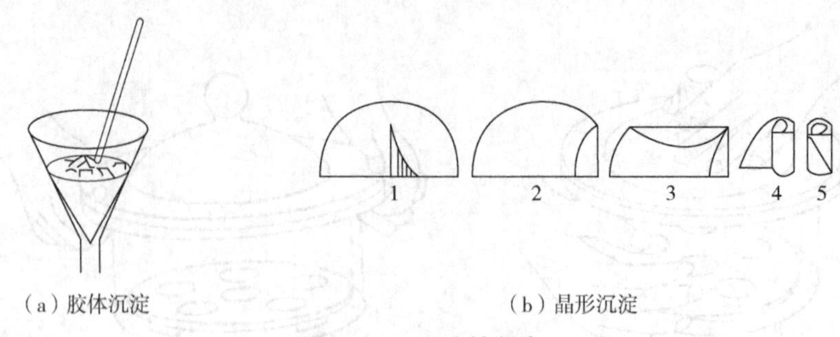

（a）胶体沉淀　　（b）晶形沉淀

图 2-26　沉淀的包裹

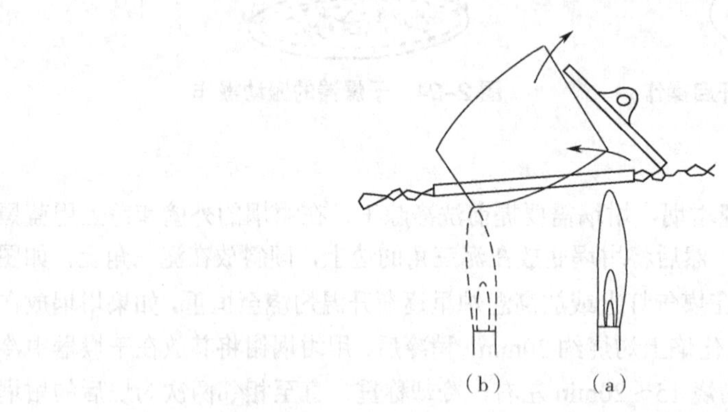

图 2-27　沉淀和滤纸在坩埚中烘干、炭化和灰化的火焰位置

（a）烘干火焰；（b）炭化、灰化火焰

（4）沉淀的炭化和灰化

沉淀干燥后，将煤气灯火焰移至坩埚底部，继续加热至将烘干后的滤纸烤成炭黑状，完成炭化过程。炭化时，不要使滤纸燃烧，以免沉淀损失。如遇滤纸着火，应立即移开火焰，用坩埚盖盖住，使坩埚内的火焰熄灭，切记不可用嘴吹灭。滤纸炭化后，逐渐升高温度加热，并不断转动坩埚，直至炭黑状的滤纸灼烧成灰。

（5）沉淀的灼烧

沉淀和滤纸灰化后，用坩埚钳将坩埚转至高温炉中，盖上坩埚盖，但留有一定空隙。在灼烧空坩埚的相同温度下，灼烧 40～45min。灼烧后，将坩埚移至炉口旁边冷却片刻，用坩埚钳夹住坩埚从高温炉内取出，放在洁净的瓷板上，待坩埚冷却至红热退去，将坩埚放入干燥器中冷却至室温（约 30min），称重。再重复上述步骤灼烧 20min，冷却后称重，反复操作直至恒重。

有些沉淀热稳定性差或烘干后即可称重，就需要用微孔玻璃坩埚，将微孔玻璃坩埚和沉淀一起放在表面皿上，放到烘箱中，根据沉淀的性质选择适当的温度，一般在 250℃以下，第一次烘干时间控制 2h 左右，烘干后取出，置于干燥器中冷却至室温，称重。此后每次烘干时间约 1h，如此反复直至恒重。

2.6　重结晶

用适当的溶剂把含有杂质的晶体物质溶解，配制成接近沸腾的浓热溶液，趁热滤去不溶性杂质，使滤液冷却析出结晶，收集晶体并做干燥处理的联合操作过程叫重结晶。结晶的方法一般是把溶液进行加热，使溶液蒸发到一定浓度（或饱和溶液）后，再将溶液冷却，就会有晶体析出。

第一次结晶所得到的晶体纯度往往不符合要求，需要加入一定溶剂进行溶解、蒸发和再结晶，这个过程称为重结晶。重结晶的一般过程是使待重结晶的物质在较高的温度（接近溶剂沸点）下溶于合适的溶剂中；趁热过滤以除去不溶杂质和有色的杂质（可加活性炭煮沸脱色）；将滤液冷却，使晶体从过饱和溶液中析出，而可溶性杂质仍留在溶液中；然后进行减压过滤，把晶体从母液中分离出来；洗涤晶体以除去吸附在晶体表面上的母液。

2.6.1 溶剂的选择

在重结晶时，需要知道用哪一种溶剂最适合某物质在该溶剂中的溶解情况。可以通过查阅手册中溶解度或通过实验得知一般化合物的溶解度，来决定采用何种溶剂。

在选择溶剂时，必须考虑到被溶解物质的成分与结构。因为根据相似相溶原理，溶质往往易溶于结构与其近似的溶剂中。即极性物质较易溶于极性溶剂中，非极性物质易溶于非极性溶剂中。例如，含羟基的化合物，在大多情况下或多或少地能溶于水；随着碳链增长，如高级醇在水中的溶解度显著降低，但在碳氢化合物中，其溶解度却会增加。

在进行重结晶时，选择理想的溶剂是一个关键，而理想的溶剂必须具备以下条件：

① 不与重结晶的物质发生化学反应；

② 在高温时，重结晶物质在溶剂中的溶解度较大，而在低温时则小；

③ 杂质的溶解度或是很大（待重结晶物质析出时，杂质仍留在母液中）或是很小（待重结晶物质溶解在溶剂中，借过滤除去杂质）；

④ 容易挥发（溶剂的沸点较低），易与结晶分离除去；

⑤ 沸点必须低于重结晶物质的熔点；

⑥ 能给出较好的晶体；

⑦ 要适当考虑溶剂的毒性、易燃性、价格和溶剂回收等。

根据实际需要，溶剂可选用单一溶剂和混合溶剂；溶剂的具体选定往往需采用试验的方法。对单一溶剂，可取0.1g固体样品置于洁净的小试管中，用滴管逐滴滴加某一溶剂，并不断振摇，当加入溶剂的量达1mL时，可在水浴上加热，观察溶解情况，若该物质（0.1g）在1mL冷的或温热的溶剂中很快全部溶解，说明溶解度太大，此溶剂不适用。如果该物质不溶于1mL沸腾的溶剂中，则可逐步添加溶剂，每次约0.5mL，加热至沸，若加溶剂量达3mL，而样品仍然不能全部溶解，说明溶剂对该物质的溶解度太小，必须寻找其他溶剂。若该物质能溶于1～3mL沸腾的溶剂中，冷却后观察结晶析出情况，若没有结晶析出，可用玻璃棒摩擦液面下的管壁或者辅以冰盐浴冷却，促使结晶析出。若晶体仍然不能析出，说明此固体在该溶剂中的溶解度很大，不宜选该溶剂作重结晶。最后综合几种溶剂的实验数据，根据析出晶体的量和纯度，确定一种比较适宜的溶剂。

当一种物质在一些溶剂中的溶解度太大，而在另一些溶剂中的溶解度又太小，不能选择到一种合适的溶剂时，可使用混合溶剂得到满意的结果。所谓混合溶剂，就是把对此物质溶解度很大的和溶解度很小的而又能互溶的两种溶剂（如水和乙醇）混合起来，这样可获得新的良好的溶解性能。用混合溶剂重结晶时，可先将待纯化物质在接近良好溶剂的沸点时溶于良好溶剂中（在此溶剂中极易溶解）。若有不溶物，趁热滤去；若有色，则用适量的（1%～2%）活性炭煮沸脱色后趁热过滤。于此热溶液中小心地加入少量热的不良溶剂（待纯化物质在此溶剂中溶解度很小），直至所出现的浑浊不再消失为止，再加入少量良好溶剂或稍加热使之恰好透明。然后将混合物冷却至室温，使结晶从溶液中析出。有时也可将两种溶剂先行混合，如 1∶1 的乙醇和水，则其操作和使用单一溶剂时相同。常用的混合溶剂为：乙醇-水、乙醚-甲醇、乙酸-水、乙醚-丙醇、丙醇-水、乙醚-石油醚。

2.6.2 操作方法

（1）溶解

大部分有机溶剂具有毒性和易燃性，通常将待结晶的固体置于适当大小的锥形瓶或烧瓶中，装上回流冷凝管，一次加入比需要量略少的溶剂，再加数粒沸石，根据溶剂的沸点选择适当的热浴加热至沸（除非溶剂无易燃性，才用煤气灯隔石棉网加热），如固体未完全溶解，小心地从冷凝管上端分批添加少量溶剂加热沸腾几分钟，直到固体全部溶解为止。为了防止发生意外事故，添加溶剂时一定要移开火源。在固体溶解过程中，应注意不要把不溶性杂质误认为固体未溶解完全而加入过多溶剂。判断不溶性杂质的方法是：每次添加溶剂并回流几分钟后，观察未溶物的量是否减少。如果未溶物的量并不减少，就是不溶性杂质。也可取出未溶物。

要使产品纯而且产率高，掌握溶剂的合适用量是关键。从减少溶解损失来考虑，溶剂应尽可能少加，但溶液过浓，趁热过滤时会有相当多的物质析在滤纸上，溶解度随温度变化很大的化合物更是如此。因此，从这两方面考虑，多加需要量 10%～20%的溶剂是适宜的。有时也可加入过量的溶剂，趁热过滤后再浓缩除去过量的溶剂。

（2）脱色与热过滤

所得到的热饱和溶液，如果含有不溶的杂质，应趁热把这些杂质过滤除去。溶液中存在的有色杂质，一般可利用活性炭脱色。活性炭的用量，以能完全除去颜色为度。为了避免过量，应分成小量，逐次加入。须在溶液的沸点以下加活性炭，并须不断搅动，以免发生暴沸。每加一次后，都须再把溶液煮沸片刻，然后用保温漏斗或布氏漏斗趁热过滤。应选用优质滤纸，或用双层滤纸，以免活性炭透过滤纸进入滤液中。过滤时，可用表面皿覆盖漏斗（凸面向下），以减少溶剂的挥发。

（3）冷却结晶

将热滤液缓慢冷却，溶解度减小，溶质即可部分析出。结晶的关键是控制冷却速率，使溶质真正成为晶体析出并长到适当大小，所得的晶体比较纯净，而不是以油状物或沉淀的形式析出。如果溶液浓度较大、冷却较快、剧烈搅拌时，析出的晶体很细，总表面积大，表面上吸附或黏附的母液总量也较多，晶体纯度和质量往往不好。若将滤液静置并缓缓降温，得到的晶体较大，但晶粒也不是越大越好，因为过大的晶体中可能包夹母液。通常控制冷却速率使晶体在数十分钟至十数小时内析出，而不是在数分钟或数周内析出，析出的晶粒大小在 1.5mm 左右为宜。一般可将热滤液置于热水浴中随同热水一起缓缓冷却。

杂质的存在会影响化合物晶核的形成和结晶的生长。所以有时溶液虽已达到过饱和状态，仍不析出结晶，这时可用玻璃棒摩擦器壁或投入晶种（即同种溶质的晶体），帮助形成晶核。若没有晶种，也可用玻璃棒蘸一点溶液，让溶剂挥发得到少量结晶，再将该玻璃棒伸入溶液中搅拌，该晶体即作为晶种，使结晶析出。在冰箱中放置较长时间，也可使结晶析出。

有时从溶液中析出的不是结晶而是油状物。这种油状物长期静置或足够冷却也可以固化，但含有较多的杂质，产品纯度不高。处理的方法是：①增加溶剂，使溶液适当稀释，但这样会使结晶收率降低；②慢慢冷却，及时加入晶种；③将析出油状物的溶液加热重新溶解，然后让其慢慢冷却，当刚刚有油状物析出时便剧烈搅拌，使油状物在均匀分散状况下固化；④最好改换其他溶剂。

2.7　升华

2.7.1　基本原理

升华的严格定义是指自固态不经过液态而直接转变成蒸气的现象。化学实验操作中，升化是纯化固体物质的一种手段。

升华是固态化合物在熔点以下不经过液态而直接变成蒸气，然后蒸气又被冷凝变为固态的过程。它和简单蒸馏一样，由于待提纯物质和所含杂质的蒸气压存在显著的差别，具有较高蒸气压的升华物质从固态转变为气态，遇冷则冷凝为纯的固体物质，蒸气压低的杂质被遗留下来。对于含有较多杂质的固态化合物，可能一经受热就熔化为液态，但它的蒸气可以不经过液态而直接冷凝为固态。因此，无论物质是从固态转化为蒸气，还是经过液态转变为蒸气，只要蒸气冷凝时不经过液态直接转变为固态的过程都称为升华。

由物质气、液、固三相平衡的关系可知，升华操作应在三相点的温度以下进行。不同的物质在其三相点以下的蒸气压是不一样的，其升华难易程度也不相同。升华要求固体物质在其熔点温度下具有相当高（高于 20mmHg）的蒸气压，这是升华提纯的必要条件。

一般来说，分子对称性较高的固态物质，具有较高熔点，且在熔点温度下具有较高的蒸气压，就可利用升华操作进行纯化。

由升华所得的固体物质往往具有较高的纯度，所以升华常用来纯化固体有机化合物。如：樟脑，三相点温度（179℃）下蒸气压为 370 mmHg，由于它在未达到熔点以前就具有相当高的蒸气压，所以只要缓缓加热，使温度维持在 179℃以下，就可升华纯化。

应该注意的是，若加热过快，蒸气压超过三相点的平衡压力，固体则会熔化为液体。因此升华加热应该缓慢进行。

2.7.2　升华操作

一个简单的升华装置是由一个瓷蒸发皿和一个覆盖其上的漏斗所组成，如图 2-28 所示。粗产物放置在蒸发皿中，上面覆盖一张穿有许多小孔的滤纸，用棉花疏松地塞住漏斗管，以减少蒸气逃逸。然后缓慢加热（最好能用沙浴或其他热浴），控制好温度，缓慢升华，防止炭化。蒸气通过滤纸小孔上升，冷却凝结在滤纸上或漏斗壁上。必要时漏斗外壁可用湿布冷却。

对于常压下不能升华或升华很慢的一些物质，常常在减压下进行升华。减压升华装置如图 2-29 所示，外面大套管可抽真空，固体物质放在大套管的底部。中间小管作为冷凝管可通水或空气，升华物质冷凝在小管的外面。减压升华一般在水浴或油浴中加热。

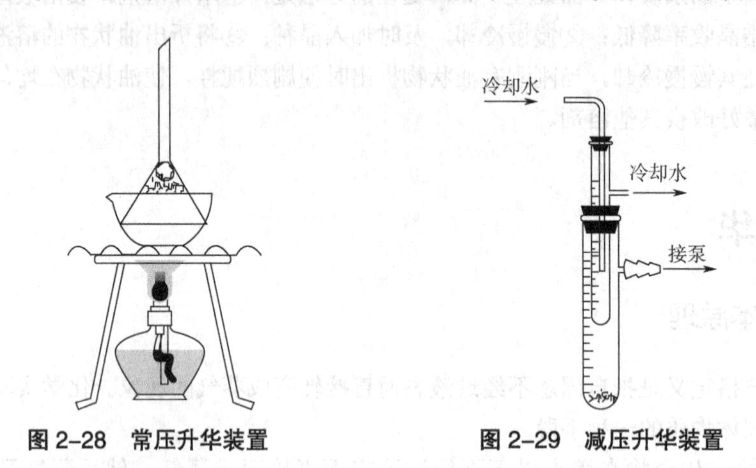

图 2-28　常压升华装置　　　图 2-29　减压升华装置

2.8 萃取和洗涤

2.8.1 基本原理

萃取和洗涤是利用物质在不同溶剂中的溶解度不同来进行分离、提取或纯化的操作。

萃取和洗涤在原理上是一样的，只是目的不同。使溶质从一种溶剂中转移到与原溶剂不相溶的另一种溶剂中，或使固体混合物中的某种或某几种成分转移到溶剂中去的过程称为萃取，也称提取。萃取是有机化学实验室中富集或纯化有机物的重要方法之一。以从固体或液体混合物中获得某种物质为目的的萃取常称为抽取，而以除去物质中的少量杂质为目的的萃取常称为洗涤。被萃取的物质可以是固体、液体或气体。依据被提取对象的状态不同而有液-液萃取和固-液萃取之分，依据萃取所采用的方法的不同而有分次萃取和连续萃取之分。

2.8.2 从液体中萃取

液体萃取最通常的仪器是分液漏斗，一般选择容积较被萃取液大 1～2 倍的分液漏斗，漏斗内加入的液体量不能超过容积的 3/4。

分液漏斗使用前必须检漏，即检查分液漏斗的盖子和旋塞是否严密，以防分液漏斗在使用过程中发生泄漏而造成损失（检查的方法通常是先用水试验）。若分液漏斗漏液或玻璃旋塞不灵活，应拆下旋塞，擦干旋塞和内壁，涂抹凡士林。方法是用玻璃棒沾少量凡士林，在旋塞粗的一端轻轻抹一下，注意不要涂多，也不要抹到旋塞的小孔里；在旋塞另一端，凡士林抹在旋塞槽内壁上；然后将旋塞插入槽内，向同一方向转动旋塞，直至旋转自如，关闭不漏液为止，此时旋塞部位呈现透明。再用小橡皮圈套住旋塞尾部的小槽，防止旋塞滑脱。

在萃取或洗涤时，先将液体与萃取使用的溶剂（或洗液）由分液漏斗的上口倒入，盖好盖子，振荡漏斗，使两液层充分接触。振荡的操作方法是取下分液漏斗以右手手掌（或食指根部）顶住漏斗顶塞并用大拇指、食指、中指紧握漏斗上口颈部，而漏斗的旋塞部分放在左手的虎口内并用大拇指和食指握住旋塞柄向内使力，中指垫在塞座旁边，无名指和小指在塞座另一边与中指一起夹住漏斗，如图2-30所示。振摇时，将漏斗的出料口稍向上倾斜，开始时要轻轻振荡。振荡后，令漏斗仍保持倾斜状态，打开活塞，放出蒸汽或产生的气体使内外压力平衡，否则容易发生冲料现象。如此重复2～3次，至放气时只有很小压力后再剧烈振摇1～3min，然后再将分液漏斗放在铁圈上。让漏斗中液体静置，使乳浊液分层。静置时间越长越有利于两相的彻底分离。此时，实验者应注意仔细观察两相的分界线，有的很明显，有的则不易分辨。一定要确认两相的界面后，才能进行下面的操作，否则还需要静置一段时间。

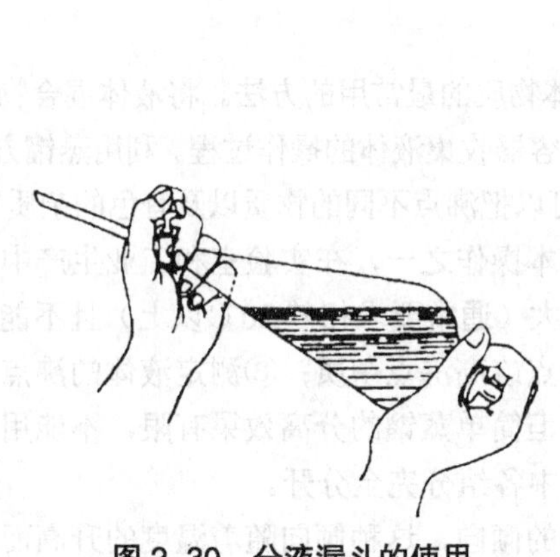

图2-30　分液漏斗的使用

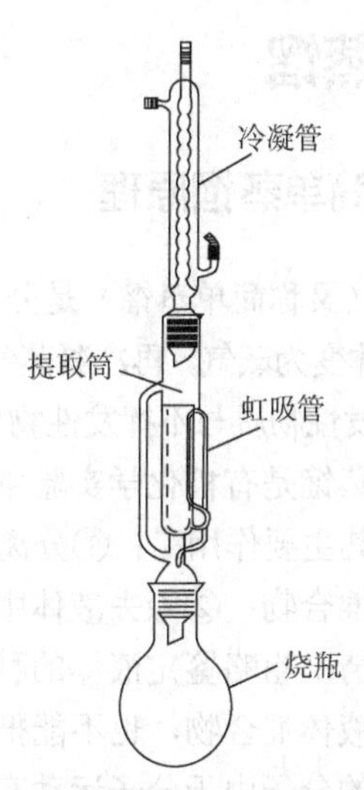

图2-31　索氏提取器

分液漏斗中的液体分成清晰的两层以后，就可以进行分离放料。先把颈上的顶塞打开，把分液漏斗的下端靠在接收器的壁上。实验者的视线应盯住两相的界面，缓缓打开活塞，让液体留下，当液体中的界面接近活塞时，关闭活塞，静置片刻，这时下层液体往往会增多一些。再把下层液体仔细地放出，然后把剩下的上层液体从上口倒入另一个容器里。如在两相间有少量絮状物时，应把它分到水层中去。

在萃取或洗涤时，上下层液体都应保留到实验完毕。否则，如果中间的操作失误，便无法补救和检查。在萃取过程中，将一定量的溶剂分做多次萃取，其效果比一次萃取为好。

2.8.3　从固体混合物中萃取

从固体混合物中萃取所需要的物质，最简单的方法是把固体混合物先行研细，放在容器里，加入适当溶剂，用力振荡，然后用过滤或倾析的方法把萃取液和残留的固体分开。若被提取的物质特别容易溶解，也可以把固体混合物放在放有滤纸的玻璃漏斗中，用溶剂洗涤。这样，所要萃取的物质就可以溶解在溶剂中，而被滤取出来。

如果萃取物质的溶解度很小，则用洗涤方法要消耗大量的溶剂和很长的时间。在这种情况下，一般用索氏提取器（脂肪提取器）来萃取（图2-31）。索氏提取器是利用溶剂回流和虹吸原理，使固体物质每一次都能被纯的溶剂所萃取，因而效率较高。使用时，首先把滤纸做成与提取器大小相适应的套袋，然后把研细固体混合物放置在纸套袋内，装入提取器内。然后开始用合适的热浴加热烧瓶，溶剂的蒸气从烧瓶进到冷凝管中，冷却后，回流到固体混合物中，慢慢将所需提取的物质溶出。当溶液在提取器内到达一定高度时，就会从侧面的虹吸管流入烧瓶中。溶剂就这样在仪器内循环流动，把所要提取的物质富集到下面的烧瓶里。一般需要数小时才能完成，提取液经浓缩后，将所得浓缩液经进一步处理可得到所需提取物。

索氏提取器为配套仪器，其任一部件损坏将会导致整套仪器的报废，特别是虹吸管极易折断，所以使用过程中须特别小心。

2.9 蒸馏

2.9.1 简单蒸馏原理

蒸馏（又称简单蒸馏）是分离和提纯液体物质的最常用的方法。将液体混合物加热至沸腾，使液体变为蒸气，再冷凝蒸气，并在另一容器收集液体的操作过程。利用蒸馏方法，不仅可以把挥发性物质与不挥发性物质分离，还可以把沸点不同的物质以及有色的杂质等分离。

简单蒸馏是有机化学实验中最重要的基本操作之一，在实验室和工业生产中都有广泛的应用。其主要作用是：①分离沸点相差较大（通常要求相差30℃以上）且不能形成共沸物的液体混合物；②除去液体中的少量低沸点或高沸点杂质；③测定液体的沸点；④根据沸点变化情况粗略鉴定液体的种类和纯度。但简单蒸馏的分离效果有限，不能用于分离沸点相近的液体混合物，也不能把共沸混合物中各组分完全分开。

液体的分子由于分子运动有从表面逸出的倾向，这种倾向随着温度的升高而增大，进而在液面上部形成蒸气。如果把液体置于密闭的真空体系中，液体分子不断逸出而在液面上部形成蒸气，最后使得分子由液体逸出的速率与分子由蒸气中回到液体的速率相等，使其蒸气保持一定的压力。此时液面上的蒸气达到饱和，称为饱和蒸气。饱和蒸气的压力称为蒸气压。一定组成的液体，其蒸气压只与温度有关，随温度的升高，液体的蒸气压增大。

当液体的蒸气压增大到与外压（通常是大气压力）相等时，就有大量气泡从液体内部逸出，液体沸腾。这时的温度称为液体的沸点。液体化合物的蒸气压只与体系的温度和组成有关，而与体系的总量无关，液体的蒸气压随温度升高而增大。液体的沸点也与外界压力有关，外界压力越低，沸点越低；外界压力越高，沸点越高。通常说的沸点是指标准大气压 101.325kPa（760mmHg）下液体沸腾的温度，即正常沸点。

在同一压力下，物质的沸点不同，其蒸气压也不相同，低沸点物质的蒸气压大，高沸点物质的蒸气压小。因此，当液体混合物沸腾时，蒸气组成和原液体混合物的组成不同。低沸点组分的蒸气压大，它在蒸气中的摩尔组成大于其原液体混合物中的摩尔组成；反之，高沸点组分在蒸气中的摩尔组成则小于原液体混合物中的摩尔组成。将逸出的蒸气冷凝为液体时，则冷凝液的组成与蒸气组成相同，冷凝液中含有较多的低沸点组分，而留在蒸馏瓶中的液体则含有较多的高沸点组分。原混合物中各组分的沸点相差越大，分离效果越好。

通常两组分沸点差大于 30℃就可采用蒸馏进行分离。

在通常情况下，纯净的液体在一定条件下具有一定的沸点。如果在蒸馏过程中，沸点发生变动，那就说明物质不纯。因此可借助蒸馏的方法来测定物质的沸点和定性地检验物质的纯度。但是具有固定沸点的液体不一定都是纯化合物，因为某些化合物往往能和其他组分形成二元或三元恒沸混合物，它们也有一定的沸点。因此，不能认为沸点一定的物质都是纯物质。

2.9.2　简单蒸馏装置

蒸馏装置主要包括蒸馏烧瓶、冷凝管和接收器三部分。

蒸馏烧瓶是蒸馏时最常用的仪器，它由圆底烧瓶和蒸馏头组成。圆底烧瓶的选用应由所蒸馏的液体的体积来决定。通常所蒸馏的液体的体积应占圆底烧瓶容积的 1/3～2/3。如果装入液体的体积远小于蒸馏烧瓶容积的 1/3，所选择的蒸馏烧瓶太大，蒸馏结束时会在瓶中留下较多的液体。如果装入的液体量过多，当加热到沸腾时，液体可能冲出，或者液体飞沫被蒸气带出，混入馏出液中；如果装入的液体量太少，在蒸馏结束时，会有较多的液体残留在圆底烧瓶内蒸不出来。

蒸馏装置的装配方法如下：仪器的安装顺序一般遵循“先下后上，从左至右”的规则。把温度计插入螺口接头中，螺口接头装配到蒸馏头上磨口。调整温度计的位置，使水银球完全能被蒸气包围，这样才能正确地测量出蒸气的温度。通常水银球的上端应恰好位于蒸馏头的支管的底边所在的水平线上（图 2-32）。在铁架台上，首先固定好圆底烧瓶的位置；装上蒸馏头，以后再装其他仪器时，不宜再调整蒸馏烧瓶的位置。在另一铁架台上，用铁夹夹住冷凝管的中上部分，调整铁架台与铁夹的位置，使冷凝管的中心线和蒸馏头支管的中心线成一直线。移动冷凝管，把蒸馏头的支管和冷凝管严密地连接起来；铁夹应调节到正好夹在冷凝管的中央部位。再装上尾接管和接收器。在蒸馏挥发性小的液体时，也可不用接引管。在同一实验桌上装几套蒸馏装置且相互间的距离较近时，每两套装置的相对位置必须或是蒸馏烧瓶对蒸馏烧瓶，或是接收器对接收器；避免使一套装置的蒸馏烧瓶与另一套装置的接收器紧密相邻，这样有着火的危险。仪器装好后，从正面看上去在同一平面上而从侧面看上去应成一直线，并与实验台的边缘保持平行。

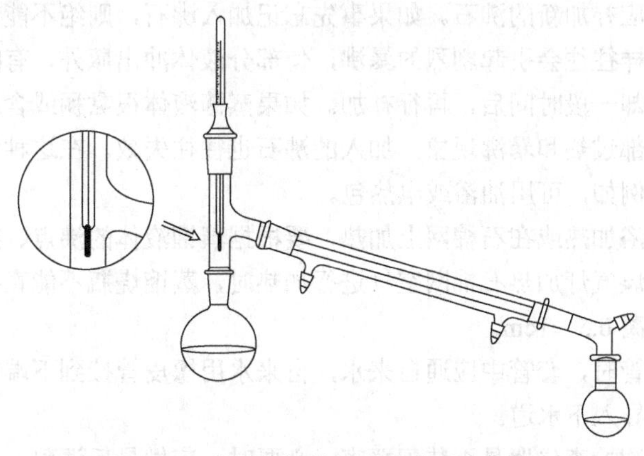

图 2-32　普通蒸馏装置（配直形冷凝管）

如果蒸馏出的物质易受潮分解，可在接引管上连接一个氯化钙干燥管，以防止湿汽的侵入；如果蒸馏的同时还放出有毒气体，则尚需装配气体吸收装置。

如果蒸出的物质易挥发、易燃或有毒，则可在接收器上连接一长橡皮管，通入水槽的下水管内或引出室外。

要把反应混合物中挥发性物质蒸出时，可用一根 75°弯管把圆底烧瓶和冷凝器连接起来（图 2-33）。当蒸馏沸点高于 140℃的物质时，应该换用空气冷凝管（图 2-34）。

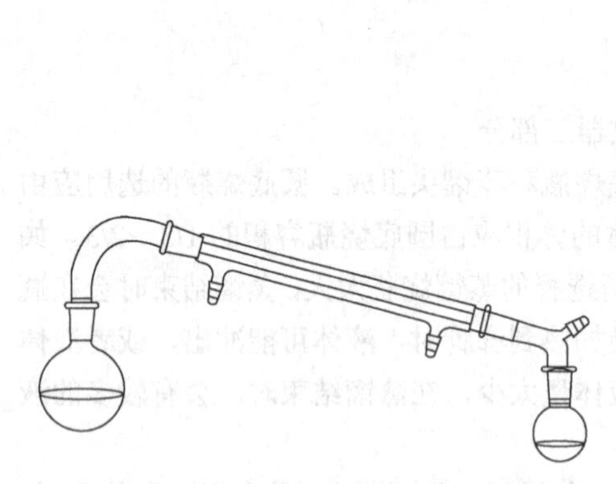

图 2–33　把挥发性物质蒸出装置

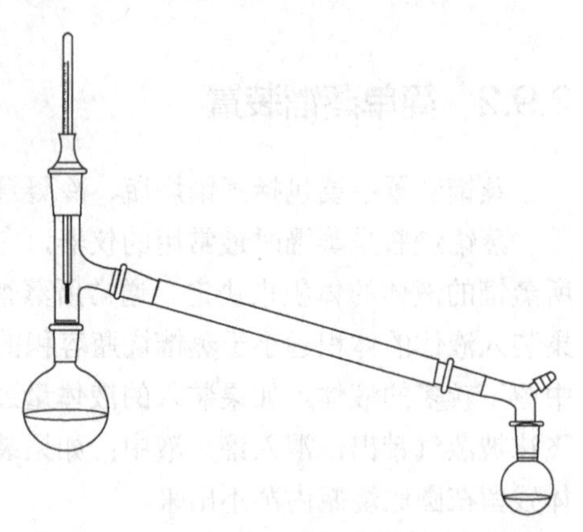

图 2–34　普通蒸馏装置（配空气冷凝管）

2.9.3　蒸馏操作

蒸馏装置安装好后，取下温度计接头，把要蒸馏的液体经长颈漏斗倒入圆底烧瓶里。漏斗的下端须伸到蒸馏头支管的下面，否则会有部分蒸馏液流入冷凝管。若液体里有干燥剂或其他固体物质，应在漏斗上放滤纸，或放一小撮松软的棉花或玻璃毛等，以滤去固体；若液体较少时，可直接用倾析法小心地将液体倒入圆底烧瓶中，如果用滤纸过滤，将要损失较多的液体。操作方法是把圆底烧瓶取下来，把液体小心地倒入圆底烧瓶中。

加热前需往圆底烧瓶中投入 2～3 粒沸石。沸石是把未上釉的瓷片敲碎成半粒米大小的小粒。沸石的作用是防止液体暴沸，使沸腾保持平稳。当液体加热到沸点时，沸石产生细小的气泡，成为沸腾中心。在持续沸腾时，沸石可以继续有效；如果中途停止加热，那么再次加热蒸馏时，应补加新的沸石。如果事先忘记加入沸石，则绝不能在液体加热到近沸腾时补加，因为这样往往会引起剧烈的暴沸，使部分液体冲出瓶外，有时还会发生着火事故。应该待液体冷却一段时间后，再行补加。如果蒸馏液体很黏稠或含有较多的固体，加热时很容易发生局部过热和暴沸现象，加入的沸石也往往失效。在这种情况下，可以选用适当的热浴加热，例如，可用油浴或电热包。

选用合适的热浴加热或在石棉网上加热，要根据蒸馏液体的沸点、黏度和易燃程度等情况来决定。利用煤气灯加热石棉网空气进行加热时，蒸馏烧瓶不能直接放在石棉网上，瓶底距离石棉网距离 0.5～1cm。

用套管式冷凝管时，套管中应通自来水，自来水用橡皮管接到下端的进水口，而从上端出来，用橡皮管导入下水道。

加热前，应再次检查仪器是否装配严密，必要时，应做最后调整。开始加热时，可以让温度上升稍快些。开始沸腾时，应密切注意蒸馏烧瓶中发生的现象；当冷凝的蒸气环由瓶颈逐渐上升到温度计水银球的周围时，温度计的水银柱就很快地上升。调节火焰或浴温，使加热速率略微降低，让蒸馏头和温度计的水银球受热，并使水银球和蒸气温度达到平衡。然后稍稍加大火焰或浴温，进行蒸馏。使从冷凝管流出液滴的速率为每秒1～2滴。蒸馏过程中，要控制火焰或浴温的大小，始终保持水银球下端挂有一滴液体。否则，表示部分蒸气过热，读得的沸点偏高。蒸馏速率也不能太慢，否则，水银球的温度不能和馏出液蒸气的温度平衡，读得的沸点偏低，或不规则。

在蒸馏过程中，要始终注意蒸馏瓶和温度计读数的变化，在未达到接收的馏分沸点之前，常有沸点较低的液体蒸出，这部分蒸出液称为前馏分或蒸馏头。前馏分蒸出后，应该换上清洁的已称量的接收瓶，接收需要的馏分，并记录开始接收时的温度和接收最后一滴的温度，这个温度区间即为馏分的沸程或沸点范围，纯粹有机化合物的沸程应为1～2℃。当蒸馏液主要成分为一种物质时，馏出液的温度比较稳定，前馏分和残留液的量都很少。如果液体含沸点相差较大的高沸点的物质，待接收的馏分蒸出后，若维持原来的加热速率，就不会有馏出物蒸出，温度计的读数下降。若提高加热速率，温度计的读数也会显著提高，蒸出较高沸点的物质。若蒸馏液的成分比较复杂，显然维持原来的加热速率，不会有明显的温度读数下降而是一直上升。这是因为简单蒸馏的分离能力有限，故往往在普通有机化学实验中，收集的沸程较大。在蒸馏液含杂质较少的情况下，即使馏出液温度并不下降，也不能将蒸馏瓶内液体蒸干，以免蒸馏瓶破裂或发生其他爆炸事故。

蒸馏结束时，应先停止加热，稍冷后关闭冷凝水，再拆除仪器。拆除仪器的顺序刚好与安装的顺序相反，先取下接收瓶，再拆除温度计、接引管、冷凝管、蒸馏头和蒸馏瓶。称量馏出液的质量并计算回收率。

2.10　分馏

2.10.1　分馏基本原理

液体混合物中的各组分，若其沸点相差很大，可用普通蒸馏法分离开；若其沸点相差不太大，则用普通蒸馏法就难以精确分离，而应当用分馏的方法分离。

如果将两种挥发性液体的混合物进行蒸馏，在沸腾温度下，其气相与液相达成平衡，出来的蒸气中含有较多易挥发物质的组分。将此蒸气冷凝成液体，其组成与气相组成等同，即含有较多的易挥发组分，而残留物中却含有较多量的高沸点组分。这就是进行了一次简单的蒸馏。如果将蒸气凝成的液体重新蒸馏，即又进行一次气液平衡，再次产生的蒸气中所含的易挥发物质组分又有所增高，同样，将此蒸气再经过冷凝而得到的液体中易挥发物质的组成当然也高。这样，可以利用一连串的有系统的重复蒸馏，最后能得到接近纯组分的两种液体。

应用这样反复多次的简单蒸馏，虽然可以得到接近纯组分的两种液体，但是这样做既费时间，且在重复多次蒸馏操作中的损失又很大，所以通常利用分馏来进行分离。

利用分馏柱进行分馏，实际上就是在分馏柱内使混合物进行多次汽化和冷凝。当上升的蒸气与下降的冷凝液互相接触时，上升的蒸气部分冷凝放出热量使下降的冷凝液部分汽化，两者之间发生了热量交换。其结果，上升蒸气中易挥发组分增加，而下降的冷凝液中高沸点组分增加。如果继续多次，就等于进行了多次的气液平衡，即达到了多次蒸馏的效果。这样，靠近分馏柱顶部易挥发物质的组分的比率高，而在烧瓶里高沸点组分的比率高。当分馏柱的效率足够高时，开始从分馏柱顶部出来的几乎是纯净的易挥发组分，而最后在烧瓶里残留的则几乎是纯净的高沸点组分。

实验室最常用的分馏柱如图 2-35 所示。球形分馏柱的分馏效率较差。分馏柱中的填充物通常为玻璃环，玻璃环可用细玻璃管割制而成，它的长度相当于玻璃管的直径。若分馏柱长为 30cm，直径为 2cm，则可用直径 4～6mm 玻璃管制成的环。一般来说，上述三种分馏柱的分馏效率都是很差的。但若将 300W 电炉丝切割成单圈或用金属丝网绕制成θ型（直径 3～4mm）填料装入赫氏分馏柱，可显著提高分馏效率。若欲分离沸点相距很近的液体混合物，必须用精密分馏装置。分馏柱外缠绕石棉绳保温。

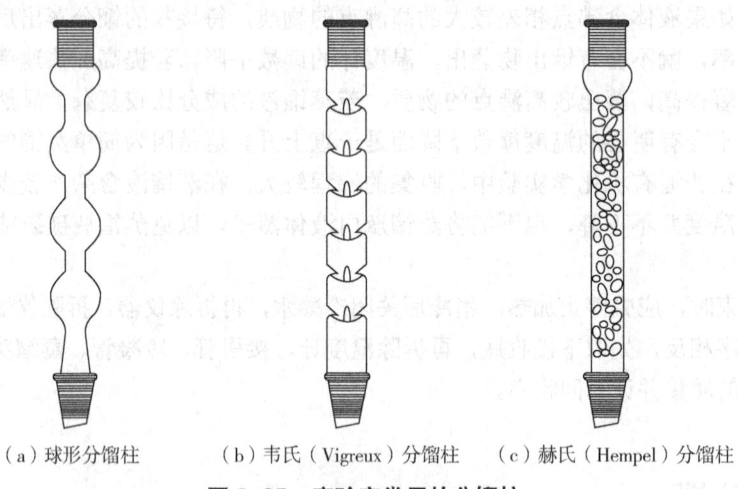
（a）球形分馏柱　（b）韦氏（Vigreux）分馏柱　（c）赫氏（Hempel）分馏柱

图 2-35　实验室常用的分馏柱

2.10.2　简单的分馏装置和操作

简单的分馏装置如图 2-36 所示。分馏装置的装配原则和蒸馏装置完全相同。在装配及操作时，更应注意勿使分馏头的支管折断。

将待分馏的混合物放入圆底烧瓶中，加入沸石（或磁子），装上普通分馏柱，插上温度计。分馏柱的支管和冷凝管相连，必要时可用石棉绳包绕分馏柱保温。温度计的安装高度应使其水银球的上沿与分馏柱支管下沿在同一水平线上。

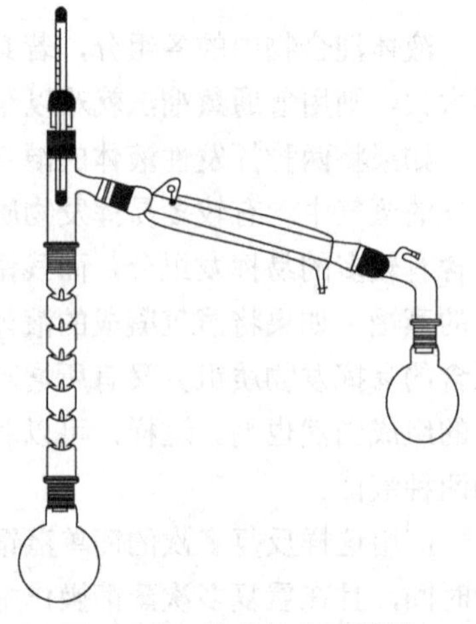
图 2-36　简单的分馏装置

选用合适的热浴加热，液体沸腾后要注意调节浴温，使蒸气慢慢升入分馏柱，约 10min 后蒸气到达柱顶。开始有液体馏出时，调节浴温使蒸出液体的速度控制在 2～3 秒一滴，这样可以得到比较好的分馏效果。观察柱顶温度的变化，收集不同的馏分。

操作时应注意下列几点：

① 应根据待分馏液体的沸点范围，选用合适的热浴加热，不要在石棉铁丝网上直接用火加热。用小火加热热浴，以使浴温缓慢而均匀地上升。

② 待液体开始沸腾，蒸气进入分馏柱中时，要注意调节浴温，使蒸气环缓慢而均匀地沿分馏柱壁上升。若由于室温低或液体沸点较高，为减少柱内热量的散发，宜将分馏柱用石棉绳和玻璃布等包缠起来。

③ 当蒸气上升到分馏柱顶部，开始有液体馏出时，更应密切注意调节浴温，控制馏出液的速率为每 2～3 秒一滴。如果分馏速率太快，馏出物纯度将下降；但也不宜太慢，以致上升的蒸气时断时续，馏出温度有所波动。

④ 根据实验规定的要求，分段收集馏分。实验完毕时，应称量各段馏分。

2.11　回流

将液体加热汽化，同时将蒸气冷凝液化并使之流回原来的器皿中重新受热汽化，这样循环往复的汽化-液化过程称为回流（Reflux）。回流是有机化学实验中最基本的操作之一，大多数有机化学反应都是在回流条件下完成的。回流液本身可以是反应物，也可以是溶剂。当回流液为溶剂时，其作用在于将非均相反应变为均相反应，或为反应提供必要而恒定的温度，即回流液的沸点温度。此外，回流也应用于某些分离纯化实验中，如重结晶的溶解样品过程、连续萃取、分馏及某些干燥过程等。

图 2-37（a）是普通回流装置；图 2-37（b）是带干燥器的回流装置，球形冷凝管上端装有块状无水 $CaCl_2$ 的干燥管，用于隔绝潮气；图 2-37（c）是带尾气吸收的回流装置，用于吸收反应生成的有毒气体；图 2-37（d）是带分水器的回流装置。

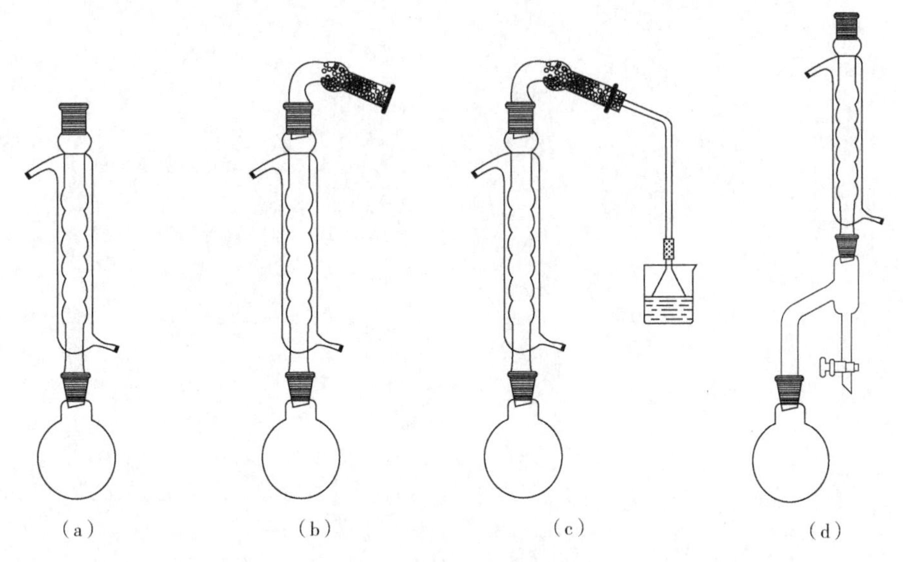

图 2-37　回流反应装置

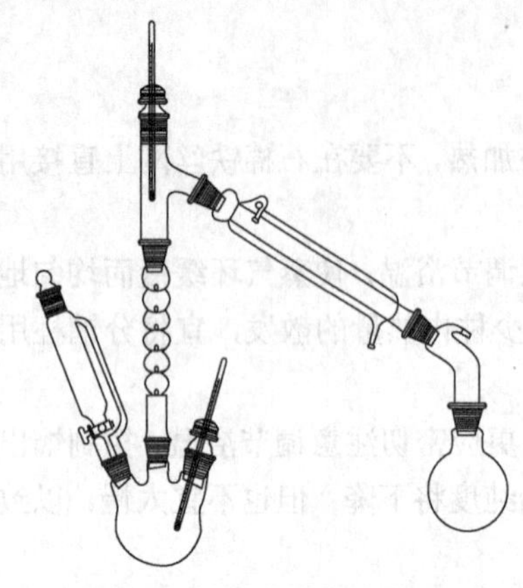

图 2-38　滴加蒸出反应装置

有些有机反应需要一边滴加反应物，一边将产物或产物之一蒸出反应体系，防止产物发生二次反应。对于可逆平衡反应，蒸出产物能使反应进行到底。这时常用与图 2-38 类似的反应装置来进行这种操作。在图 2-38 的装置中，反应产物可单独或形成共沸混合物不断在反应过程中蒸馏出去，并可通过滴液漏斗将一种试剂逐渐滴加进去，以控制反应速率或使这种试剂消耗完全。

回流装置主要由反应容器和冷凝管组成。反应容器中加入参与反应的物料和溶剂等，液体体积占烧瓶容积的 1/2 为宜，最多不得超过 2/3。实验时，根据反应的不同需要，可选用单颈、双颈、三颈或四颈圆底烧瓶作反应容器，加热前先在烧瓶中放入 1～2 粒沸石，以防暴沸，如有搅拌，可不加。回流停止后再要进行加热，须重新放入沸石。

冷凝管可根据反应瓶内液体的沸点来选择，沸点低于 130℃采用球形冷凝管，高于 130℃应采用空气冷凝管。通常在球形冷凝管的夹套中自下而上通入自来水进行冷却。当反应液的沸点很低或其中有毒性较大的物质时，则可选用较长的球形冷凝管，夹套内通冰水或冰盐水，或选用蛇形冷凝管，以提高冷却效率。冷凝水不能开得太大，以免把橡皮管弹出而造成喷水，水流速率应能使蒸气充分冷凝即可。

加热的方式可根据需要加热的温度高低和化合物的特性来决定。一般低于 80℃的用水浴，高于 80℃的用油浴或电热套。如果化合物比较稳定且沸点较高不易燃，可以用煤气灯垫石棉网加热。

回流的速率应控制在 1～2 滴/秒，不宜过快，否则因来不及冷凝，会在冷凝管中造成液封，而导致液体冲出冷凝管。

第3章

常用基本测量仪器及使用方法

3.1 电子天平

3.1.1 仪器简介

电子天平是目前化学实验中广泛使用的进行精确称量的精密仪器，其特点是称量准确可靠、显示快速清晰，并且具有自动检测系统、简便的自动校准装置以及超载保护等装置。电子天平利用电子装置完成电磁力补偿的调节，使物品在重力场中实现力的平衡，或通过电磁力矩的调节，使物体在重力场中实现力矩的平衡。市场上的电子天平型号很多，其基本结构和称量原理都大同小异。本书主要介绍 BSA1245-CW 型电子天平的使用方法，该型号电子天平是上皿式天平，可通过内校式校准仪器，该电子天平精度为 0.1mg，最大载荷 120g。

电子天平结构示意图如图 3-1 所示。

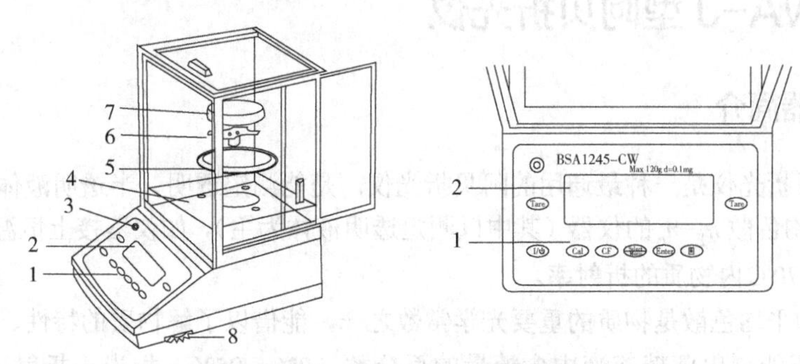

图 3–1 电子天平结构示意图

1—键盘；2—显示屏；3—水平仪；4—屏蔽盘；5—屏蔽环；6—秤盘支架；7—秤盘；8—水平调节脚

3.1.2 仪器操作方法

（1）使用前准备

使用前调节天平的水平调节脚，使水平仪中空气泡位于水平仪中心。

（2）操作方法

① 开机自检：接通电源，按下“开关机⏻”键，天平开启。开机过程中自动初始化功能之后，自动清零，显示“0.0000g”后进入使用状态。为了获得较精确的测量结果，天平开机预热 30 min 后使用。

② 校准天平：BSA1245-CW 型电子分析天平带有内置式自动校准砝码，先用天平刷清除秤盘上的杂物，轻按“去皮（Tare）”键，将天平清零，等待天平显示“0.0000g”后，按下“启动校正/调整程序（Cal）”键，内置式砝码自动加载，显示屏显示“CRL.RUN”，开始校准，当显示“CRL.END”时，校正完毕，内置砝码自动卸载后，显示“0.0000g”。

③ 称量：普通称量时，按“去皮（Tare）”键，将天平清零，等待天平显示“0.0000g”后，在秤盘上放置被测物，待称重稳定后，读取数值；使用容器称量时，先将空的容器放置在秤盘上，按“去皮（Tare）”键，将天平清零，等待天平显示“0.0000g”后，将被测物放入容器内，待称量稳定后，读取数值。

④ 关机：称量完毕后，按“开关机⏻”键，长时间不用时断开电源，盖上天平罩。

3.1.3 注意事项

（1）天平须放置于稳定的、无振动、无阳光直射和气流的工作台上。天平首次使用、称量操作一段时间、放置地点变换、环境温度改变后，应进行校准。

（2）移动天平时或取秤盘时，注意要连同屏蔽环、秤盘支架一同取下，避免损坏称量系统。

（3）称取样品应使用称量纸、称量杯，严禁直接在称量盘上称取样品；称量物品时应遵循逐次添加原则，轻拿轻放，避免对传感器造成冲击；且称量物不可超出称量范围，以免损坏天平。

（4）称量过程中，试样洒落在秤盘上或天平内，应及时用天平刷清理，保持天平干净。

3.2 2WA-J 型阿贝折光仪

3.2.1 仪器简介

单目阿贝折光仪是一种最通用的阿贝折光仪，是能测定透明、半透明液体或固体的折射率 n_D 和平均色散 n_F-n_c 的仪器（其中以测定透明液体为主），如仪器接上恒温器，则可测定温度为 0～70℃内物质的折射率。

折射率和平均色散是物质的重要光学常数之一，能借以了解物质的特性、纯度、浓度等。本仪器还能测出蔗糖溶液中含糖量的百分数（0%～95%，相当于折射率为 1.333～1.531）。故此仪器的使用范围甚广，是石油、油脂、制药、制漆、食品、日用、制糖工业和地质勘察等有关工厂、学校和研究单位不可缺少的常用设备之一。

（1）工作原理

折光仪的基本原理即为折射定律：$n_1\sin\alpha_1=n_2\sin\alpha_2$，$n_1$和$n_2$为交界面两侧的两种介质的折射率，如图3-2（a）所示，α_1为入射角，α_2为折射角。

若光线从光密介质进入光疏介质，入射角小于折射角，改变入射角可以使折射角达到90°，此时的入射角称为临界角。

图3-2（b）中，当不同角度的光线射入*AB*面时。如果用一望远镜对出射光线观察，可以看到望远镜视场被分为明暗两部分，二者之间有明显分界线。见图3-3所示，明暗分界线为临界角的位置。

图3-2（b）中*ABCD*为一折射棱镜，其折射率为n_2。*AB*面以上是被测物体。

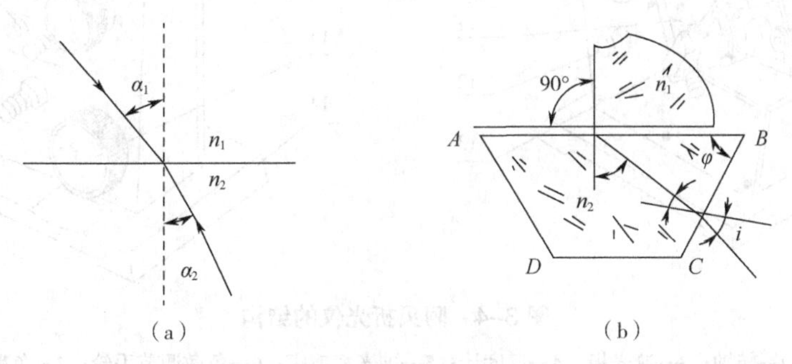

图3–2　光的折射

（2）主要技术参数和规格

① 折射率测量范围（n_D）：1.3000～1.7000；

② 准确度（n_D）：±0.00002；

③ 蔗糖溶液质量分数读数范围：0～95%；

④ 仪器外形尺寸（mm）：100×200×240；

⑤ 仪器质量：2.6kg。

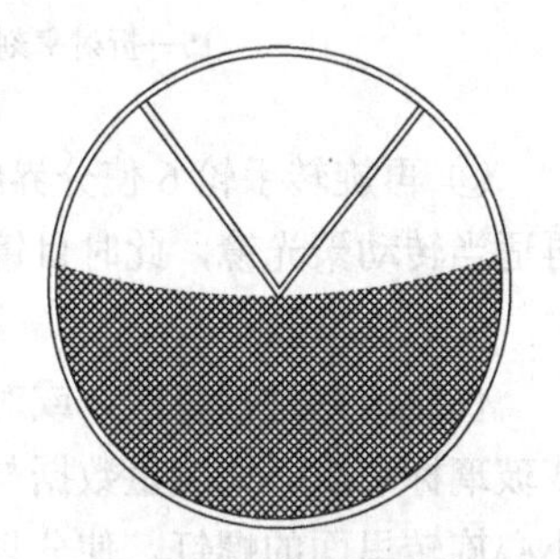

图3–3　明暗分界线

（3）仪器结构

仪器的光学部分由望远镜系统与读数系统两个部分组成，如图3-4。

底座（14）为仪器的支承座，壳体（17）固定于其上。除棱镜和目镜以外全部光学组件及主要结构封闭于壳体内部。棱镜组固定于壳体上，由进光棱镜、折射棱镜以及棱镜座等结构组成，两只棱镜分别用特种黏合剂固定在棱镜内。（5）为进光棱镜座，（11）为折射棱镜座，两棱镜座由转轴（2）连接。进光棱镜能打开和关闭，当两棱镜座密合并用手轮（10）锁紧时，二棱镜之间保持一均匀的间隙，被测液体应充满此间隙。（3）为遮光板，（18）为四只恒温器接头，（4）为温度计，（13）为温度计座，可用乳胶管与恒温器连接使用。

3.2.2　仪器操作方法

（1）测定透明、半透明液体

① 将被测液体用干净滴管加在折射棱镜表面，并将进光棱镜盖上，用手轮锁紧，要求

液层均匀，充满视场，无气泡。

② 打开遮光板，合上反射镜，调节目镜视场，使十字线成像清晰，此时旋转手轮 15 并在目镜视场中找到明暗分界线的位置。

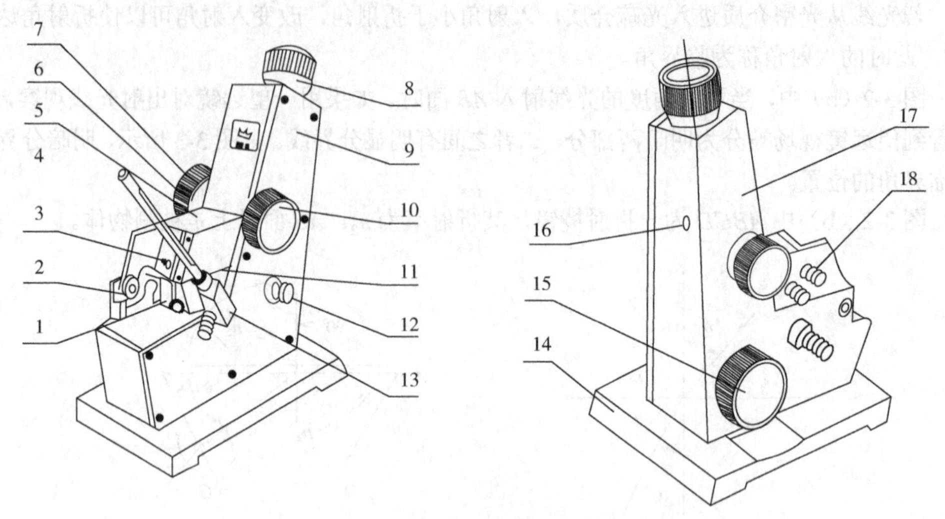

图 3-4　阿贝折光仪的结构

1—反射镜；2—转轴；3—遮光板；4—温度计；5—进光棱镜座；6—色散调节手轮；7—色散值刻度圈；8—目镜；9—盖板；10—手轮；11—折射棱镜座；12—照明刻度盘聚光镜；13—温度计座；14—底座；15—折射率刻度调节手轮；16—小孔；17—壳体；18—恒温器接头

③ 再旋转手轮 6 使分界线不带任何彩色，微调手轮 15，使分界线位于十字线的中心，再适当转动聚光镜，此时目镜视场下方显示的示值即为被测液体的折射率。

（2）仪器校正

仪器定期进行校准，或对测量数据有怀疑时，也可以对仪器进行校准。校准用蒸馏水或玻璃标准块。如测量数据与标准有误差，可用钟表螺丝刀通过色散校正手轮中的小孔，小心旋转里面的螺钉，使分划板上交叉线上下移动，然后再进行测量，直到测数符合要求为止。样品为标准块时，测数要符合标准块上所标定的数据。如样品为蒸馏水时测数要符合表3-1。

表 3-1　不同温度下蒸馏水的折射率

温度/℃	折射率（n_D）	温度/℃	折射率（n_D）
18	1.33316	25	1.33250
19	1.33308	26	1.33239
20	1.33299	27	1.33228
21	1.33289	28	1.33217
22	1.33280	29	1.33205
23	1.33270	30	1.33193
24	1.33260	31	1.33180

3.2.3　注意事项

（1）仪器应放在干燥、空气流通和温度适宜的地方，以免仪器的光学零件受潮发霉。

（2）仪器使用前后及更换样品时，必须先清洗擦净折射棱镜系统的工作表面。

（3）被测试样不准有固体杂质，测试固体样品时应防止折射棱镜的工作表面拉毛或产生压痕，本仪器严禁测试腐蚀性较强的样品。

（4）仪器应避免强烈振动或撞击，防止光学零件震碎、松动而影响精度。

（5）如聚光照明系统中灯泡损坏，可将聚光镜筒沿轴取下，换上新灯泡，并调节灯泡左右位置（松开旁边的紧定螺钉），使光线聚光在折射棱镜的进光表面上，并不产生明显偏斜。

（6）仪器聚光镜是塑料制成的，为了防止带有腐蚀性的样品对它的表面造成破坏，使用时用透明塑料罩将聚光镜罩住。

（7）仪器不用时应用塑料罩将仪器盖上或将仪器放入箱内。

（8）使用者不得随意拆装仪器，如仪器发生故障，或达不到精度要求时，应及时送修。

3.3　WZZ-2B 自动指示旋光仪

3.3.1　仪器简介

（1）仪器的用途及使用范围

旋光仪是测定物质旋光度的仪器。通过对样品旋光度的测定，可以分析确定物质的浓度、含量及纯度等。WZZ-2B 自动旋光仪采用光电检测器及电子自动示数装置，具有体积小、灵敏度高、读数方便等特点。对目视旋光仪难以分析的低旋光度样品也能适应，因此广泛应用于医药、食品、有机化工等各个领域。

农业：农用抗生素、农用激素、微生物农药及农产品成分分析。

医药：抗生素、维生素、葡萄糖等药物分析，中草药药理研究。

食品：食糖、味精、酱油等生产过程的控制及成品检查，食品含糖量的测定。

石油：矿物油的分析、石油发酵工艺的监视。

香料：香精油的分析。

卫生事业：医院临床糖尿病分析。

（2）仪器的结构及原理

仪器采用 20W 钠光灯为光源，由小孔光阑和物镜组成一个简单的点光源平行光管（图 3-5），平行光经偏振镜（1）变为平面偏振光，其振动平面为 OO［图 3-6（a）］，当偏振光经过有法拉第效应的磁旋线圈时，其振动平面产生 50Hz 的β角往复摆动［图 3-6（b）］，光线经过偏振镜投射到光电倍增管上，产生交变的电信号。

仪器以两偏振镜光轴正交时（即 $OO \perp PP$）作为光学零点，此时，$\alpha=0°$（图 3-7）。磁旋线圈产生的β角摆动，在光学零点时得到 100Hz 的光电信号（曲线 C'），在有α_1或α_2的试样时得到 50Hz 的信号，但它们的相位正好相反（曲线 B'、D'）。因此，能使工作频率为 50Hz 的伺服电机转动。伺服电机通过蜗轮、蜗杆将偏振镜转过α角（$\alpha=\alpha_1$或$\alpha=\alpha_2$），仪器回到光学零点，伺服电机在 100Hz 信号的控制下，重新出现平衡指示。

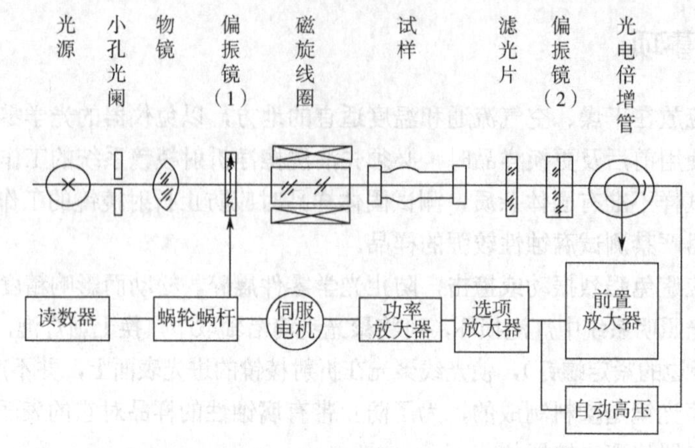

图 3-5　自动指示旋光仪结构示意图

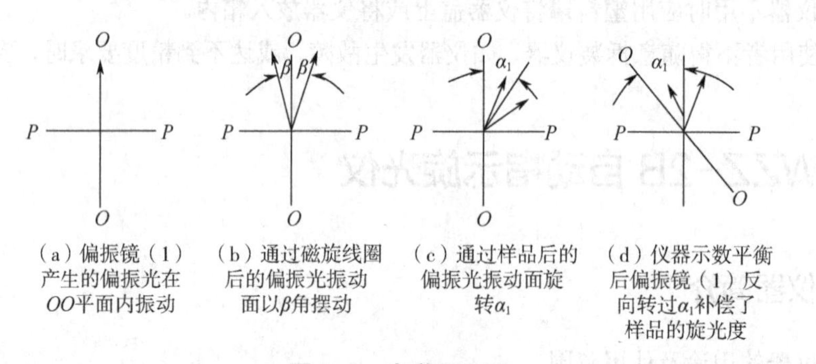

图 3-6　光学原理图

OO—偏振镜（1）的偏振轴；*PP*—偏振镜（2）的偏光轴

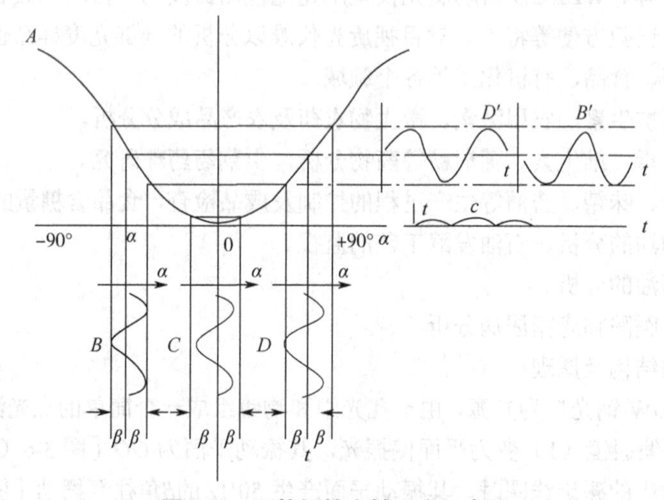

图 3-7　两偏振镜光轴正交示意图

3.3.2　仪器操作方法

（1）将仪器电源插头插入 220V 交流电源，要求使用交流电子稳压器（1kV·A），并将接地脚可靠接地。

（2）打开电源开关，需将 5min 钠光灯预热，使之发光稳定。

（3）打开直流开关（若直流开关扳上后，钠光灯熄灭，则再将直流开关上下重复扳动1～2次，使钠光灯在直流下点亮，为正常）。

（4）打开示数开关，调节零位手轮，使旋光示值为零。

（5）将装有蒸馏水或其他空白溶剂的试管放入样品室，盖上箱盖。试管中若有气泡，应先让气泡浮在凸颈处；通光面两端的雾状水滴应用软布擦干。试管螺帽不宜旋得过紧，以免产生应力，影响读数。试管安放时应注意标记的位置和方向。

（6）取出试管。将待测样品注入试管，按相同的位置和方向放入样品室内，盖好箱盖。示数盘将转出该样品的旋光度。示数盘上红色示值为左旋（−），黑色示值为右旋（+）。

（7）逐次揿下复测按钮，重复读几次数，取平均值作为样品的测定结果。

（8）如样品超过测量范围，仪器在±45°处自动停止。此时，取出试管，揿一下复位按钮开关，仪器即自动转回零位。

（9）仪器使用完毕后，应依次关闭示数、直流电源开关。

（10）钠光灯在直流供电系统出现故障不能使用时，仪器也可在钠光灯交流供电的情况下测试，但仪器的性能可能略有降低。

3.3.3　注意事项

（1）打开电源后，需预热再使用。

（2）用后立即清洗试管。

3.4　电导率仪

3.4.1　DDS-11A 型电导率仪

3.4.1.1　仪器简介

DDS-11A 型电导率仪适用于化学化工、轻工、医药、电厂、环保、水站及科研院所测量液体、纯水或高纯水的电导率，使用面非常广泛。电导率仪测量精度高，全量程都配常数为 1 的电极，使用方便、操作简单、性能稳定，测量频率随量程的不同而同步切换，以保证高、低电导率的测量精确性。

电导率仪的工作原理如图 3-8 所示。把振荡器产生的一个交流电压源 E，送到电导池 R_x 与量程电阻（分压电阻）R_m 的串联回路里，电导池里的溶液电导越大，R_x 越小，R_m 获得的电压 E_m 也就越大。将 E_m 送至交流放大器放大，再经过信号整流，以获得推动表头的直流信号输出，表头直读电导率。

$$E_m = \frac{ER_m}{R_m + R_x} = ER_m \div \left(R_m + \frac{K_{cell}}{\kappa}\right)$$

式中，K_{cell} 为电导池常数，当 E、R_m 和 K_{cell} 均为常数时，由电导率κ的变化必将引起 E_m 作相应变化，所以测量 E_m 的大小，也就测得溶液电导率的数值。

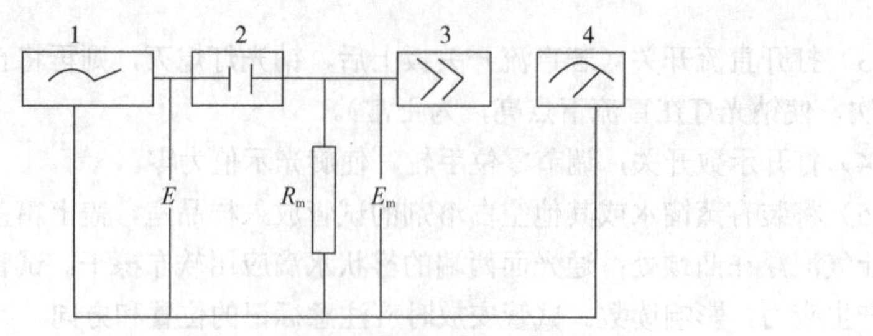

图 3-8　电导率仪的测量原理

1—振荡器；2—电导池；3—放大器；4—指示器

3.4.1.2　仪器操作方法

（1）通电源，仪器预热 10min。

（2）用温度计测出被测溶液的温度，将“温度”补偿旋钮置于被测溶液的实际温度上。当旋钮置于 25℃时，仪器则无温度补偿功能。

（3）将电极浸入溶液中，电极插头插入仪器后面电极插座内，“校准/测量”开关置于“校准”状态，调节常数旋钮，使仪器显示所用电极的常数标称值（忽略小数点）。

（4）将“校准/测量”开关置于“测量”状态，将“量程”旋钮置于合适量程，待仪器示值稳定后，该示值即为被测溶液在 25℃时的电导率。

（5）当被测溶液的电导率低于 $20\mu S \cdot cm^{-1}$ 时，宜选用 DJS-1A 型光亮电极；当被测溶液的电导率高于 $200\mu S \cdot cm^{-1}$ 时，宜选用 DJS-1C 型铂黑电极；当被测溶液的电导率高于 $20\mu S \cdot cm^{-1}$ 时，宜选用 DJS-10 型电极，此时，测量范围可扩大到 $200\mu S \cdot cm^{-1}$。

3.4.1.3　注意事项

（1）仪器需预热后使用。

（2）小心使用电极，避免损坏。

3.4.2　DDS-307A 型电导率仪

3.4.2.1　仪器简介

DDS-307A 型电导率仪相比于 DDS-11A 型电导率仪，仪器支持自动标定功能，可自动识别标准电导溶液，支持自定义标准溶液，支持连续读数和平衡读数方式，支持自动温度补偿和手动温度补偿，支持电导率和 TDS 的测量，支持存储 50 套测量结果。DDS-307A电导率仪和仪器按键示意图见图3-9。

3.4.2.2　仪器操作方法

（1）设置功能

① 设置 TDS 参数　仪器支持 TDS 测量，TDS 系数的设置，默认为 0.5。在测量状态下，按“设置”键，选择设置 TDS 系数功能，按“确认”键后，通过上下键调节到合适的值，按“确认”键完成 TDS 系数输入。

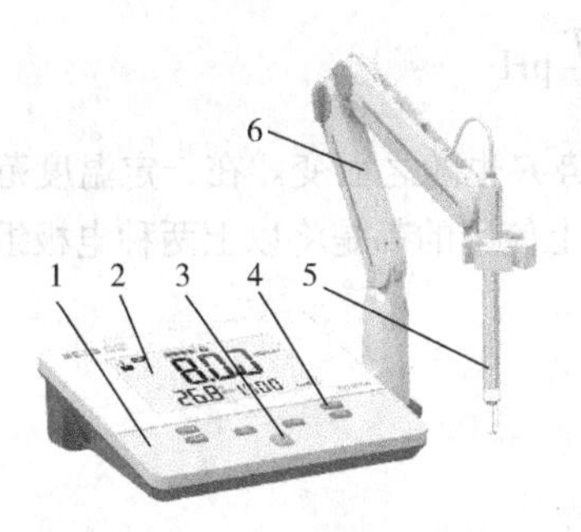

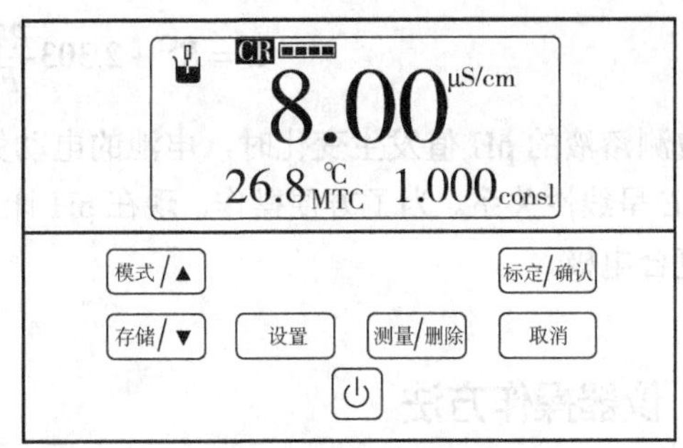

图 3-9　DDS-307A 电导率仪和仪器按键示意图

1—仪器外壳；2—显示屏；3—电源开关；4—功能选择按钮；5—电极架；6—电极

② 设置温度值　仪器支持自动温度补偿和手动温度补偿。如果使用手动温度补偿功能，需要用温度计测出被测溶液的温度，按“设置”键选择温度设置功能，按“确认”键后，通过上下键调节到指定的温度值，按“确认”键完成设置。

③ 设置电极常数　在测量状态下，按“设置”键选择电极常数设置功能，按“确认”键进入常数设置状态。此时，仪器界面中间显示当前电极常数值，右下角显示电极类型。先设置电极类型，若电极类型为 1.0，按“设置”键切换至 1.0；再设置电极常数，按上下键调节到所需的电极常数值，如 0.998；完成后，按“确认”键保存设置。

（2）电导率的测量

① 选择读数方式　仪器支持两种读数方式，即连续读数（CR）和平衡读数（SR）。在测量状态下，按“设置”键，通过上下键选择读数模式功能“1”，再按“确认”键，通过上下键选择读数方式，最后按“确认”键完成设置。

② 测量电导率值　在测量状态下，按“模式键”进行切换选择电导率测试模式。将电极测量端用蒸馏水清洗，滤纸擦干后，放入待测溶液中，按“测量”键开始测量，待读数稳定后，读取电导率数值。如果是平衡读数方式，数据稳定后，仪器将自动锁定测量结果（显示锁定标志，测量结果不再变化），按“测量”键可以开始下一次测量。

若测量 TDS 值，先设置 TDS 系数后，在测量状态下，按“模式键”进行切换选择 TDS 测试模式，即显示测量结果。

3.4.2.3　注意事项

（1）仪器的电极插座应保持清洁、干燥，切忌与酸、碱、盐溶液接触。

（2）使用完毕，将电极清洗干净，套上电极保护瓶后放入电极包装盒内。

3.5　pHS-3C 型精密 pH 计

3.5.1　仪器简介

pHS-3C 型精密 pH 计是用于测量溶液酸度的仪器。它以玻璃电极为指示电极（其中 Ag-AgCl 电极为内参比电极），甘汞电极为外参比电极，与被测溶液组成如下原电池：

Ag,AgCl|内缓冲溶液|内水化层|被测溶液|饱和甘汞电极，此电池的电动势可表示为

$$E = E^{\ominus} + 2.303\frac{RT}{F}\mathrm{pH}$$

当被测溶液的 pH 值发生变化时，电池的电动势 E 也随之而变。在一定温度范围内，pH 值与 E 呈线性关系。为了方便操作，现在 pH 计上使用的都是将以上两种电极组合而成的单支复合电极。

3.5.2 仪器操作方法

（1）开机前准备

① 将复合电极插入测量电极插座，调节电极夹至适当的位置。

② 小心取下复合电极前端的电极套，用去离子水清洗电极后用滤纸吸干。

（2）预热

打开电源开关，预热 20min。

（3）仪器标定

① 将选择开关旋钮置 pH 挡，调节温度补偿旋钮，使旋钮上的白线对准溶液温度值。把斜率调节旋钮顺时针旋到底（即旋到 100%）。

② 将清洗过的电极插入 pH=6.86 的缓冲溶液中，调节定位旋钮，使仪器显示读数与该缓冲溶液在当时温度下的 pH 值一致。

③ 用去离子水清洗电极后再插入 pH=4.00 的标准溶液中，调节斜率旋钮，使仪器的显示读数与该缓冲溶液在当时温度下的 pH 值一致。

④ 重复①和②操作，直至不用再调节定位或斜率旋钮为止。注意：仪器经以上标定后，定位和斜率调节旋钮不可再有变动。

⑤ 测定：用去离子水清洗电极并用滤纸吸干。将电极浸入被测溶液中，显示屏上的读数即为被测溶液的 pH 值。

3.5.3 注意事项

先对仪器进行标定再测定。

3.6 电位差计

3.6.1 仪器简介

电位差计根据补偿法原理制成，其工作原理如图 3-10 所示。调节 R_p 阻值，当工作电流 I 在 R_N 上产生电压降等于标准电池电势值 E_n 时，如开关 K 打到左边，检流计便指示为零，此时工作电流便准确地等于 3mA，上述步骤称为“核对标准”。

测量时，调节已知的电阻 R，使其工作电流 3mA 产生的电压降等于被测值 U_x 时，$U_x=IR$，如开关 K 打到右边，检流计指示为零，从而可由已知的 R 阻值大小来反映 U_x 数值。

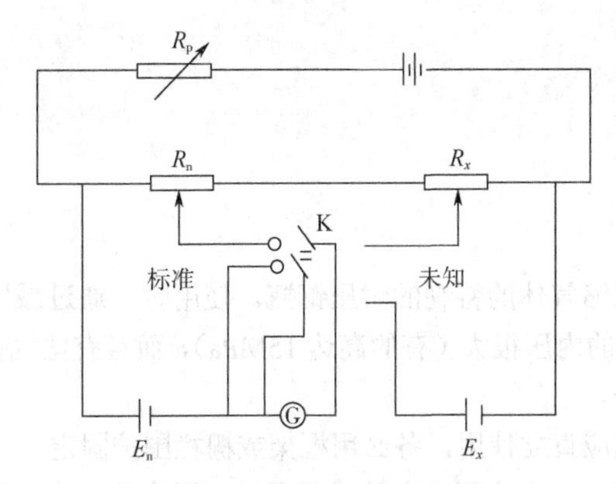

图 3–10　电位差计工作原理

3.6.2　仪器操作方法

（1）测量未知电压 U_x

打开后盖，按极性装入 1.5V 1 号干电池 6 节及 9V 6F22 叠层电池 2 节，倍率开关从“断”旋到所需倍率。此时上述电源接通，2min 后调节“调零”旋钮，使检流计指针示值为零。被测电压按极性接入“求值”旋钮。“测量-输出”开关置于“测量”位置，搬键开关搬向“标准”，调节“粗微”旋钮，直到检流计指示为零。

搬键搬向“未知”，调节Ⅰ、Ⅱ、Ⅲ测量盘，使检流计指零，被测电压为测量盘读数与倍率乘积。

测量过程中，随着电池消耗，工作电流变化，所以连续使用时经常核对“标准”，使测量精确。

（2）作信号输出

按上述步骤，在对好“标准”后，将“测量-输出”开关悬至“输出”位置，选择“倍率”及调节Ⅰ、Ⅱ、Ⅲ测量盘，搬键放在“未知”位置，此时“未知”端钮两端输出电压即为倍率与测量示值的乘积。

3.6.3　注意事项

（1）使用完毕，“倍率”开关放“断”位置，免于内附干电池放电。若长期不用，将干电池取出。

（2）仪器应放在周围空气温度 5～35℃，相对湿度小于 80%的室内，空气中不应含有腐蚀性气体。

（3）仪器若无法进行校对“标准”，则应考虑 3V 工作电源寿命已尽，应更换电池。

（4）使用中，如发现检流计灵敏度显著下降或没有偏转，可能因晶体管检流计电源 9V 电源寿命已尽，更换电池。

（5）仪器每年计量一次，以保证仪器的准确性。

（6）长期搁置仪器再次使用时，应将各开关、滑线旋转几次，减少接触处的氧化影响，使仪器工作可靠。

（7）仪器应保持清洁，避免阳光直接曝晒和剧烈震动。

3.7 氧气钢瓶

3.7.1 仪器简介

气体钢瓶是储存压缩气体的特制的耐压钢瓶。使用时，通过减压阀（气压表）有控制地放出气体。由于钢瓶的内压很大（有的高达15MPa），而且有些气体易燃或有毒，所以在使用钢瓶时要注意安全。

（1）压缩气体钢瓶应直立使用，务必用框架或栅栏围护固定。

（2）压缩气体钢瓶应远离热源、火种，置通风、阴凉处，防止日光曝晒，严禁受热；可燃性气体钢瓶必须与氧气钢瓶分开存放；周围不得堆放任何易燃物品，易燃气体严禁接触火种。

（3）禁止随意搬动敲打钢瓶，经允许搬动时应做到轻搬轻放。

（4）使用时要注意检查钢瓶及连接气路的气密性，确保气体不泄漏。使用钢瓶中的气体时，要用减压阀（气压表）。各种气体的气压表不得混用，以防爆炸。

（5）使用完毕按规定关闭阀门，主阀应拧紧不得泄漏。养成离开实验室时检查气瓶的习惯。

（6）不可将钢瓶内的气体全部用完，一定要保留0.05MPa以上的残留压力（减压阀表压）。可燃性气体如乙炔应剩余0.2～0.3MPa。

（7）为了避免各种气体混淆而用错气体，通常在气瓶外面涂以特定的颜色以便区别，并在瓶上写明瓶内气体的名称。

（8）绝不可使油或其他易燃性有机物沾在气瓶上（特别是气门嘴和减压阀）。也不得用棉、麻等物堵住，以防燃烧引起事故。

（9）各种气瓶必须按国家规定进行定期检验，使用过程中必须要注意观察钢瓶的状态，如发现有严重腐蚀或其他严重损伤，应停止使用并提前报检。

3.7.2 仪器操作方法

（1）使用前要检查连接部位是否漏气，可涂上肥皂液进行检查，调整至确实不漏气后才进行实验。

（2）使用时先逆时针打开钢瓶总开关，观察高压表读数，记录高压瓶内总的氧气压，然后顺时针转动低压表压力调节螺杆，使其压缩主弹簧将活门打开。这样进口的高压气体由高压室经节流减压后进入低压室，并经出口通往工作系统。

（3）使用结束后，先顺时针关闭钢瓶总开关，放尽余气后，再逆时针旋松减压阀。

3.7.3 注意事项

（1）由于氧气只要接触油脂类物质，就会氧化发热，甚至有燃烧、爆炸的危险。因此，必须十分注意，不要把氧气装入盛过油类物质之类的容器里，或把它置于这类容器的附近。

（2）将氧气排放到大气中时，要查明在其附近不会引起火灾等危险后，才可排放。保存时，要与氢气等可燃性气体的钢瓶隔开。

（3）禁止用（或误用）盛其他可燃性气体的气瓶来充灌氧气。氧气瓶禁止放于阳光曝晒的地方。

（4）不可将钢瓶内的气体全部用完，一定要保留0.05MPa以上的残留压力（减压阀表压）。

（5）使用时，要把钢瓶牢牢固定，以免摇动或翻倒。

（6）开关气门嘴要慢慢地操作，切不可过急地或强行用力把它拧开。

3.8　VIS-7220N可见分光光度计

3.8.1　仪器简介

（1）工作原理

分光光度计的基本原理：物质对光具有选择性吸收，当照射光的能量与分子中的价电子跃迁能级差相等时，物质在光的照射下会对光产生吸收效应。因此不同波长的单色光通过溶液时，其光的能量就会被不同程度的吸收而减弱，光能量被吸收的程度和物质的浓度有一定的比例关系，即符合朗伯-比耳定律。

$$T=\frac{I}{I_0}$$

$$A=\lg\frac{I_0}{I}=\lg\frac{1}{T}=abc$$

式中，T为透射比；A为吸光度；I_0为入射光强度；a为吸收系数；I为透射光强度；b为溶液的光程长度；c为溶液的浓度。

由上式可以看出当入射光、吸收系数a和溶液的光程长度b不变时，吸光度只与溶液浓度成正比，这就是分光光度法测定物质含量的理论基础。

光源发射的光经过单色器后可获得测定所需的单色光，单色光再透过吸收池照射到检测器的感光元件（光电池或光电管）上，其所产生的光电信号的大小与透射光的强度成正比，通过测量光电流强度，可得到溶液的透光率或吸光度。分光光度计常见的仪器类型有可见分光光度计、紫外分光光度计和紫外-可见分光光度计。可见分光光度计和紫外-可见分光光度计的设计原理和构造基本相同，只是光源部件选择不同，在可见光区一般用钨灯作为光源，一般测量波长范围为400～1000nm，在紫外光区一般选择氢灯或氘灯作光源，测量波长范围为200～1000nm。本书简要介绍VIS-7220N可见分光光度计和TU-1810紫外-可见分光光度计的使用方法。

（2）仪器构造

VIS-7220N可见分光光度计主要由光源、单色器、样品室、检测系统、液晶显示、键盘输入等部分组成，仪器的外形如图3-11所示。

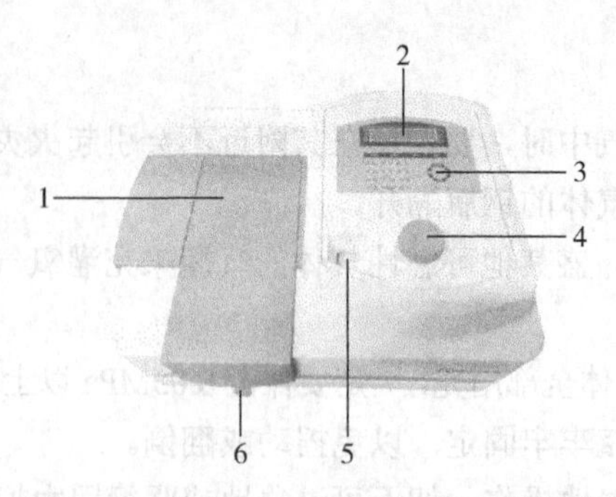

图 3-11　VIS-7220N 可见分光光度计

1—样品室；2—液晶显示；3—操作键盘；4—波长调节旋钮；5—波长显示窗；6—样品池拉手

键盘按键功能说明如下。

① MODE：在测量模式、曲线模式间循环切换。

② ►：在输入数据时切换光标位置，使光标向右移动；在曲线模式下依次切换选择当前功能。

③ ◄：在输入数据时切换光标位置，使光标向左移动；在曲线模式下依次切换选择当前功能。

④ 100%：在测量模式下将透光率调 100%，吸光度调零。

⑤ 0%：在测量模式下将透光率调零。

⑥ EDIT：在曲线模式下 EDIT 功能的曲线预览状态下直接编辑当前曲线的 *K*、*B* 值；在点编辑状态时编辑空白或已存在标样点的 *A*、*C* 值。

⑦ ENTER：确定当前操作进入下一级或下一步；在曲线模式中的 LOAD 功能的曲线预览状态下调用当前曲线并进入浓度测量模式。

3.8.2 仪器操作方法

（1）仪器测试前的准备

① 打开仪器开关，仪器将自动进入标准测量，将仪器预热 15 min 后即可进行测量。

② 旋转波长旋钮，使波长显示窗示数为测量波长。

③ 将参比溶液放入样品池，并关好样品室门。

④ 将参比溶液拉入光路，按 100%键进行调百，待液晶显示 *T* 值为 100%时表示已调整完毕。

⑤ 将样品池挡光位拉入光路，观察透光率 *T* 值是否显示为零，如不是则按 0%键调零。

⑥ 将参比溶液再次拉入光路，观察 *T* 值是否为 100%，如不是则再次重复④和⑤操作，直至参比溶液的透光率 *T* 测量值为 100%，样品池挡光位透光率 *T* 测量值为 0%时，完成仪器的调整。

（2）透光率与吸光度的测量

完成仪器的调整后，将样品放入样品池，并对准光路，显示屏上所显示的 *T* 与 *A* 值即是此样品的透光率与吸光度值。

注意：在测量过程中，如果在拉入挡光杆时透光率不为零，拉入空白溶液时透光率不为100%，需重新进行仪器的调整。

（3）标准曲线的建立

标准曲线可以通过输入标样点的浓度值与吸光度值建立。在曲线模式下，按◀或▶键将光标移至EDIT前，如下图所示。

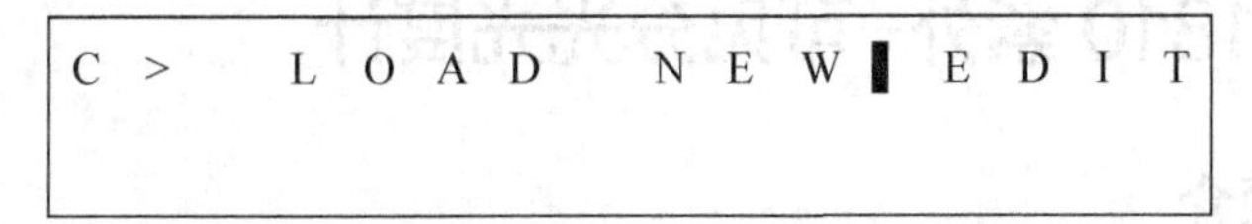

按ENTER键，进入EDIT功能的曲线预览状态，按◀或▶键将光标移动到需要新建的曲线编号的前面，如下图所示，将准备建立第0号曲线。

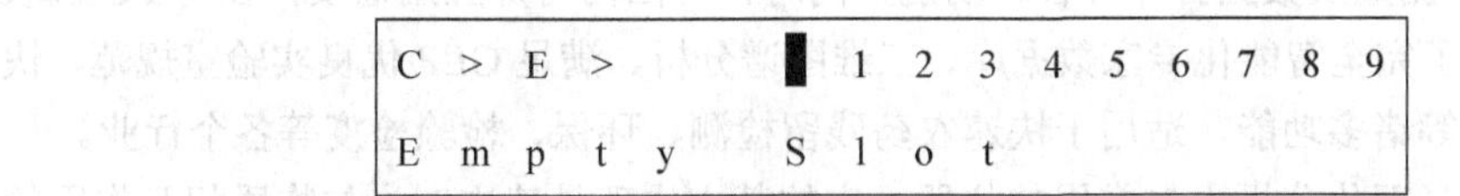

按ENTER键进入新建0号曲线的点编辑状态，如下图所示。

```
C > E > 0 > █
Empty Point
```

按EDIT键后提示输入标准样品的浓度值与吸光度值，如下图所示。

```
C > E > 0 > 0
A : █              C : 0
```

按◀或▶键输入吸光度值后按ENTER键确认，光标自动转到浓度后提示输入浓度值，按◀或▶键输入浓度值后按ENTER键，光标自动转到下一标样点处闪烁，如下图所示，按EDIT键对其编辑，按◀或▶键移动光标和数字输入吸光度值和浓度值，如此循环，直到所有点都输入完后按ESC键退出，仪器将自动计算出浓度曲线的K、B、R、N值。

```
C > E > 0 > 0 █
Empty Point
```

（4）浓度的测量

浓度的测量需要调入一条已建立的标准曲线。在完成仪器的调整后，将样品放入样品池，将其拉入光路中。按MODE键进入曲线模式，选择LOAD功能，在曲线预览状态下将光标移动至所需调入的浓度曲线上，按ENTER键，系统将调用该条浓度曲线，并自动返回浓度测量模式。此时C*：后面所显示的数值即为样品的浓度值。其中*为所选曲线的编号。

3.8.3 注意事项

（1）仪器使用时应放在坚固、平稳的工作台上，并保持仪器清洁、干燥。

（2）为了避免仪器积灰和受潮，仪器在长时间不使用时，应在样品室内放置防潮硅胶袋，并用罩子罩好仪器。

（3）比色皿在放入仪器样品室前，应用擦镜纸将其外壁水分擦干。待测液的测试用量为比色皿高度的2/3～3/4，不要装得太满，以免洒到样品室内。

（4）比色皿用过后，要及时用蒸馏水洗净，晾干后存放在比色皿盒内。

3.9 TU-1810紫外-可见分光光度计

3.9.1 仪器简介

TU-1810系列台式紫外-可见分光光度计主机可独立完成光度测量、定量测定、光谱扫描、DNA/蛋白质测量及数据打印等各种功能，同时针对国内特殊应用需要，在与PC机联机状态下，增加了完全智能化专家数据库、三维图谱分析、满足GLP优良实验室规范、快速农药残留分析等诸多功能，适用于快速农药残留检测、环保、检验检疫等各个行业。

分光光度计是理化分析中最常用的仪器。它的基本原理是建立在光与物质相互作用的基础上，当光子和某一溶液中吸收辐射的物质分子相碰撞时，就发生吸收，测量其吸光度值的大小可反映某种物质存在的量的多少。光的吸收程度与浓度有一定的比例关系，这就是著名的比尔定律。该定律成立的必要条件是单色光（单一波长光）照射样品。为了使该定律具有良好的线性，对测量浓度有一定的范围要求。也就是吸光度值控制在0.2～0.7之间，并且要求单色光垂直照射样品，试样要均匀。一台性能优良的分光光度计，必须有一个高性能的光路系统即单色仪。

3.9.2 仪器操作方法

（1）开机，仪器自检；

（2）按1键，显示；

（3）调波长：按Go To 键，输入波长数据，按确认键；

（4）按F1键，显示（1）Abs、（2）波长、（3）参数1.00；

（5）按返回键，RETURN键；

（6）按F3键，检查样品池控制显示；

a. 样品池8；

b. 使用池数1（如改变，按1键）；

c. 一号空白校正，不要；

d. 移动试样池1（如改变，按5键）；

e. 样品池复位；

（7）按RETURN键返回；

（8）加参比池（1个空白样品），按AUTO键回0；

（9）开始测量。

3.9.3 注意事项

比色皿轻拿轻放，小心易碎。

3.10　ZD-2型自动电位滴定仪

3.10.1　仪器简介

（1）工作原理

电位滴定分析法是用电化学方法指示终点的一种滴定方法，非常易于实现滴定自动化。电位滴定时，向被测溶液中插入一个参比电极和一个指示电极组成工作电池，随着滴定剂的加入，由于发生化学反应，被测离子浓度不断变化，指示电极的电位也相应地变化，在化学计量点附近会引起电位的突跃。因此测量工作电池电动势的变化可确定滴定终点。电位滴定的基本装置主要包括滴定管、滴定池、指示电极、参比电极、电磁搅拌器、测电动势的电位计。

自动电位滴定仪可应用于各种滴定反应，根据不同的滴定反应，选择合适的指示电极，由于电极不受试样溶液的颜色、浊度或者黏度等因素的干扰，在实际分析过程中，如果遇到有色、浑浊溶液或找不到合适的指示剂时，电位滴定就突显出其优越性，且灵敏度也比化学滴定分析高。目前自动电位滴定仪广泛应用于科研、教学、化工、环保等领域，主要的用途有运用电位滴定法进行容量分析、pH值或电极电位的控制滴定、水溶液的pH值测定、测定电极的电位值。

（2）ZD-2型自动电位滴定仪和滴定装置的构造

图3-12为自动电位滴定仪的前面板示意图，仪器上主要按键的基本功能介绍如下。

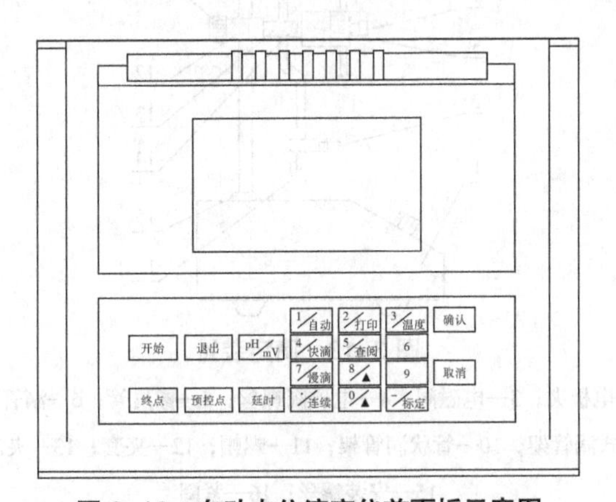

图3-12　自动电位滴定仪前面板示意图

“开始”：开始滴定。

“退出”：终止滴定，进入测量状态。

“pH/mV”：选择pH或电位（mV）的测量或滴定。按此键则轮流切换两种状态。在设置“终点”和“预控点”前应先确定pH或mV状态。

“终点”：设置终点电位或pH值。

“预控点”：设置预控点电位或pH值，其大小取决于化学反应的性质，即滴定突跃的大小。

“延时”：设置到达滴定终点与停止滴定之间的延迟时间。

“1/自动”：在测量状态，表示准备自动滴定。

“3/温度”：在测量状态，输入当前溶液温度。

“4/快滴”：在测量状态，表示以快速准备控制滴定。

“5/查阅”：在测量状态，查阅上次滴定过程的电位或pH值，每滴一次保存一个数据，最多100个。

“7/慢滴”：在测量状态，表示以慢速准备控制滴定。

“·/连续”：在数字输入状态，为小数点键；在测量状态，按住此键，电磁阀打开，溶液将从滴定管中滴下。放开按键，电磁阀立即关闭。

“—/标定”：在数字输入状态，为负号键；在测量状态，表示准备进行pH标定，液晶右下角显示“标定”。

“确认”：数字输入完毕或动作完成。

“取消”：取消数字输入。

（3）滴定装置

图3-13是滴定装置的示意图，滴定装置安装在JB-1A搅拌器上的步骤如下。

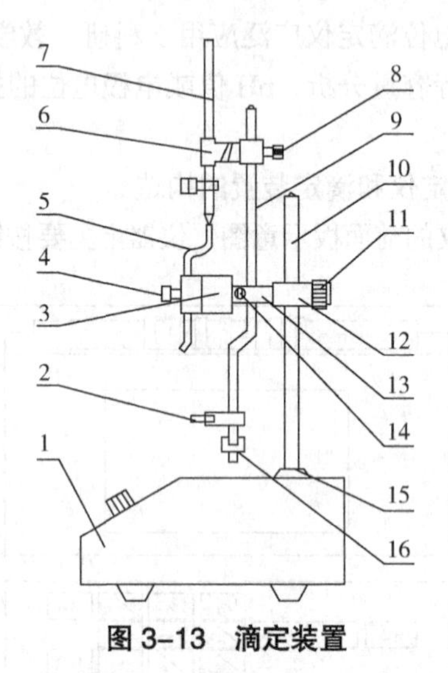

图3–13　滴定装置

1—JB–1A型搅拌器；2—电极夹；3—电磁阀；4—电磁阀螺丝；5—橡皮管；6—滴管夹；7—滴定管；8—滴管夹固定螺丝；9—弯式滴管架；10—管状滴管架；11—螺帽；12—夹套；13—夹芯；14—支头螺钉；15—安装螺丝；16—紧圈

① 将管状滴管架（10）旋在搅拌器的安装螺纹（15）上；

② 将夹芯（13）、夹套（12）的孔对齐，穿过管状滴管架（10），调节到合适位置，旋紧螺帽（11）固定；

③ 将电磁阀（3）末端插入夹芯（13），旋紧支头螺钉（14）固定；

④ 将滴管夹（6）安装在弯式滴管架（9）上，调节至合适位置，旋紧滴管夹固定螺丝（8）；

⑤ 将滴定管（7）夹在滴管夹（6）上，将电磁阀上方的橡皮管套入滴定管（7）末端；

⑥ 将电极夹（2）安装在弯式滴管架（9）的下端。装上电极及毛细管，将电磁阀下方的橡皮管套入毛细管。

3.10.2 仪器操作方法

自动电位滴定仪和搅拌装置安装连接好以后，连接电源线，打开电源开关，预热15min后，测定操作步骤如下。

（1）滴定前的准备工作

① 安装好滴定装置，在烧杯中放入搅拌子，并将烧杯放在JB-1A搅拌器上。

② 电极的选择：主要取决于滴定时的化学反应，氧化还原滴定时，可采用铂电极和甘汞电极；酸碱滴定分析时，可选用pH复合电极或玻璃电极和甘汞电极；银盐与卤素的沉淀分析时，可采用银电极和特殊甘汞电极。配位滴定分析时，选用汞电极和离子选择性电极。

（2）手动滴液

按住“•/连续”键，电磁阀打开，溶液将从滴定管中滴下。放开按键，电磁阀立即关闭。

（3）电位自动滴定

① 按“pH/mV”键使液晶显示屏左上角显示“mV”模式。

② 终点电位设定：按“终点”键，然后按数字键输入终点电位。

③ 预控点电位设定：预控点的作用是使仪器自动调节滴定速率。当测得电位离终点电位大于预控点电位时，滴定速率快；当测得电位离终点电位小于预控点电位后，滴定速率放慢，以便于精确控制滴定终点。按“预控点”键，然后按数字键输入预控点电位。

④ 打开搅拌器电源开关，调节转速从慢逐渐加快至适当转速搅拌。

⑤ 按“1/自动”键，按“开始”键，仪器开始自动滴定，到达终点电位后自动结束。

⑥ 记录滴定管内滴定剂的所消耗的体积。

（4）电位控制滴定

① 按“pH/mV”键使液晶显示屏显示“mV”模式。

② 终点电位设定：按“终点”键，然后按数字键输入终点电位。

③ 打开搅拌器电源，调节转速使搅拌从慢逐渐加快至适当转速。

④ 按“4/快滴”键或“7/慢滴”键，仪器开始按固定的速率滴定，到达终点电位后自动结束。

⑤ 记录滴定管内滴定剂所消耗的体积。

3.10.3 注意事项

（1）仪器的电极插座必须保持干燥、清洁。

（2）测量时，电极的引入导线应保持静止，否则会引起测量不稳定。

（3）取下电极套后，应避免电极的敏感玻璃泡与硬物接触，因为任何破损或擦毛都将使电极失效。

（4）应注意复合电极的外参比（或甘汞电极）内是否有充足的饱和氯化钾溶液，补充液可以从电极上端小孔加入。

（5）滴定前最好先用滴液将电磁阀橡皮管冲洗数次。

（6）仪器显示正在滴定，但无滴液滴下，而电磁阀插头连接无误，这时可调节电磁阀上的压紧螺丝至合适的位置，使溶液能适量地滴下。

（7）电磁阀关闭时，仍有溶液滴下，可重新调节电磁阀上的压紧螺丝，如仍不能排除故障，则说明橡皮管道久用变形、弹性变差或橡皮管道安装位置不合适。这时可拆开电磁阀，变动橡皮管的上下位置或更换橡皮管。

3.11 原子吸收分光光度计

3.11.1 仪器简介

原子吸收分光光度计是根据物质基态原子蒸气对特征辐射吸收的作用，对待测样品元素组成进行分析的仪器，可以测定微量或痕量元素。原子吸收分光光度计一般由光源、试样原子化器、单色仪和数据处理系统组成。原子吸收光谱分析已广泛用于理论研究、元素分析、金属元素含量分析等领域。

原子吸收分光光度计基本原理：样品高温热解成为基态原子蒸气，空心阴极灯发射（辐射）出具有特征谱线的光通过试样蒸气时，蒸气中待测元素基态原子选择性吸光，发生跃迁。在一定的浓度范围内，其吸收强度与试液中被测元素的含量成正比，定量关系遵循朗伯-比耳定律。原子吸收分光光度计一般由4部分组成（见图3-14），即光源（空心阴极灯）、原子化器（火焰或石墨炉）、光学系统（单色器）和检测系统。

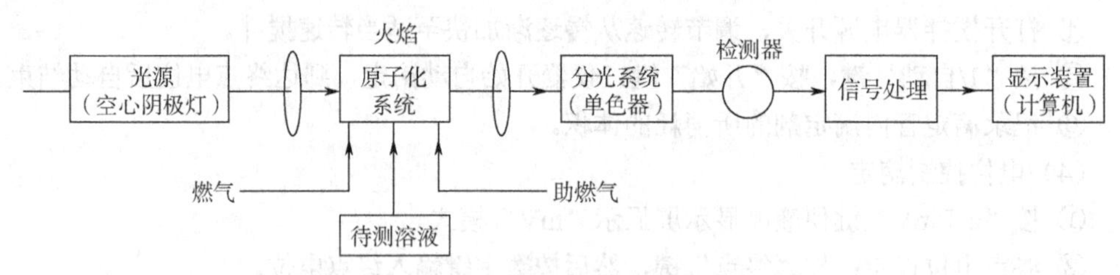

图3-14 原子吸收分光光度计仪器结构图

3.11.2 仪器操作方法

（1）先打开仪器，再开软件；仪器自检，自检后，依次选择打开原子吸收软件→选择运行模式→联机→确定进行。

（2）选择工作灯&寻峰，依次选择双击选灯→下一步→设置元素测量参数→下一步→设置波长→寻峰→寻峰结束后点击右侧菜单栏关闭窗口。

（3）设置测量参数：上方菜单栏→样品→校正方法选择标准曲线法，浓度单位为μg/mL→下一步→设置样品浓度和个数→下一步→设置样品数量→完成→上方菜单栏→能量→自动能量平衡。

（4）点火：①点火前检查：液位检测装置装满水；燃烧头在正确的位置； 仪器紧急灭火开关弹起。②点火：打开空气压缩机至0.22～0.24MPa；打开气瓶（乙炔气体使用前需查漏）→先逆时针开总阀→再顺时针开分阀→压力表示数为0.05～0.07MPa。仪器控制界面上方菜单栏→点火。

（5）测试：依次选择上方菜单栏→测量→校零→开始（待吸光度平稳后再开始测试），测试结束后→终止。

（6）关机：依次选择关气瓶→关空气压缩机→长按空气压缩机上排液阀→关机器→关软件。

3.11.3　注意事项

（1）使用乙炔气体时，点火前要先开空气后开乙炔气，熄火时要先关乙炔气后关空气，防止回火事故的发生。

（2）使用雾化器时，每次测量完成，用蒸馏水喷洗 2min。

（3）废液管必须接在液封盒下出液口上，保持畅通。

3.12　气相色谱仪

3.12.1　仪器简介

气相色谱仪是利用物质的沸点、极性及吸附性质的差异实现混合物分离的仪器。待分析样品在气化室气化后被惰性气体带入色谱柱内，柱内含有液体或固体固定相，样品中各组分在流动相和固定相之间形成分配或吸附平衡，实现不同组分分离的分析方法。气相色谱仪通常可用于分析热稳定且沸点不超过 500℃的有机物，具有快速、有效、灵敏度高等优点。

气相色谱仪的基本原理：气相色谱以惰性气体为流动相，具有一定吸附性能的材料作为固定相。多组分混合样品进入气相色谱后，由于固定相对每种组分的吸附作用不同，导致各组分在色谱柱中运动速度不同。吸附力小的组分最先进入检测器，而吸附力大的组分最后进入检测器，各组分通过气相色谱彼此分离。气相色谱仪一般由气路系统、进样系统、分离系统、检测记录系统组成（见图 3-15）。

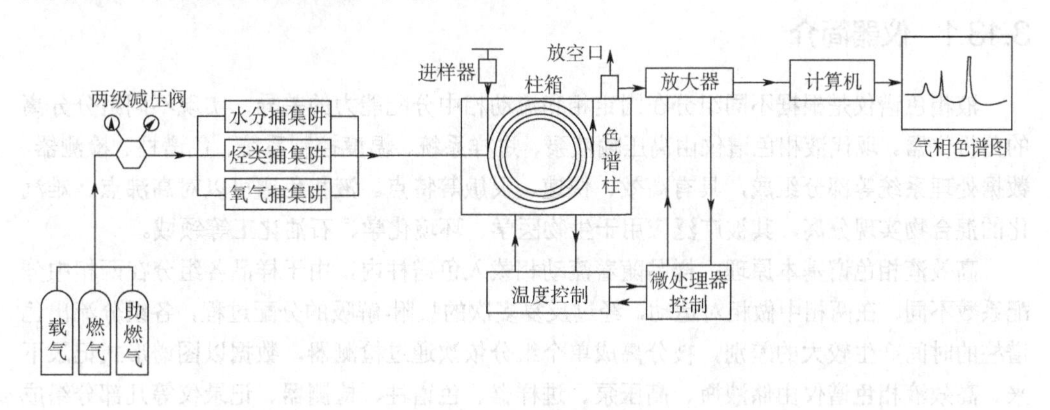

图 3-15　气相色谱仪器结构图

3.12.2　仪器操作方法

（1）测试前准备

打开压缩空气、氮气、氢气，氢气使用前需查漏；打开机器：气相色谱主机开关和自动进样器开关；依次选择打开工作站→设定进样口、检测器、柱温箱温度→控制面板界面中仪器方法选择FID温度→立即升温→等待进样口、检测器、柱温箱升至设定温度→控制面板界面检测器窗口下点火。

（2）设置参数

上方菜单栏自动进样器窗口→方法设置（依据实际情况，设置溶剂A前清洗次数、溶剂B前使用次数、样品清洗次数、排气泡次数、清洗量）→进样设置（需要设置速度及注射器进样量）→设置结束后保存。

（3）样品测试

上方菜单栏中依次选择通道1→序列进样设置→类别选择标样/试样→数据处理方法选择FID→采集时间依据实际测试情况调整→样品瓶选择自动进样器上对应的样品编号→运行；测试后保存数据：选择报告打印→保存。

（4）关机

依次选择序列进样设置→终止→控制面板→仪器方法中选择关机温度→发送关机温度→待进样口、检测器、柱温箱温度降低至80℃以下时，依次关机器，关气体→关软件。

3.12.3 注意事项

（1）压缩空气、氮气、氢气使用前需查漏；

（2）通氢气后，待管道中残余气体排出后，及时点火；

（3）离子室温度应大于100℃，待离子室温度稳定后再点火，避免离子室积水。

3.13 液相色谱仪

3.13.1 仪器简介

液相色谱仪是根据不同组分在固定相和流动相中分配能力的差异，实现不同组分分离的分析仪器。现代液相色谱仪由高压输液泵、进样系统、温度控制系统、色谱柱、检测器、数据处理系统等部分组成，具有高效、快速、灵敏等特点。液相色谱可以对高沸点、难汽化的混合物实现分离，其被广泛应用于生物医学、环境化学、石油化工等领域。

高效液相色谱基本原理：样品随着流动相载入色谱柱内，由于样品各组分在两相中分配系数不同，在两相中做相对运动，经过反复多次的吸附-解吸的分配过程，各组分流出色谱柱的时间产生较大的差别，被分离成单个组分依次通过检测器，数据以图谱形式记录下来。高效液相色谱仪由储液瓶、高压泵、进样器、色谱柱、检测器、记录仪等几部分组成（见图3-16）。

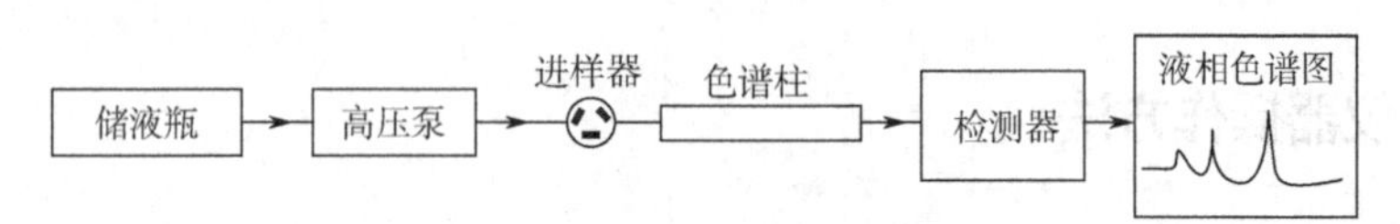

图3–16 液相色谱仪器结构图

3.13.2　仪器操作方法

（1）样品和流动相的处理

应按测试方法要求配制流动相，标准样品溶液和所用的流动相均需通过 0.22μm 膜过滤后超声脱气 30min；依次打开电脑→泵→柱温箱→检测器。

（2）检测过程

① 单击桌面的“Primaide”图标来启动软件；打开“新建”对话框生成新的方法文件与样品表；单击“更改应用程序”图标打开“应用程序”对话框，根据实验要求选取相应的应用程序。

② 设定方法，单击方法的设定图标，启动方法参数设定功能，进行相应设定。

③ 设定样品表，单击样品表设定图标打开样品表设定窗口；执行打开命令显示“打开文件”对话框，选择一个样品表文件，确定按钮打开样品表，对于样品信息进行设定。

④ 模块状态显示，单击系统状态（确认模块状态）图标显示“模块的状态”对话框。单击初始化按钮开始与各个模块进行通信连接。

⑤ 单击数据采集图标，使用中应用程序的样品表将显示在列表框中。在列表框中选择一个样品表。打开样品表，启动数据采集功能。

⑥ 单击“报告预览”图标启动报告预览功能，报告将以打印预览形式显示。单击打印按钮，选择.pdf 格式打印报告，保存文件。

（3）关机

测试结束后，用流动相（如有盐离子，必须用 5%的甲醇溶液冲洗至少 0.5h）冲洗管道。依次关闭检测器→柱温箱→泵→计算机。

3.13.3　注意事项

（1）流动相应选用色谱纯试剂、高纯水或双蒸水，酸碱液及缓冲液需经过滤后使用，过滤时注意区分水系膜和油系膜的使用范围。

（2）水相流动相需经常更换（一般不超过 2 天），防止长菌变质。

（3）长时间不用仪器，应该将柱子取下用堵头封好保存，注意不能用纯水保存柱子，而应该用有机相（如甲醇等）。

3.14　红外光谱仪

3.14.1　仪器简介

红外光谱分析法是利用化合物对不同波长红外辐射的吸收特性，进行分子结构和化学组成分析的方法。红外光谱广泛应用于染织工业、环境科学、生物学、材料科学、高分子化学、催化、煤结构研究、石油工业、生物医学、生物化学、药学、无机和配位化学基础研究、半导体材料、日用化工等研究领域。

傅立叶变换红外光谱仪工作原理：傅立叶变换红外光谱仪是利用迈克尔逊干涉仪将红外线分成两束，在动镜和定镜上反射到分束器上；因为两束光是相干光，所以发生干涉。

相干的红外线通过样品，样品中分子某些基团的振（转）动频率和红外线的频率相同，分子吸收能量发生振动和转动能级跃迁，将分子吸收红外线的情况用仪器记录下来，获得红外干涉图数据。经傅立叶变换后，得到样品的红外光谱图。傅立叶变换红外光谱仪通常由光源、分束器、检测器、计算机处理信息系统等几部分组成（见图 3-17）。

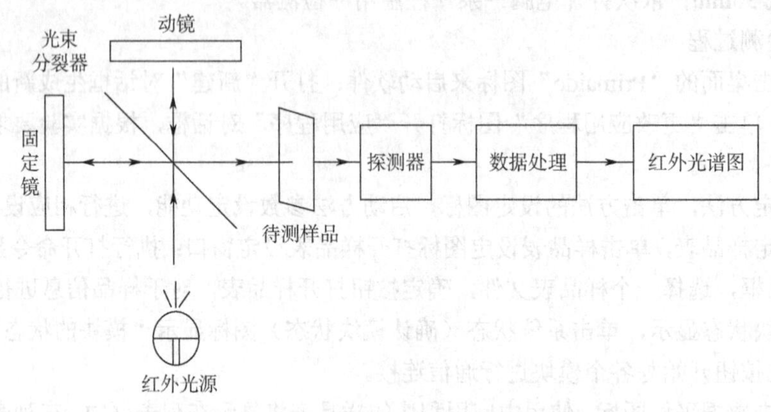

图 3–17　傅立叶变换红外光谱仪器结构图

3.14.2　仪器操作方法

（1）背景测试：打开 OPUS 软件，上方菜单栏选择测试选项→高级测量选项→基本设置→测量背景单通道光谱→接受&退出→屏幕右下角显示测试进程。

（2）样品测试：上方菜单栏选择测试选项→高级测量选项→基本设置→测量样品单通道光谱→屏幕右下角显示测试进程。

（3）数据处理：基线处理，选中左侧 OUPS 浏览器中刚刚测试结束的样品谱图→上方菜单栏选择谱图处理选项→基线校正→选择文件→选中要校正的文件→校正；平滑处理，选中左侧 OUPS 浏览器中刚刚校正基线的样品谱图→上方菜单栏选择谱图处理选项→平滑→选择文件→选中要平滑的文件→平滑点数 25（可依据实际测试谱图情况增加或减少平滑点数）→平滑。

（4）保存数据：文件另存为→选择文件→自行设置存储路径和文件名→模式→数据点表，文件格式为.dpt 格式。

3.14.3　注意事项

（1）压片使用的 KBr 应当使用光谱纯 KBr。

（2）样品研磨要在烘灯下进行，防止样品吸水，样品与 KBr 需要在干净的玛瑙研钵中仔细研磨细。

（3）压片模具使用后应擦拭干净，必要时用水清洗干净，干燥后置干燥器中保存。

（4）为防止仪器受潮而影响使用寿命，红外实验室应保持干燥。

第4章

基础化学实验

4.1 有机化学实验

实验1 甲醇与水混合物的分离

【实验目的】

通过甲醇与水混合物的分离实验，可以练习有机化学实验的重要基本操作——蒸馏和分馏。

【仪器和试剂】

1. 仪器：100mL 圆底烧瓶、直形冷凝管、分馏柱、温度计、10mL 量筒、50mL 量筒、500mL 烧杯。

2. 试剂：甲醇与水体积比为 1∶1 的混合溶液。

【实验内容】

1. 蒸馏

（1）选择蒸馏需要的仪器（包括容量、规格、连接磨口、温度计的量程等）。

（2）正确安装蒸馏装置，用 10mL 量筒作接收器。

（3）用 50mL 量筒量取 30mL 甲醇和水混合物，并转移到蒸馏烧瓶中，加入几粒沸石或倒置几根一端封闭的毛细管。

（4）用水浴慢慢加热，按每秒馏出 1～2 滴的速度进行蒸馏（蒸馏后期需撤掉水浴，改直接加热），每馏出 1mL 液体时，记录一次馏出温度，当烧瓶中残留 0.5～1mL 液体时停止加热。

（5）清洗仪器，将分析完的蒸出物倒入指定的回收瓶中。

2. 分馏

（1）选择分馏需要的仪器（包括容量、规格、分馏柱结构、连接磨口、温度计量程等）。

（2）正确安装分馏装置，用 10mL 量筒作接收器。

（3）用 50mL 量筒量取 30mL 甲醇与水混合物，并移入蒸馏烧瓶中，加入几粒沸石。

（4）用水浴慢慢加热，以每 2～3 秒馏出 1 滴的速度操作（分馏后期需撤掉水浴，直接加热），每馏出 1mL 液体时，记录一次温度计读数，当烧瓶中残留 0.5～1mL 液体时停止加热。

（5）清洗仪器，把分析完的蒸出物倒入指定的回收瓶中。

【数据记录和处理】

1. 以馏出温度为纵坐标，馏出体积为横坐标，在同一张坐标纸上绘制蒸馏和分馏曲线。

2. 填写表格并计算。

分离方法	项目	<70℃	71～90℃	>90℃	残留量	损失	总计
蒸馏	体积/mL						30
	体积分数/%						100
分馏	体积/mL						30
	体积分数/%						100

【思考题】

1. 6 个馏分的主要组分各是什么？

2. 从分离曲线上比较两种分离方法的分离效果。

【预习内容】

1. 蒸馏的原理和基本操作。

2. 分馏的原理和基本操作。

实验 2 环己烯的制备

【实验目的】

1. 学习用硫酸催化环己醇脱水制备环己烯的原理及操作方法。

2. 进一步熟悉分馏和蒸馏操作。

3. 熟练掌握洗涤分液和有机液体的干燥等操作。

【实验原理】

天然气和石油是烷烃的主要来源。工业上由石油烃的裂解和催化脱氢制取烯烃，低碳烯烃的混合物经过分离提纯可获得单一的烯烃。在实验室中，烯烃主要是用醇脱水制得。本实验用环己醇在浓硫酸存在下脱水制备环己烯。

反应式：

OH

$$\xrightarrow[\text{加热}]{H_2SO_4} \quad + \; H_2O$$

反应为可逆反应，故采用边反应边蒸出反应产物环己烯和水的措施来提高可逆反应的转化率。环己烯和水可形成的二元共沸物（沸点 70.8℃，含水 10%），同时原料环己醇也能和水形成二元共沸物（沸点 97.8℃，含水 80%）。为了使产物以共沸物的形式蒸出反应体系，而又不夹带原料环己醇，本实验采用分馏装置，并控制柱顶温度不超过 90℃。

【仪器和试剂】

1. 仪器： 电热套、圆底烧瓶、直形冷凝管、分液漏斗、分馏装置。

2. 试剂： 环己醇 15.0g（15.6mL，0.15mol）、浓硫酸 1mL、饱和食盐水、无水氯化钙、5%碳酸钠水溶液。

【实验内容】

在 50mL 干燥的圆底烧瓶中，加入 15.6mL 环己醇及 1mL 浓硫酸，充分振摇使两种液体混合均匀[1]，再投入几粒沸石，按图 2-36 安装分馏装置，接收瓶浸在冷水中冷却。将烧瓶在加热套上用小火慢慢加热至沸，控制分馏柱顶部的馏出温度不超过 90℃，馏出液为带水的浑浊液。当蒸至无液体蒸出时，可把火加大，继续蒸馏，当烧瓶中只剩下很少量残液并出现阵阵白雾时，即可停止蒸馏。全部蒸馏时间约需 1h。

将馏出液用食盐饱和，然后加入 3～4mL 5%的碳酸钠溶液中和微量的酸。用分液漏斗分出有机相（将下层水相自活塞放出，上层有机相自漏斗上口倒入一干燥的小锥形瓶中），用 1～2g 无水氯化钙干燥有机相（塞好瓶塞，放置片刻，不时加以摇动）。

将干燥后所得的清亮透明液体通过放有一小块棉花的小漏斗，滤入 50mL 蒸馏瓶中，加入沸石，水浴蒸馏，收集 80～85℃的馏分[2]。称重、计算产率。产量约 7～8g。

【数据记录和处理】

测定产物的沸点及折射率。

【注意事项】

［1］环己醇在常温下是黏稠液体（熔点 24℃），若用量筒量取时，应注意转移中的损失。环己醇与浓硫酸应充分混合，否则在加热过程中会局部炭化。

［2］最好用简易空气浴，即将烧瓶底部向上移动，稍微离开石棉网进行加热，使蒸馏瓶受热均匀。由于反应中环己烯与水形成共沸物（沸点 70.8℃，含水 10%），环己醇与环己烯形成共沸物（沸点 64.9℃，含环己醇 30.5%），环己醇与水形成共沸物（沸点 97.8℃，含水 80%）。因此，在加热时温度不可过高，蒸馏速度不宜太快，以减少未作用的环己醇蒸出。

主要试剂及产物的物理常数：

名称	分子量	密度 /g·cm^{-3}	熔点/℃	沸点/℃	折射率 n_D^{20}	溶解度/（g/100mL）		
						水	乙醇	乙醚
环己醇	100.16	0.9624	25.2	161	1.4648	微溶	∞	∞
环己烯	82.15	0.8098	−103.65	83.19	1.4465	不溶	∞	∞

【思考题】

1. 磷酸作脱水剂比用浓硫酸作脱水剂有什么优点？

2. 分馏的目的是什么？是否可用普通蒸馏？

3. 在粗制环己烯中，加入食盐使水层饱和的目的何在？

【预习内容】

1. 分馏的基本操作。

2.分液漏斗的使用方法。

实验3 1-溴丁烷的制备

【实验目的】

1. 掌握正丁醇制备1-溴丁烷的原理和方法。

2. 熟悉和掌握带气体吸收的回流装置、洗涤、分液、干燥和蒸馏等操作。

【实验原理】

主反应：正丁醇与HBr（NaBr与硫酸反应制备）作用生成1-溴丁烷的反应属于S_N2反应，醇和氢卤酸的反应是一个可逆反应。为了使反应平衡向右方移动，可以增加醇或氢卤酸的浓度，也可以设法不断地除去生成的卤代烷或水，或是两者并用。在制备1-溴丁烷时，使溴化钠的用量过量，同时加入过量的硫酸，以吸收反应中生成的水。

$$NaBr + H_2SO_4 \longrightarrow HBr + NaHSO_4$$

$$CH_3CH_2CH_2CH_2OH + HBr \xrightarrow{\text{微沸}} CH_3CH_2CH_2CH_2Br + H_2O$$

副反应：正丁醇与热硫酸作用，可能发生分子内和分子间脱水，生成丁烯和正丁醚；同时HBr也会被硫酸氧化，生成单质溴。

$$CH_3CH_2CH_2CH_2OH \xrightarrow[>135℃]{H_2SO_4} C_4H_8 + H_2O$$

$$2\,CH_3CH_2CH_2CH_2OH \xrightarrow[134℃]{H_2SO_4} (CH_3CH_2CH_2CH_2)_2O + H_2O$$

$$2HBr + H_2SO_4 \longrightarrow Br_2 + SO_2 + 2H_2O$$

【仪器和试剂】

1. 仪器： 100mL圆底烧瓶、回流冷凝管、直形冷凝管、分液漏斗、蒸馏头、接引管、锥形瓶、玻璃漏斗、温度计。

2. 试剂： 正丁醇6.2mL（5g，0.068mol）、溴化钠（无水）13.6g（0.16mol）、浓硫酸（d=1.84）10mL（0.18mol）、10%碳酸钠溶液、无水氯化钙、5% NaOH溶液、5% HNO_3溶液、5% $AgNO_3$溶液。

【实验内容】

在100mL圆底烧瓶中加入13.6g研细的溴化钠、10mL正丁醇和1～2粒沸石。烧瓶上装一回流冷凝管，在一个小锥形瓶内放入12mL水，将锥形瓶放在冷水浴中冷却，一边摇荡，一边慢慢地加入16.6mL浓硫酸。将稀释的硫酸分4次从冷凝管上端加入烧瓶，每加一次都要充分振荡烧瓶，使反应物混合均匀。在冷凝管上口，用弯玻璃管连接一气体吸收装置[如图2-37（c）]，注意气体吸收装置中漏斗不要全部埋入5% NaOH溶液中，以防倒吸[1]。将烧瓶放入加热套内，用小火加热到沸腾，保持回流30min[2]。

反应完成后，将反应物冷却5min。卸下回流冷凝管，再加入1～2粒沸石，用75°弯管连接冷凝管进行蒸馏（见图2-33）。仔细观察馏出液，直到无油滴蒸出为止[3]。

将馏出液倒入小分液漏斗中，加入等体积的水洗涤一次，将油层从下面放入一个干燥的小锥形瓶中[4]，然后用8mL浓硫酸分两次加入瓶内，每加一次都要摇匀混合物。如果锥形瓶发热，可用冷水浴冷却。将混合物慢慢倒入分液漏斗中，静置分层，放出下层的浓硫酸[5]。油层依次用10mL水、10mL10%碳酸钠溶液和10mL水洗涤。将下层的粗正溴丁烷放入干燥的小锥形瓶中，加入1～2 g块状的无水氯化钙，间歇振荡锥形瓶，直到液体澄清为止。

通过长颈漏斗将液体倒入30mL蒸馏烧瓶中（注意勿使氯化钙掉入蒸馏烧瓶中）。投入1～2粒沸石，安装好蒸馏装置（见图2-34），在石棉网上用小火加热蒸馏，收集99～102℃的馏分。

【数据记录和处理】

1. 卤素的鉴定

硝酸银试验：在试管中加入1mL 5%硝酸银的醇溶液，再加入2滴产物，摇荡后，在室温下静置5min，观察有无沉淀产生。若无沉淀产生，将反应混合物煮沸片刻，生成白色或黄色沉淀，加入1滴5% HNO_3溶液，振荡后，沉淀不溶解视为正反应；若煮沸后只稍微出现浑浊，而无沉淀（加5%硝酸又会发生溶解），则视为副反应。

2. 折射率测定

测定产物的折射率。

【注意事项】

［1］本实验中，由于采用1∶1硫酸（即62%硫酸），回流时如果保持缓和的沸腾状态，很少有溴化氢气体从冷凝管上端逸出。

［2］回流时间太短，则反应物中残留正丁醇的量增加。但将回流时间继续延长，产率也不能再提高多少。

［3］用盛清水的试管收集馏出液，看有无油滴。

［4］馏出液分为两层，通常下层为1-溴丁烷（油层），上层为水。若未反应的正丁醇较多，或因蒸馏过久而蒸出一些氢溴酸共沸液，则液层的相对密度发生变化，油层可能悬浮或变为上层。如遇此现象，可加清水稀释使油层下沉。

［5］浓硫酸的作用是洗去粗1-溴丁烷中所含的少量未反应的正丁醇，也可以用3mL浓盐酸来代替。使用浓盐酸时，1-溴丁烷在下层。

主要试剂及产物的物理常数：

名称	分子量	密度/$g \cdot cm^{-3}$	熔点/℃	沸点/℃	折射率 n_D^{20}	溶解度/（g/100mL）		
						水	乙醇	乙醚
正丁醇	74.12	0.810	−89.8	117.0	1.3993	7.9	∞	∞
1-溴丁烷	137.03	1.276	−112	101.6	1.4401	不溶	∞	∞

【思考题】

1. 是否可以将加料顺序改为：先加NaBr和硫酸，再加正丁醇?为什么?

2. 加硫酸充分振摇的目的是什么?试提出其他合理的加料方案。

3. 试说明各步洗涤的作用。

【预习内容】

1. 带气体吸收回流装置的基本操作。

2. 蒸馏的基本操作。

实验4 正丁醚的制备

【实验目的】

1. 掌握醇分子间脱水制备醚的原理和实验方法。

2. 掌握带分水器的回流和简单蒸馏操作。

【实验原理】

脂肪族低级单醚通常由两分子醇与酸性脱水催化剂共热来制备，在实验室中常用浓硫酸作脱水剂。制备沸点较高的单醚时（如正丁醚），可利用一特殊的分水器将生成的水不断从反应物中除去。但是醇类在较高温度下还能被浓硫酸脱水生成烯烃，为了减少这个副反应，在操作时必须特别控制好反应温度。用浓硫酸作脱水剂时，由于它有氧化作用，往往还生成少量氧化产物和二氧化硫，为了避免氧化反应，有时用芳香族磺酸作脱水剂。

主反应：正丁醇在加热条件下与浓硫酸作用，发生分子间脱水生成正丁醚。

$$2CH_3CH_2CH_2CH_2OH \xrightarrow[135℃]{H_2SO_4} (CH_3CH_2CH_2CH_2)_2O + H_2O$$

副反应：温度过高，正丁醇分子内脱水生成丁烯；同时正丁醇高温条件被浓硫酸氧化。

$$2CH_3CH_2CH_2CH_2OH \xrightarrow[>135℃]{H_2SO_4} CH_3CH_2CH{=\!=}CH_2{+}CH_3CH{=\!=}CHCH_3{+}2H_2O$$

$$CH_3CH_2CH_2CH_2OH \xrightarrow{H_2SO_4} CH_3CH_2CH_2CHO \xrightarrow{H_2SO_4} CH_3CH_2CH_2COOH$$

【仪器和试剂】

1. 仪器：100mL三口烧瓶、球形冷凝管、分水器、分液漏斗、30mL蒸馏瓶、直形冷凝管、锥形瓶。

2. 试剂：正丁醇31mL（25g，0.34mol）、浓硫酸（*d*=1.84）5mL、50%硫酸、无水氯化钙。

【实验内容】

在100mL三口烧瓶中加入31mL正丁醇，将5mL浓硫酸慢慢加入并摇荡烧瓶，使浓硫酸与正丁醇混合均匀，加几粒沸石。按图2-37（d）安装装置，在烧瓶口上装分水器，分水器上端再连一回流冷凝管[1]。

分水器中放满水后先放掉约3.5mL水。将烧瓶放在电热套上加热，保持回流约1h。随着反应的进行，分水器中的水层不断增加，反应液的温度也逐渐上升。如果分水器中的水层超过了支管而流回烧瓶时，可打开旋塞放掉一部分水。当生成的水量达到4.5～5mL[2]，瓶中反应液温度达到约150℃时，停止加热。如果加热时间过长，溶液会变黑并有大量副产物丁烯生成。

待反应液冷却后，将烧瓶和分水器中的反应液倒入盛有50mL水的分液漏斗中，振荡，分去下层水相。上层粗产物用15mL 50%冷的硫酸溶液洗涤两次[3]，再用15mL水洗涤两次，最后用1～2g无水氯化钙干燥。干燥后的粗产物倒入30mL蒸馏烧瓶中（注意不要把氯化钙掉进去!）进行蒸馏（见图2-34），收集140～144℃的馏分。

【数据记录和处理】

测定产物的沸点及折射率。

【注意事项】

[1] 本实验利用恒沸混合物蒸馏方法将反应生成的水不断地从反应物中除去。正丁醇、正丁醚和水可能生成以下几种恒沸混合物：

恒沸混合物		沸点/℃	组成（质量分数）/%		
			正丁醚	正丁醇	水
二元	正丁醇-水	93.0		55.5	45.5
	正丁醚-水	94.1	66.6		33.4
	正丁醇-正丁醚	117.6	17.5	82.5	
三元	正丁醇-正丁醚-水	90.6	35.5	34.6	29.9

含水的恒沸混合物冷凝后分层，上层主要是正丁醇和正丁醚，下层主要是水。在反应过程中利用分水器使上层有机液体不断送回到反应器中。

[2] 按反应式计算，生成水的量为 3g。实际上分出水层的体积要略大于计算量，否则产率很低。

[3] 也可以略去这一步蒸馏，而将冷的反应物倒入盛 50mL 水的分液漏斗中，按下段的方法做下去。但因反应产物中杂质较多，在洗涤分层时有时会发生困难。

主要试剂及产物的物理常数：

名称	分子量	密度 /g·cm^{-3}	熔点/℃	沸点/℃	折射率 n_D^{20}	溶解度/（g/100mL）		
						水	乙醇	乙醚
正丁醇	74.12	0.810	−89.8	117.0	1.3993	9^{15}	∞	∞
正丁醚	130.22	0.7689	−97.9	142.4	1.3992	<0.05	∞	∞

【思考题】

1. 如何确定反应已经比较完全？
2. 如果最后蒸馏前的粗产物中含有丁醇，能否用分馏的方法将它除去？这样做好不好？
3. 反应物冷却后为什么要倒入 50mL 水中？各步的洗涤目的何在？

【预习内容】

1. 分水器的原理和基本操作。
2. 回流反应的基本操作。

实验 5　环己酮的制备

【实验目的】

1. 学习仲醇的铬酸氧化法制备酮的原理和方法。

2. 巩固分液漏斗的使用、蒸馏等操作。

【实验原理】

酮可用相应的仲醇氧化得到，在实验室中常用铬盐作氧化剂。本实验用重铬酸钠将环己醇氧化为环己酮。

反应式：

$$3\ \text{C}_6\text{H}_{11}\text{OH} + Na_2Cr_2O_7 + 5H_2SO_4 \longrightarrow 3\ \text{C}_6\text{H}_{10}\text{O} + Cr_2(SO_4)_3 + 2NaHSO_4 + 7H_2O$$

【仪器和试剂】

1. 仪器：250mL 烧杯、250mL 圆底烧瓶、直形冷凝管、空气冷凝管、锥形瓶、温度计。

2. 试剂：环己醇 10.4mL（0.1mol）、重铬酸钠（$Na_2Cr_2O_7 \cdot 2H_2O$）10.4g（0.035mol）、浓硫酸(d =1.84)10mL 、精盐、无水硫酸镁、$NaHSO_3$ 饱和溶液、2,4-二硝基苯肼。

【实验内容】

在 250mL 烧杯中加入 60mL 水和 10.4g 重铬酸钠，搅拌使之全部溶解，然后在冷却和搅拌下慢慢加入 10mL 浓硫酸，将所得橙红色溶液冷却至 30℃以下备用。

在 250mL 圆底烧瓶中加入 10.4mL 环己醇，在瓶口固定一温度计用于观察温度。移去温度计，向瓶中一次倾入上述配好的铬酸溶液。振摇使之混合均匀。观察温度变化。当温度上升至 55℃时，立即用冷水浴冷却[1]，维持反应温度在 55～60℃之间。大约 30min 后，温度开始下降，移去水浴，室温下放置 1h，其间要间歇振摇反应瓶，反应液呈墨绿色。

向反应瓶中加入 50mL 水，几粒沸石，改装成蒸馏装置（见图 2-33），用 100mL 锥形瓶作接收器，用电加热套加热，把环己酮和水一起蒸出来，收集约 40mL 馏出液[2]。向馏出液中加入约 8g 食盐，搅拌使食盐溶解，得一食盐饱和溶液[3]。将此溶液倒入分液漏斗中，静置，放出下面的水层。从分液漏斗上口将有机层（粗环己酮）倒入干燥的小锥形瓶内，加入无水硫酸镁干燥。

通过长颈漏斗将干燥后的环己酮倒入干燥的 30mL 蒸馏烧瓶中（注意勿使硫酸镁掉入蒸馏烧瓶中）。投入 1～2 粒沸石，安装好蒸馏装置，在石棉网上加热蒸馏（见图 2-34），收集 151～156℃的馏分。

【数据记录和处理】

1. 与亚硫酸氢钠的亲核加成

在试管中加入 2mL 新配制的 $NaHSO_3$ 饱和溶液，滴加 1mL 样品，振荡，把试管置于冰水中冷却数分钟，观察现象。醛、脂肪族甲基酮和 C_8 以下环酮可生成白色结晶。

$$\text{R(H)C=O} + \text{HO–S(=O)–O}^-\text{Na}^+ \rightleftharpoons \text{RCH(O}^-\text{Na}^+\text{)(SO}_2\text{OH)} \rightleftharpoons \text{RCH(OH)(SO}_3\text{Na)}$$

2. 2,4-二硝基苯肼试验

取 2mL 2,4-二硝基苯肼试剂于试管中，滴加 2 滴样品，振荡后观察，有橙黄色或橙红色沉淀生成，则表示有醛或酮存在。

$$(CH_3)_2C{=}O + O_2N\text{-}C_6H_3(NO_2)\text{-}NHNH_2 \xrightarrow{H^+} O_2N\text{-}C_6H_3(NO_2)\text{-}NHN{=}C(CH_3)_2 + H_2O$$

3. 测定其沸点及折射率。

【注意事项】

［1］反应物不宜过冷，以免积累未反应的铬酸。当铬酸达到一定浓度时，氧化反应会进行得非常剧烈，有失控的危险。

［2］这步蒸馏操作，实质上是一种简化了的水蒸气蒸馏。环己酮和水形成共沸混合物，沸点 95℃，含环己酮 38.4%。

［3］环己酮微溶于水，馏出液中加入食盐饱和是为了降低环己酮在水中的溶解度，并有利于环己酮的分层。

主要试剂及产物的物理常数：

名称	分子量	密度 /g·cm^{-3}	熔点/℃	沸点/℃	折射率 n_D^{20}	溶解度/（g/100mL）		
						水	乙醇	乙醚
环己醇	100.16	0.962	25.5	160.9	1.465	微溶	∞	∞
环己酮	98.14	0.948	−16.4	155.6	1.4507	微溶	∞	∞

【思考题】

1. 在氧化反应过程中，反应温度为什么要控制在 55～60℃之间，温度过高或过低有什么不好？

2. 能否用铬酸氧化法把 2-丁醇和 2-甲基-2-丙醇区别开？说明原因，并写出有关反应。

【预习内容】

1. 分液漏斗的基本操作。

2. 蒸馏的基本操作。

实验6　苯甲酸的制备

【实验目的】

1. 了解由甲苯制备苯甲酸的原理和方法。

2. 掌握间歇振荡、回流、减压过滤和水蒸气浴干燥等基本操作。

【实验原理】

$$C_6H_5\text{-}CH_3 + 2KMnO_4 \longrightarrow C_6H_5\text{-}COOK + KOH + 2MnO_2 + H_2O$$

$$C_6H_5\text{-}COOK + HCl \longrightarrow C_6H_5\text{-}COOH + KCl$$

【仪器和试剂】

1. 仪器：圆底烧瓶、三口烧瓶、球形冷凝管、表面皿、布氏漏斗、吸滤瓶。

2. 试剂：甲苯 2.7mL（2.3g，0.025mol）、高锰酸钾 8.5g（0.054mol）、浓盐酸、亚硫酸氢钠、刚果红试纸。

【实验内容】

在 250mL 圆底烧瓶中加入 2.7mL 甲苯和 80mL 水，装上回流冷凝管，加热至沸。从冷凝管上口分批加入 8.5g 高锰酸钾；黏附在冷凝管内壁的高锰酸钾最后用 45mL 水冲洗入瓶内。继续煮沸并间歇摇动烧瓶，直到甲苯层几乎近于消失，回流液不再出现油珠（约需 4～5h）。

在反应混合物中加入亚硫酸氢钠固体至紫色刚褪去，然后加热至沸。趁热减压过滤，用少量热水洗涤滤渣二氧化锰。合并滤液和洗涤液，放在冰水浴中冷却，然后用浓盐酸酸化（用刚果红试纸检验），直到苯甲酸全部析出为止。

将析出的苯甲酸减压过滤，用少量冷水洗涤，挤压去水分，沸水浴干燥。产量约1.7g。

【数据记录和处理】

若要得到纯净产品，可在水中进行重结晶。

纯苯甲酸为无色针状晶体，熔点 122.4℃，100℃左右易升华。

【思考题】

1. 在氧化反应中，影响苯甲酸产量的主要因素有哪些？
2. 反应完毕后，如果滤液呈紫色，为什么要加亚硫酸氢钠？
3. 精制苯甲酸还可采用什么方法？

【预习内容】

1. 回流反应的原理和基本操作。
2. 重结晶的基本操作。

实验 7　乙酸乙酯的制备

【实验目的】

1. 学习和掌握乙酸乙酯的制备原理和方法。
2. 掌握边滴加边蒸馏、简单蒸馏操作以及分液漏斗的使用。

【实验原理】

在酸催化下，酸和醇可发生酯化反应生成酯。酯化反应是一个可逆反应，为了使反应平衡向右移动，可采取使用过量的醇或酸，也可以把生成的酯或水及时地蒸出，或是两者并用。

主反应：醇与羧酸在酸（质子酸、路易斯酸、固体超强酸）的催化下进行酯化反应生成酯。

$$CH_3COOH + C_2H_5OH \underset{120\sim125℃}{\overset{H_2SO_4}{\rightleftharpoons}} CH_3COOC_2H_5 + H_2O$$

副反应：

$$2CH_3CH_2OH \xrightarrow[140℃]{H_2SO_4} CH_3CH_2OCH_2CH_3 + H_2O$$

$$CH_3CH_2OH \xrightarrow[170℃]{H_2SO_4} CH_2{=}CH_2 + H_2O$$

【仪器和试剂】

1. 仪器：三口烧瓶、刺形分馏柱、滴液漏斗、分液漏斗、温度计、锥形瓶。

2. 试剂：冰醋酸 17.3mL（18.1g，0.30mol）、95%乙醇 15.5mL（约 0.25mol）、浓硫酸、饱和碳酸钠溶液、饱和氯化钠溶液、无水碳酸钾。

【实验内容】

在 100mL 三口烧瓶的一侧口装配一恒压滴液漏斗，滴液漏斗的下端伸到烧瓶内离瓶底约 3mm 处，另一侧口固定一温度计，中口装配一分馏柱、蒸馏头、温度计及直形冷凝管（见图 2-38）。冷凝管末端连接接引管及锥形瓶，锥形瓶用冰水浴冷却。

在一小锥形瓶内放入 3mL 冰醋酸，一边摇动一边慢慢地加入 3mL 浓 H_2SO_4，将此溶液倒入三口烧瓶中。配制 15.5mL 乙醇和 14.3mL 冰醋酸的混合液，倒入滴液漏斗中。用油浴加热烧瓶，保持油浴温度在 140℃左右，这时反应混合物的温度为 120℃左右[1]，然后把滴液漏斗中的乙醇和冰醋酸的混合液慢慢地滴入三口烧瓶中。调节加料的速度，使和酯蒸出的速度大致相等，加料时间约需 90min。这时，保持反应混合物的温度为 120～125℃。滴加完毕后，继续加热约 10min，直到不再有液体馏出为止。

反应完毕后，将饱和碳酸钠溶液很缓慢地加入馏出液中，直到无二氧化碳气体逸出为止。饱和碳酸钠溶液要小量分批地加入，并要不断地摇动接收器（为什么？）。把混合液倒入分液漏斗中，静置，放出下面的水层。用石蕊试纸检验酯层。如果酯层仍显酸性，再用饱和碳酸钠溶液洗涤，直到酯层不显酸性为止。用等体积的饱和食盐水洗涤[2]。放出下层废液。从分液漏斗上口将乙酸乙酯倒入干燥的小锥形瓶内，加入无水碳酸钾干燥[3]。放置约 30min，在此期间要间歇振荡锥形瓶。

把干燥的粗乙酸乙酯滤入 50mL 烧瓶中，在水浴上加热蒸馏（见图 2-32），收集 74～80℃的馏分[4]。产量为：14.5～16.5g。

【数据记录和处理】

测定产物的沸点及折射率。

【注意事项】

[1] 馏出液中可能含有大量未反应的乙酸，若一次加入过多的碳酸钠溶液，会立即产生大量 CO_2 而将有机液体冲出，造成产品大量损失。

[2] 粗乙酸乙酯用碳酸钠溶液洗涤后，酯层中残留少量碳酸钠，若立即用饱和氯化钙溶液洗涤会生成不溶性碳酸钙，呈絮状物漂浮在溶液中难以除去。故先用饱和氯化钠溶液洗涤，以除去残留的碳酸钠。不能用水代替饱和食盐水，一是因为乙酸乙酯在水中的溶解度较大，若用水洗涤，必然会有一定量的酯溶解在水中而造成损失；另外，乙酸乙酯的相对密度（0.9005）与水接近，若用水洗后很难分层。饱和氯化钠溶液对有机物起盐析作用，使乙酸乙酯在水中的溶解度大为降低；同时饱和氯化钠溶液的相对密度较大，在洗涤之后，静置便可分离，缩短洗涤时间。

[3] 也可用无水硫酸镁作干燥剂。不能用氯化钙干燥，乙酸乙酯会与氯化钙生成络合物，造成产品的损失。

[4] 乙酸乙酯与水形成沸点为 70.4℃的二元恒沸混合物（含水 81%）；乙酸乙酯、乙醇和水形成沸点为 70.2℃的三元恒沸混合物（含乙醇 8.4%，水 9%）。如果在蒸馏前不把乙酸乙酯中的水和乙醇除尽，就会有较多的前馏分。

主要试剂及产物的物理常数：

名称	分子量	密度 /g·cm^{-3}	熔点/℃	沸点/℃	折射率 n_D^{20}	溶解度/（g/100mL）		
						水	乙醇	乙醚
乙醇	46.07	0.7893	−117.3	78.4	1.3614	∞	∞	∞
冰醋酸	60.05	1.049	16.5	118.1	1.3715	∞	∞	∞
乙酸乙酯	88.12	0.9005	−83.6	77.2	1.3723	微溶	∞	∞

【思考题】

1. 本实验采取了哪些措施来提高可逆反应的转化率？为什么要用过量的乙醇？
2. 蒸出的粗乙酸乙酯中主要有哪些杂质？
3. 能否用浓氢氧化钠溶液代替饱和碳酸氢钠溶液来洗涤蒸馏液？

【预习内容】

1. 恒压滴液漏斗的原理和基本操作。
2. 分馏反应的基本操作。

实验8 从茶叶中提取咖啡因

【实验目的】

1. 了解从天然产物——茶叶中提取咖啡因的原理及方法。
2. 练习并掌握脂肪提取器（索氏提取器）的使用方法。
3. 练习并掌握利用升华法提纯有机化合物的操作技能。

【实验原理】

茶叶中含有咖啡因，占1%～5%，另外还含有11%～12%的丹宁酸（鞣酸），0.6%的色素、纤维素、蛋白质等。茶叶中的咖啡因，可用适当的溶剂（如乙醇等）在索氏提取器中连续萃取，浓缩蒸除溶剂，得到粗品，然后升华纯化而制得。

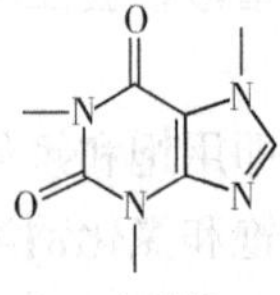

咖啡因

咖啡因是杂环化合物嘌呤的衍生物，化学名称为：1,3,7-三甲基-2,6-二氧嘌呤，可作为中枢神经兴奋药，也是复方阿司匹林（APC）等药物的组分之一。

含结晶水的咖啡因系无色针状结晶，味苦，能溶于水、乙醇、氯仿等。在100℃时即失去结晶水，并开始升华，120℃时显著升华，178℃时很快升华。无水咖啡因的熔点为234.5℃。

【仪器和试剂】

1. 仪器：索氏提取器、圆底烧瓶（250mL）、球形冷凝管、电热套、蒸发皿、量筒、玻璃漏斗、锥形瓶、蒸馏头、温度计、烧杯、直形冷凝管。

2. 试剂：乙醇（95%）、茶叶、氧化钙（粉末）。

【实验内容】

取10g茶叶，研碎并放入制作好的滤纸筒中[1]，再一同放入图2-31所示的索氏提取器提取筒中，轻轻压实，筒上口盖一小片滤纸，向提取筒中加入适量乙醇淹没茶叶，但高度要低于虹吸管，再向下部圆底烧瓶中加入剩余的乙醇（乙醇总量为120mL）。水浴加热，连续提取约 3h，待提取筒中液体刚刚虹吸下去时，停止加热。稍冷后改装成蒸馏装置，水浴加热回收提取液中的大部分乙醇[2]（要回收）。将蒸馏后的浓缩液趁热倒入蒸发皿中，并用少许乙醇洗涤烧瓶，向蒸发皿中加入约 4g 的氧化钙[3]搅成糊状，水浴上蒸干，压碎成粉末。冷却，擦去沾在边上的粉末，以免升华时污染产物。

安装升华装置（见图 2-28），将一张刺有许多小孔的滤纸盖在装有粗咖啡因的蒸发皿上，取一合适的玻璃漏斗罩于其上，用电热套缓慢升温到 150℃左右升华[4]，当滤纸上出现许多针状晶体时，暂停加热，待其自然冷却到 100℃左右后，揭开漏斗和滤纸，用小刀刮下附着于滤纸和漏斗上的咖啡因，此时蒸发皿中渣状固体应变成棕色。如果渣状物仍为绿色，搅拌后再升华一次，合并两次升华产品，称重。

【注意事项】

［1］封口后制成的茶叶袋，其高度不要超过虹吸管。高出虹吸管的部分在提取时，不能被溶剂浸泡，提取效果不好。茶叶袋筒的粗细应和提取器内筒大小相适，以刚好能紧贴器壁为宜。过细在提取时会漂浮起来；过粗而强行加装，会导致茶叶压紧，溶剂不好渗透，提取效果不好，甚至不能虹吸。另外，茶叶袋筒的封口要严，防止茶叶末漏出，堵塞虹吸管。

［2］浓缩萃取液时不可蒸得太干，否则因残液很黏而难以转移，造成转移损失。

［3］生石灰的作用除吸水外，可中和除去部分酸性杂质。

［4］影响收率：本实验的关键是升华。升华过程必须严格控制加热温度，温度太高，滤纸和咖啡因都会炭化变黑；温度过低，则浪费时间，咖啡因也不能完全升华。

【思考题】

1. 索氏提取器的萃取原理是什么？相比普通的浸泡提取，它有何优点？
2. 升华方法适用于哪些物质的纯化？可如何改进升华的实验方法？
3. 在升华操作时应该注意什么？

【预习内容】

1. 索氏提取器的原理和基本操作。
2. 重结晶的原理和基本操作。

实验 9 乙酰苯胺的制备

【实验目的】

1. 巩固分馏原理，进一步掌握刺形分馏柱的使用方法。
2. 掌握固体有机化合物的纯化方法。

【实验原理】

芳香族的酰胺通常用（伯或仲）芳胺同酸酐或羧酸作用来制备。例如，常用苯胺同冰醋酸共热来制备乙酰苯胺。这个反应是可逆反应。在实际操作中，一般加入过量的冰醋酸，同时用分馏柱把反应中生成的水（含少量醋酸）蒸出，以提高乙酰苯胺的产率。

反应式：

$$C_6H_5NH_2 + CH_3COOH \rightleftharpoons C_6H_5NHCOCH_3 + H_2O$$

【仪器和试剂】

1. 仪器：烧瓶、分馏柱、温度计、加热套、真空泵、吸滤瓶、布氏漏斗。

2. 试剂：苯胺 5mL（5.1g，0.055mol）、冰醋酸 8mL（8.4g，0.14mol）、锌粉、活性炭。

【实验内容】

在 50mL 干燥的圆底烧瓶上装一个分馏柱，柱顶插一支 150℃温度计，用一个小量筒收集稀醋酸溶液，如图 2-36 所示。

在烧瓶中放入 5mL 新蒸馏的苯胺[1]、8mL 冰醋酸和 0.1g 锌粉[2]。放在石棉网上用小火加热至沸腾。控制火焰，保持温度计读数在 105℃左右。约经过 40～60min，反应所生成的水可完全蒸出（含少量醋酸）。当温度计的读数发生上下波动时（有时，反应容器中出现白雾），反应即达终点。停止加热。

在不断搅拌下把反应混合物趁热以细流慢慢倒入盛 100mL 水的烧杯中，继续剧烈搅拌，并冷却烧杯，使粗乙酰苯胺成细粒状完全析出。用布氏漏斗抽滤析出的固体[3]。用玻璃瓶塞把固体压碎，再用 5～10mL 冷水洗涤，以除去残留的酸液[4]。把粗乙酰苯胺放入 150mL 热水中，加热至沸腾。如果仍有未溶解的油珠[5]，需补加热水，直到油珠完全溶解为止[6]。稍冷后加入约 0.5g 粉末状活性炭[7]，用玻璃棒搅动并煮沸 1～2min。趁热用保温漏斗过滤或用预先加热好的布氏漏斗减压过滤[8]。冷却滤液，乙酰苯胺呈无色片状晶体析出。减压过滤，尽量挤压以除去晶体中的水分。产物放在表面皿上晾干。产量约 5g。

纯乙酰苯胺是无色片状晶体，熔点 114℃。

【注意事项】

［1］久置的苯胺色深，会影响生成乙酰苯胺的质量，故最好用新蒸的苯胺。另外，苯胺有毒，不要接触皮肤，药品取出后及时盖紧瓶盖。

［2］锌粉的作用是防止苯胺在反应过程中氧化。但必须注意，不能加得过多，否则在后处理中会出现不溶于水的氢氧化锌。新蒸馏过的苯胺也可以不加锌粉。

［3］停止抽滤时，应先将吸滤瓶上的橡皮管拔下，再关闭抽气泵，以防发生倒吸。

［4］洗涤晶体时，应先拔下吸滤瓶上的橡皮管，向布氏漏斗中的晶体上加少量溶剂，溶剂的用量以使晶体刚好湿润为宜，用玻璃棒稍作搅动，再接上橡皮管将溶剂抽干。

［5］此油珠是熔融状态的含水的乙酰苯胺（83℃时含水 13%）。如果溶液温度在 83℃以下，溶液中未溶解的乙酰苯胺以固态存在。

［6］乙酰苯胺于不同温度下在 100mL 水中的溶解度为：25℃，0.563g；80℃，3.5g；100℃，5.2g。在以后各步加热煮沸时，会蒸发掉一部分水，需随时补加热水。本实验重结晶时水的用量，最好使溶液在 80℃左右为饱和状态。

［7］一定要待溶液稍冷后，才能加入活性炭粉末。在沸腾的溶液中加入活性炭，会引起突然暴沸，致使溶液冲出容器。

［8］事先将布氏漏斗用铁夹夹住，倒悬在沸水浴上，利用水蒸气进行充分预热。这一步如果没有做好，乙酰苯胺晶体将在布氏漏斗内析出，引起操作上的麻烦和造成损失。吸滤瓶应放在水浴中预热，切不可直接放在石棉网上加热。

主要试剂及产物的物理常数：

名称	分子量	密度 /g・cm^{-3}	熔点/℃	沸点/℃	折射率 n_D^{20}	溶解度/（g/100mL）		
						水	乙醇	乙醚
苯胺	93.12	1.022	−6.1	184.4	1.5863	3.6^{18}	∞	∞
冰醋酸	60.05	1.049	16.5	118.1	1.3715	∞	∞	∞
乙酰苯胺	135.16	1.21^{4}	133	305	—	3.5^{80}	21^{20}	7^{25}

【思考题】

1. 温度计的温度为什么要控制在 105℃？

2. 在重结晶操作中，必须注意哪几点才能使产物产率高，质量好？

【预习内容】

减压过滤的原理和基本操作。

实验10　甲基橙的制备

【实验目的】

1. 掌握利用重氮化反应和偶合反应制备甲基橙的原理和方法。

2. 掌握低温反应的实验操作。

【实验原理】

芳香伯胺在低温强酸性条件下，与亚硝酸反应生成相对稳定的重氮盐。重氮盐在弱酸性溶液中与芳胺、弱碱性溶液中与酚发生偶联反应，生成相应的偶氮化合物。偶氮染料就是通过这类反应合成的。

本实验利用氨基苯磺酸重氮化后，与 *N*，*N*-二甲基苯胺偶联制备甲基橙。

$$HO_3S-C_6H_4-NH_2 \longrightarrow {}^{-}O_3S-C_6H_4-\overset{+}{N}H_3 \xrightarrow{NaOH} NaO_3S-C_6H_4-NH_2$$

$$NaO_3S-C_6H_4-NH_2 \xrightarrow[0\sim5℃]{NaNO_2,HCl} \left[HO_3S-C_6H_4-\overset{+}{N}\equiv N\right]Cl^-$$

$$\xrightarrow[HOAc]{C_6H_5-N(CH_3)_2} \left[HO_3S-C_6H_4-N=N-C_6H_4-\overset{+}{N}H(CH_3)_2\right]OAc^-$$

$$\xrightarrow{NaOH} NaO_3S-C_6H_4-N=N-C_6H_4-N(CH_3)_2 \quad （甲基橙）$$

【仪器和试剂】

1. 仪器： 烧杯、加热套、循环水真空泵、布氏漏斗、吸滤瓶、玻璃棒。

2. 试剂： 对氨基苯磺酸 2.1g（0.01mol）、$NaNO_2$ 0.8g（0.011mol）、*N,N*-二甲基苯胺 1.2g（约 1.3mL，0.01mol）、浓盐酸、氢氧化钠、乙醇、乙醚、冰醋酸。

【实验内容】

1. 重氮盐的制备

在 50mL 烧杯中，温热搅拌使 2.1g 对氨基苯磺酸溶于 10mL 5%氢氧化钠溶液，再加入 0.8g 亚硝酸钠的 6mL 水溶液，混合均匀后冰盐浴冷却至 0～5℃。3mL 浓盐酸与 10mL 水配成溶液，冰盐浴冷却至0～5℃后，在不断搅拌下缓缓滴加到上述混合溶液中，控制滴加速度，维持温度5℃以下[1]。反应液由橙黄色逐渐变为乳黄色，并有白色微晶析出[2]。滴加完后继续在冰盐浴中反应15min。

2. 偶联反应制甲基橙

在试管中加入1.2g *N,N*-二甲基苯胺[3]和1mL冰醋酸，并混匀。在不断搅拌下，将此混合液缓慢滴加到上述冷却的重氮盐溶液中。加完后继续搅拌10min，然后缓缓加入25mL 5%氢氧化钠溶液，反应物变为橙黄色浆状物，并有细粒状沉淀析出。

将反应物置沸水浴中加热陈化10min，冷却至室温后，再放置冰浴中冷却，使晶体完全析出。抽滤，固体依次用少量水、乙醇和乙醚洗涤[4]，压紧抽干，得紫色晶体，干燥后称量。粗产品产量约为2.5 g。

3. 重结晶

粗产品用0.4%NaOH/H_2O溶液（每克粗产品约20mL）重结晶[5]，得亮橙黄色片状小晶体。

称取少许甲基橙溶于水中，加几滴稀盐酸溶液，然后再加稀氢氧化钠溶液中和，观察颜色变化。

【注意事项】

［1］重氮化过程中，应严格控制温度，反应温度若高于5℃，生成的重氮盐易水解为酚，降低产率；反应放热，控制温度要提前判断，预留处理时间。

［2］此时往往析出对氨基苯磺酸的重氮盐。这是因为重氮盐在水中可以电离，形成中性内盐，在低温时难溶于水而形成细小晶体析出。

［3］*N,N*-二甲基苯胺久置易被氧化，使用前需重蒸。

［4］用乙醇和乙醚洗涤的目的是使固体迅速干燥。

［5］重结晶操作要迅速，否则由于产物呈碱性，在温度高时易变质，颜色变深。

【思考题】

1. 芳伯胺的重氮化反应为什么需在强酸性条件下进行？

2. 在本实验中，制备重氮盐时为什么要把对氨基苯磺酸变成钠盐？本实验如改成下列操作步骤：先将对氨基苯磺酸与盐酸混合，再滴加亚硝酸钠溶液进行重氮化反应，可以吗？为什么？

3. 制备重氮盐为什么要维持0～5℃的低温，温度高有何不良影响？

4. 重氮化为什么要在强酸性条件下进行？重氮盐与芳胺的偶合反应为什么要在弱酸性条件下进行？

【预习内容】

1. 低温环境合成反应的基本操作。

2. 重结晶的原理和基本操作。

实验11 苯乙酮的制备

【实验目的】

1. 掌握傅瑞德尔-克拉夫茨（Friedel-Crafts）酰基化反应制备芳香酮的原理及方法。

2. 掌握有机合成的无水实验操作及试剂的预处理方法。

【实验原理】

在无水 $AlCl_3$ 等路易斯酸催化下，芳环上的氢原子能被烷基和酰基所取代，称为傅瑞德尔-克拉夫茨（Friedel-Crafts）酰基化反应，这是制备烷基苯和芳香酮的方法。

苯和乙酸酐在无水 $AlCl_3$ 催化下反应生成苯乙酮。

$$C_6H_6 + (CH_3CO)_2O \xrightarrow{\text{无水}AlCl_3} C_6H_5COCH_3 + CH_3COOH$$

【仪器和试剂】

1. 仪器：三口烧瓶、冷凝管、恒压滴液漏斗、干燥管、氯化氢气体吸收装置、分液漏斗、烧瓶、空气冷凝管、温度计。

2. 试剂：苯 25mL（22g，0.28mol）、无水 $AlCl_3$ 16g（0.12mol）、乙酸酐 4.7mL（5.1g，0.05mol）、浓盐酸、浓硫酸、5%氢氧化钠溶液。

【实验内容】

本实验所用的药品必须是无水的，所用的仪器必须是干燥的[1]。

100mL 三口烧瓶，回流冷凝管上口装上氯化钙干燥管并连接气体吸收装置。

在烧瓶中迅速放入 16g 无水 $AlCl_3$[2]和 18mL 苯[3]，在滴液漏斗中放入 4.7mL 新蒸的乙酸酐和7 mL 苯的混合液。在搅拌下慢慢滴加乙酸酐的苯溶液。反应很快开始，放出 HCl 气体，$AlCl_3$ 逐渐溶解，反应物的温度逐步升高。控制滴加速度，保持缓慢回流。10min 左右滴完。加完乙酸酐后，关闭滴液漏斗旋塞，控制加热温度，保持缓慢回流 1 h[4]。

待反应物冷却后，在通风橱内[5]把反应物慢慢地倒入 50 g 碎冰中[6]，同时不断搅拌。然后加入约 30mL 浓盐酸至析出的氢氧化铝沉淀溶解。如果仍有固体存在，再适当增加一点盐酸。用分液漏斗分出苯层。水层用 15mL 苯分两次萃取。合并有机层和苯萃取液，依次用等体积的 5%氢氧化钠溶液和水洗涤一次，用无水硫酸镁干燥。

将干燥后的粗产物先在 30mL 蒸馏烧瓶内水浴上蒸去苯（尾气用长橡皮管通入水槽或引至室外），控温缓慢加热蒸去残留的苯，当温度上升至 140℃左右时，停止加热，稍冷却后改换为空气冷凝装置继续蒸馏，收集 195～202℃的馏分[7]。

【数据记录和处理】

纯苯乙酮是无色油状液体，熔点 19.6℃，沸点 202℃，d_4^{20} 1.028，n_D^{20} 1.5372。

【注意事项】

［1］无水三氯化铝暴露在空气中，极易吸水分解而失去催化作用；乙酸酐遇水易水解为乙酸而降低反应活性，因此仪器或药品不干燥，将严重影响实验结果或使反应难以进行。装置中凡是和空气相通的部位，应装置干燥管。

［2］无水三氯化铝的质量是实验成败的关键之一，应当用新升华的或包装严密的试剂，研细、称量及投料均需迅速，避免长时间暴露在空气中，同时称量和加料操作最好在大功率红外灯的烘烤下进行。启封后的无水三氯化铝须保存在干燥器中。

［3］本实验最好用无噻吩的苯。要除去苯中所含噻吩，可用浓硫酸多次洗涤（每次用等体积 15%的浓硫酸），直到不含噻吩为止，然后依次用水、10%氢氧化钠溶液和水洗涤，用无水氯化钙干燥后蒸馏。

检验苯中噻吩的方法：取 lmL 样品，加 2mL 0.2%靛红的浓硫酸溶液，振荡数分钟，若有噻吩，酸层将呈现浅蓝绿色。

［4］延长回流时间，产率还可提高。

［5］如果残留无水三氯化铝，遇水则剧烈反应，产生大量HCl气体，因此此步操作须在通风良好的地方操作。

［6］下步加浓盐酸处理，破坏酰基氧与$AlCl_3$形成的络合物，析出产物苯乙酮，同时溶解析出的碱式铝盐沉淀，以免影响产品质量。因为分解络合物的反应是放热反应，同时反应混合物中的无水三氯化铝遇水剧烈水解，故用冰水予以降温。

［7］最好进行减压蒸馏，收集86～90℃/1.6kPa（12mmHg）的馏分。苯乙酮在不同压力下的沸点列表如下：

压力/mmHg	沸点/℃	压力/mmHg	沸点/℃	压力/mmHg	沸点/℃
6	68	10	78	50	115.5
7	71	25	98	60	120
8	73	30	102	100	133.6
9	76	40	109.4	150	146

【思考题】

1. 为什么用过量的苯和无水三氯化铝，而不用催化量的无水三氯化铝？
2. 为什么乙酸酐要缓慢滴加？
3. 有机层洗涤完后，可否不用干燥？

【预习内容】

1. 恒压滴液漏斗的原理和基本操作。
2. 蒸馏的原理和基本操作。

实验12 双酚A的制备

【实验目的】

1. 掌握制备双酚A的原理和方法，掌握利用搅拌提高非均相反应速率的方法。
2. 练习搅拌速度控制、水浴控温和减压过滤等操作。

【实验原理】

双酚A是主要的有机合成中间体，是环氧树脂的重要原料。苯酚中苯环受—OH的活化，容易在—OH邻、对位发生亲电取代反应。丙酮在催化剂质子酸H_2SO_4作用下，发生如下反应：

$$H_3C-\overset{\overset{O}{\|}}{C}-CH_3 \xrightarrow{H^+} H_3C-\overset{\overset{OH^+}{\|}}{C}-CH_3 \longleftrightarrow H_3C-\underset{+}{\overset{\overset{OH}{|}}{C}}-CH_3$$

生成的C^+中间体进攻苯酚发生亲电取代反应，进一步缩合生成产物双酚A［2,2-双（4-羟苯基）丙烷］。

$$2\,C_6H_5\text{—}OH + CH_3COCH_3 \xrightarrow[\text{巯基乙酸}]{80\%\ H_2SO_4,\ 35\sim40℃} HO\text{—}C_6H_4\text{—}C(CH_3)_2\text{—}C_6H_4\text{—}OH + H_2O$$

反应过程中以甲苯为分散剂，防止反应生成物结块；控制反应温度 35～40℃，尽量减少磺化、氧化等副反应。甲苯和硫酸不相溶，反应体系为两相，反应难以进行，需利用搅拌促使各相混合，提高反应速率。

【仪器和试剂】

1. 仪器：三口烧瓶、球形冷凝管、恒压滴液漏斗、砂芯漏斗、回流冷凝管。

2. 试剂：丙酮 3.1g（4mL，0.053mol）、苯酚 10g（0.106mol）、硫酸（80%）7mL、甲苯 17mL、巯基乙酸。

【实验内容】

用小烧杯称取 10g 苯酚[1]，小心转入 250mL 三口烧瓶中，加入 17mL 甲苯，并将 7mL 80%硫酸缓缓加入瓶中，然后在搅拌下加入 5～8 滴巯基乙酸[2]，最后迅速滴加 4mL 丙酮，控制反应温度不超过 35℃。滴加完毕后，在 35～40℃下保温快速搅拌约 30min，反应物变为浅黄色黏稠糊状物。将反应混合物倒出，用 50～100mL 冷水将黏附在反应瓶中的反应混合物洗出。静置，待完全冷却后，过滤，并用大量冷水将固体产物洗涤至滤液不显酸性，即得粗产品。滤液中甲苯分液后回收。

将粗产品干燥后，用甲苯进行重结晶，每克粗产品约需 8～10mL 甲苯。

纯双酚 A 是白色针状晶体，熔点 155～156℃。

【注意事项】

［1］苯酚凝固点为 40.5℃，性状为坚硬块状固体，需捣碎后加入反应瓶，否则影响搅拌。粘在烧杯和瓶口上的苯酚，可用随后要加入的 17mL 甲苯多次涮洗，转入反应瓶。苯酚对皮肤有较强的腐蚀性，要小心操作。如果发现皮肤被苯酚腐蚀，发白，可用稀的 Na_2CO_3 水溶液浸泡几分钟后，用清水冲洗。

［2］本实验用巯基乙酸作助催化剂，也可用 “591” 助催化剂（0.5 g）。

“591” 助催化剂的制备方法如下：

仪器装备与制备双酚 A 装置相同，用 500mL 三口烧瓶。在三口烧瓶中加入 78mL 乙醇，开动搅拌器后加入 23.6g 一氯乙酸，在室温下溶解。溶解后再滴加 35.5mL 30%氢氧化钠溶液，直至烧瓶中的溶液 pH＝7 为止（若 pH>7，可继续加碱，若 pH＜7，则可加一氯乙酸）。中和时液温控制在 60℃以下。中和后，加入事先配制好的硫代硫酸钠溶液（62g 硫代硫酸钠 $Na_2S_2O_3\cdot5H_2O$ 加入 8.5mL 水，加热至 60℃溶解）。加完后搅拌，升温至 75～80℃，即有白色固体生成，冷却，过滤，干燥后，则得到白色固体产物，即“591”。此物易溶于水，勿加水洗涤。

【思考题】

1. 一分子苯酚、一分子丙酮在硫酸的催化作用下，进行缩合反应时，可能生成哪几种异构产物？试写出它们的结构式。

2. 已知浓硫酸（98%）的相对密度为 1.84，80%硫酸的相对密度为 1.73。今欲用 98%硫酸配制 20mL 80%硫酸，应怎样配制？

【预习内容】

1. 重结晶的原理和基本操作。

2. 恒压滴液漏斗的原理和基本操作。

4.2 物理化学实验

实验13 液体饱和蒸气压的测定

【实验目的】

1. 明确纯液体饱和蒸气压的定义，了解纯液体的饱和蒸气压与温度的关系。

2. 学会真空泵的使用。

3. 了解在实验温度范围内液体的平均摩尔汽化热的测定方法。

【实验原理】

在某一温度下，被测液体处于封闭真空容器中，液体很快和它的蒸气建立动态平衡。此时，蒸气分子向液面凝结和液体分子从表面逃逸的速率相等，液体与其蒸气就达到了动态平衡，此时液面上的蒸气压力就称为液体在该温度下的饱和蒸气压。

液体温度升高时分子的动能增加，因而有更多的分子逸出液面，其蒸气压也增高。若温度继续升高，蒸气压也继续增大，当饱和蒸气压等于外界压力时，液体即开始沸腾，沸腾时的温度即为该液体的沸点。如果外界压力为101.325kPa时，此沸点称为该液体的标准沸点。

液体的蒸气压与温度的关系可用克劳修斯-克拉佩龙方程表示：

$$\frac{\mathrm{d}\ln p}{\mathrm{d}T}=\frac{\Delta_{\mathrm{vap}}H_{\mathrm{m}}}{RT^2} \tag{4-1}$$

式中，p为液体在温度T时的饱和蒸气压，Pa；T为热力学温度，K；$\Delta_{\mathrm{vap}}H_{\mathrm{m}}$为液体的摩尔汽化热，$\mathrm{J\cdot mol^{-1}}$。如果温度变化的范围不大，$\Delta_{\mathrm{vap}}H_{\mathrm{m}}$可视为常数，当作平均摩尔汽化热，积分式（4-1）得

$$\ln p=-\frac{\Delta_{\mathrm{vap}}H_{\mathrm{m}}}{RT}+C \tag{4-2}$$

由式（4-2）可以看出，以$\ln p$对$1/T$作图可得一直线，由直线的斜率可算出液体在该温度区间的平均摩尔汽化热$\Delta_{\mathrm{vap}}H_{\mathrm{m}}$。当$p$为101.325kPa时，液体的蒸气压与外压相等时，可从图中求得其标准沸点。

本实验采用静态法以等压计测乙醇在不同温度下的饱和蒸气压。实验装置如图4-1所示。乙醇在平衡管中蒸发为气体，A管和C管中气体的压力就是乙醇在一定温度下的饱和蒸气压。实验中，必须把A和C管中的空气排净，保证A管和C管中气体都是乙醇气体。否则，测得的压力不是乙醇的饱和蒸气压，而是乙醇气体和空气的总压力。

【仪器和试剂】

1. 仪器：液体饱和蒸气压测定仪、温度计、U形水银压力计、抽气泵、加热电炉。

2. 试剂：无水乙醇。

【实验内容】

1. 安装仪器

将待测液装入平衡管中，A管中乙醇的体积约占2/3、B和C管各1/2体积。装好仪器。

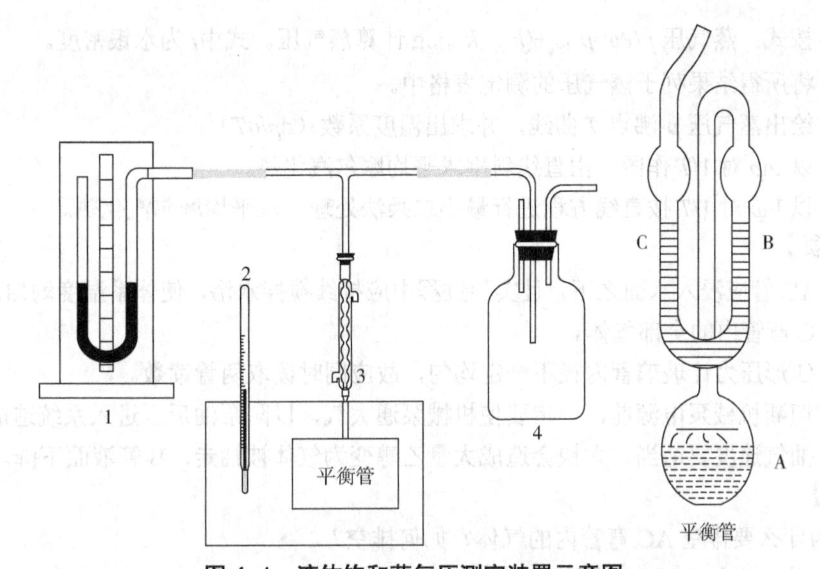

图 4–1　液体饱和蒸气压测定装置示意图

1—U 形水银压力计；2—温度计；3—冷凝器；4—缓冲瓶

2. 检查装置气密性

启动机械泵，关闭通大气旋塞，打开接机械泵旋塞抽气，使系统压力降低约为 400mmHg，关闭旋塞。观察 U 形压力计两臂读数，如维持数分钟不变，则表示不漏气，否则应逐段检查原因并排除。检查完后使系统通大气。关闭机械泵。

3. 排空等压计 AC 弯管间的空气

接通冷凝水，加热水浴并保持 30℃，搅拌使水浴温度均匀。此时 A 管内液体部分汽化，蒸汽夹带 AC 弯管内的空气穿过液封一起从 B 管液面逸出，继续维持 10min，以保证排空 AC 弯管内的气体。

4. 测定不同外压下乙醇的沸点

开启机械泵，停止加热水浴，控制水浴冷却速度小于 $1℃ \cdot min^{-1}$，液体的蒸气压（AC 弯管的气体的压力）随温度降低而降低，气泡逸出的速度逐渐减慢，B、C 两管液面趋于平齐。此时立即读取水浴温度（此温度即实验大气压下乙醇的沸点）、环境温度和 U 形压力计两臂读数。同时关闭通大气旋塞，开启机械泵旋塞，使系统减压 50～60mmHg 后关闭，同时测定 B、C 两管内液面再次平齐时的温度和 U 形压力计读数。如此重复数次，直到水浴温度降到 50℃。

【数据记录和处理】

1. 数据记录

蒸气压的测定

编号	$h_{右}$/mm	$h_{左}$/mm	蒸气压 p/Pa	ln$p$
1				
2				

2. 数据处理

（1）记录室温及大气压。

（2）按式：蒸气压 p/Pa=$p_{大气}+(h_{右}-h_{左})\rho g$ 计算蒸气压。式中ρ为水银密度。

（3）将所得结果列于蒸气压的测定表格中。

（4）绘出蒸气压 p-沸点 T 曲线，并求出温度系数（dp/dT）。

（5）以 $\ln p$ 对 $1/T$ 作图，由直线斜率求平均摩尔汽化热。

（6）以 $\ln p$ 对 $1/T$ 按直线方程进行最小二乘法处理，求平均摩尔汽化热。

【注意事项】

（1）AC 管应浸入水面之下，且实验过程中应持续搅拌水浴，使体系温度均匀。必须充分排空 AC 弯管内的全部气体。

（2）U 形压力计玻璃管内径不一定均匀，故应同时读取两管读数。

（3）切断机械泵电源前，一定要使机械泵通大气，以防泵油反压进入系统造成污染。

（4）抽气速度要适当，太快会造成大量乙醇变为气体被抽走，B 管液面下降。

【思考题】

1. 为什么要排空 AC 弯管内的气体？如何排空？

2. 实验中为什么要防止空气倒灌？

3. 能否在加热情况下检查是否漏气？

4. 如果空气没有排除干净，实际蒸气压比测定值大还是小？

【预习内容】

本实验的实验原理和实验方法。

实验14 燃烧热的测定

【实验目的】

1. 通过测定面粉或萘的燃烧热，掌握有关热化学实验的一般知识和技术。

2. 明确燃烧热的定义，了解恒压燃烧热与恒容燃烧热的区别。

3. 学会用雷诺图解法校正温度改变值。

【实验原理】

1. 燃烧热

当产物的温度与反应物的温度相同，在反应过程中只做体积功而不做其他功时，化学反应吸收或放出的热量，称为此过程的热效应，通常亦称为“反应热”。热化学中定义：在指定温度和压力下，1mol 物质完全燃烧成指定产物的焓变，称为该物质在此温度下的摩尔燃烧焓，通常，C、H 等元素的燃烧产物分别为 $CO_2(g)$、$H_2O(l)$等。

燃烧热可在恒容或恒压的条件下测定。在恒容条件下测得的燃烧热为恒容燃烧热 Q_V，恒容燃烧热等于这个过程的内能变化ΔU。在恒压条件下测得的燃烧热称为恒压燃烧热 Q_p，恒压燃烧热等于这个过程的焓变ΔH。若把参加反应的气体和反应生成的气体作为理想气体处理，则有下列关系式。

$$Q_p=Q_V+\Delta nRT \tag{4-3}$$

式中，Δn 为产物与反应物中气体物质的量之差；R 为摩尔气体常数；T 为反应的热力学温度。

反应热的数值与温度有关，燃烧热与温度的关系为

$$\frac{\partial(\Delta_c H_m)}{\partial T}=\Delta C_p \tag{4-4}$$

式中，ΔC_p 是反应前后的恒压热容差，它是温度的函数。

一般来说，燃烧热随温度的变化不是很大，在较小的温度范围内，可认为是常数。

2. 氧弹热量计

热量是一个很难测定的物理量，但一个系统热量的传递往往表现为温度的改变，温度很容易测量。如果有一种仪器，已知它每升高 1℃所需的热量，那么，就可在这种仪器中进行燃烧反应，只要观察到所升高的温度就可知燃烧放出的热量。根据这一热量便可求出物质的燃烧热。

氧弹热量计就是这样一种仪器，当把燃烧反应置于一个恒容的氧弹中进行时，可以测定燃烧反应放出的热量。氧弹热量计的构造剖面图如图 4-2 和图 4-3 所示。

热量计种类很多，一般有等温型、热流型、绝热型等，燃烧热的测定是将可燃物、氧化剂及其容器与周围环境隔离，测定燃烧前后体系的温度升高值ΔT，再根据体系的热容 C 及可燃物的物质的量，计算物质的燃烧热 Q。本实验所用氧弹热量计是一种环境恒温式的量热计。氧弹热量计的基本原理是能量守恒定律。样品完全燃烧所释放的能量使得氧弹本身及其周围的介质和量热计有关附件的温度升高。测量介质在燃烧前后温度的变化值，就可求算该样品的恒容燃烧热。本实验利用已知燃烧热 Q 的基准物苯甲酸测定氧弹热量计的水当量 $C_{计}$后，再测定面粉的燃烧热（即恒容燃烧热），并计算恒压反应热。其关系式如下：

$$-\frac{m_{样}}{M}Q_V-m_{镍丝}Q_{镍丝}=\left(m_{水}C_{水}+C_{计}\right)\Delta T \tag{4-5}$$

式中，m 为质量；M 为摩尔质量；$C_{水}$为水的比热容；$C_{计}$为热量计的水当量，即除水以外，热量计升高 1℃所需的热量；ΔT 为样品燃烧反应温度的变化值。

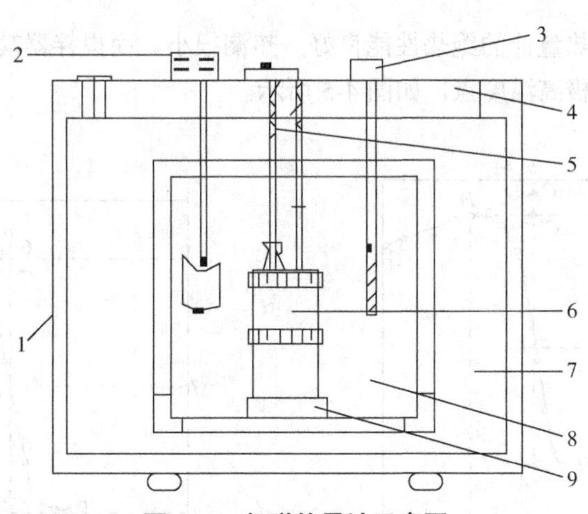

图 4–2　氧弹热量计示意图

1—主机外壳；2—内筒搅拌装置；3—测温探头；4—盖板；
5—触头 A、B；6—氧弹；7—外筒；8—内筒；9—弹座

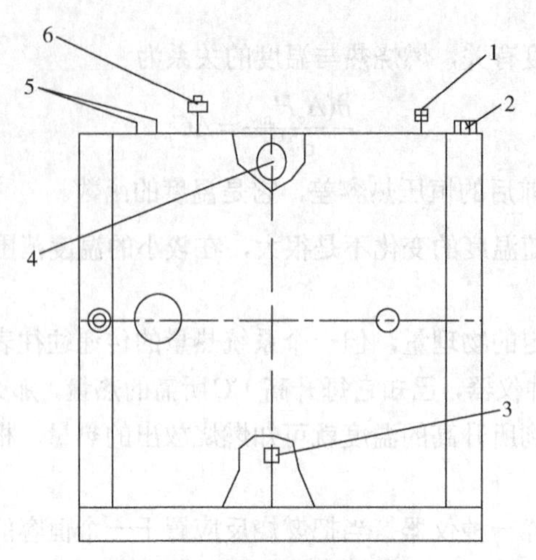

图 4-3 热量计外筒剖面图

1—地线；2—放水接头；3—进水孔；4—外筒搅拌装置；5—点火电极；6—搅拌插头

3. 雷诺温度校正图

实际上，热量计与周围环境的热交换无法完全避免，它对温度测定值的影响可用雷诺温度校正图校正。具体方法为：称取适量待测物质，预先调节水温使其低于室温 1.0℃左右。按操作步骤进行测定，将燃烧前后观测到的一系列水温和时间关系作图，可得图 4-4 所示的曲线。图中 *H* 点意味着燃烧开始，热传入介质；*D* 点为观察到的最高温度值；从相当于室温的 *J* 点作水平线交曲线于 *I*，过 *I* 点做垂线 *ab*，再将 *FH* 线和 *GD* 线分别延长并交 *ab* 线于 *A*、*C* 两点，其间的温度差值即为经过校正的ΔT。图中 *AA'*为开始燃烧到体系温度上升至室温这一段时间Δt_1内，由环境辐射和搅拌引进的能量所造成的升温，故应予以扣除。*CC'*是由室温升高到最高点 *D* 这一时间Δt_2内，热量计向环境的热漏造成的温度降低，计算时必须考虑在内。故可认为，*AC* 两点的差值较客观地表示了样品燃烧引起的升温数值。

在某些情况下，热量计的绝热性能良好，热漏很小，而搅拌器功率较大，不断引进的能量使得曲线不出现极高温度点，如图 4-5 所示。

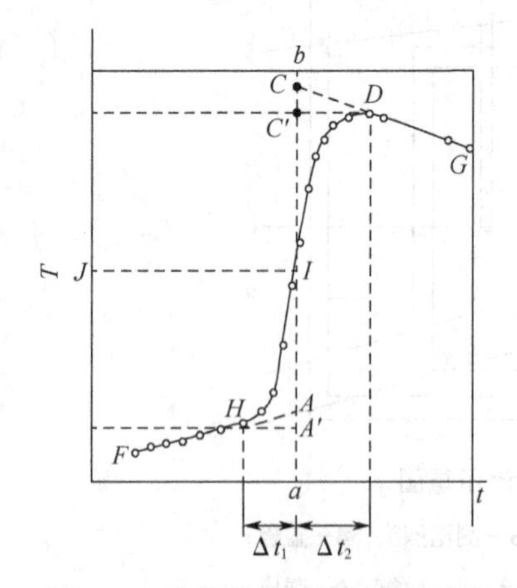

图 4-4 绝热较差时的雷诺校正图

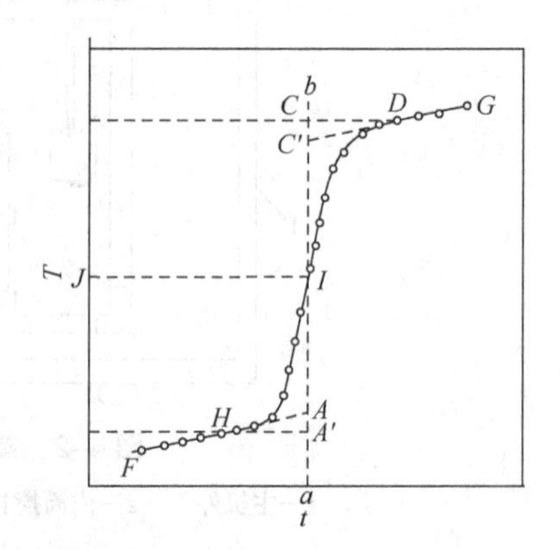

图 4-5 绝热良好时的雷诺校正图

【仪器和试剂】

1. 仪器： WGR-1 型氧弹热量计、万用表、数字式精密温差测量仪、台秤、秒表、氧气钢瓶、温度计（0～50℃）、氧气减压阀、压片机、烧杯、分析天平、塑料桶、引燃专用镍丝、扳手。

2. 试剂： 面粉、萘、苯甲酸（分析纯）。

【实验内容】

1. 热量计水当量的测定

（1）样品压片

用分析天平将镍丝称量。将压片机模具倒置，将镍丝平放在模具上面，用手向下压，使镍丝弯曲，且在模具内筒内的弯曲高度约为 1cm，装上底座，并将模具正立，用台秤称取 1.0g 左右的苯甲酸（勿超过 1.1g），装入压片机模具内，旋转压片机的手柄，将样品粉末压成片状，此时，样品片连有镍丝，将连有镍丝的样品片用分析天平精确称量。

（2）样品装入氧弹与充氧气

把连有镍丝的样品片分别接在两个电极柱上，保持良好接触，使样品悬浮在坩埚上面，镍丝不要接触坩埚以及氧弹的内筒壁，以免短路。拧紧弹盖。

用充氧器向氧弹中缓缓冲入氧气，直到压力达 2.8～3.0MPa 后，保持充氧时间 1min；如果不小心充氧压力超过 3.3MPa，应放掉氧气后，重新充氧至 2.8～3.0MPa。充氧器使用方法：首先将充氧器推杆推于关闭状态，开启氧气瓶将减压阀调至所需压力，再将充氧器卡套提插在氧弹嘴上，落下卡套后，一定记住将充氧器往上轻轻提一提，以确定和氧弹嘴卡牢，推动充氧器推杆至“开”即开始充氧，充氧完成后将推杆推回，上提卡套取下充氧器。打开计算机电源开关以及热量计控制器开关！

（3）加水

热量计内筒按筒上标识的“左”“右”放置，并置于中心位置，加入 2L 水，放入氧弹，并检查氧弹的气密性，如有气泡出现，表明氧弹漏气。此时，切记不要盖上外筒的盖子。注意：观察筒盖上的电极是否能够接触氧弹的电极，但注意不要接触。

（4）双击显示器屏幕上的“WR-3 热量计”实验程序图标，单击“水温调节”，测试水温，水温为室温即为正常值，否则，询问老师，盖上外筒的盖子，外筒盖上电极应与氧弹可靠接触，插入测温探头。探头测温和搅拌器均不得接触弹筒和内筒。点击“实验测试”，根据提示开始实验，打开搅拌器开关。

（5）记数据：第一列为初期温度，第二列为中期温度，第三列为末期温度。将三列数据完整记录。

（6）实验结束后，取出测温探头，放在外筒温度计插孔上，打开主机的盖子，从内筒中取出氧弹。将排气阀套在氧弹进气阀体上，稍微用力向下压，放出燃烧废气。放气完毕，仔细观察内筒和坩埚内部，如有试样燃烧不完全的迹象或有炭黑存在，试样应作废，称量剩余镍丝的质量。将氧弹和坩埚内外擦净，注意要擦得干净干燥，否则，下一个实验难以进行。

2. 面粉或萘的燃烧热的测量

称取 1.0g 左右的面粉（不超过 1.1g），或称取 0.6g 萘（不超过 0.66g）使用与水当量测量相同的操作步骤。

注意： 实验结束后将氧弹内外壁及盛水筒擦干。

【数据记录和处理】

1. 数据记录

苯甲酸					
反应初期		反应主期		反应末期	
时间	温度	时间	温度	时间	温度

待测样品					
反应初期		反应主期		反应末期	
时间	温度	时间	温度	时间	温度

苯甲酸实验：

镍丝质量 ________g；　苯甲酸样品质量 ________g；　剩余镍丝质量 ________g；

水温 ____________℃；　水的体积 ____________mL。

待测样品实验：

镍丝质量 ________g；　待测样品质量 ________g；　剩余镍丝质量 ________g；

水温 ____________℃；　水的体积 ________mL。

注：引燃镍丝燃烧热为$-3243\text{J}\cdot\text{g}^{-1}$；苯甲酸燃烧热为$-26460\text{J}\cdot\text{g}^{-1}$。

2. 数据处理

（1）由实验数据分别求出苯甲酸、待测样品燃烧前后的$t_{始}$和$t_{终}$。作苯甲酸和待测样品的雷诺温度校正图，准确求出二者的ΔT。

（2）由苯甲酸数据求出水当量$C_{计}$。

（3）计算待测样品的燃烧热。

【注意事项】

（1）待测样品需干燥，受潮样品不易燃烧且称量有误。

（2）保证样品的完全燃烧是本实验的关键。注意样品的紧实程度，太紧不易燃烧，太松容易碎裂。

（3）在燃烧第二个样品时，需更换水。

（4）氧气的安全使用，必须高度重视。充氧时注意操作，手上不可附有油腻物。人应站在高压气瓶的侧面，以免发生危险。

（5）点火线圈安装时不能碰及内壁及坩埚。

（6）实验完毕后，将盛水的内筒用干毛巾擦干，氧弹的电极以及弹盖用酒精棉擦干净。

【思考题】

1. 固体样品为什么压成片状？

2. 在环境恒温式量热计中，为什么内筒水温要比外筒水温低？低多少合适？

【预习内容】

1. 氧气钢瓶的使用方法和注意事项。

2. 本实验的实验原理和实验方法。

实验 15　双液系气、液平衡相图

【实验目的】

1. 绘制在标准压力下环己烷-乙醇双液系气-液平衡相图，了解相图和相律的基本概念。

2. 掌握测定双组分液体沸点的方法。

3. 掌握用折射率确定二元液体组成的方法。

【实验原理】

在常温下，两种液态物质混合而成的二组分体系称为双液系。两个组分若只能在一定比例范围内互相溶解，称为部分互溶双液系；若两个组分能以任意比例相互溶解，则称为完全互溶双液系。例如：苯-乙醇体系、环己烷-乙醇体系都是完全互溶双液系，苯-水体系则是部分互溶双液系。

液体的沸点是指液体的饱和蒸气压与外压相等时的温度。在一定的外压下，纯液体的沸点有确定的值。但对于双液系来说，沸点不仅与外压有关，而且还与双液系的组成有关，即与双液系中两种液体的相对含量有关。根据相律：自由度=组分数－相数+2，因此，一个以气、液共存的二组分体系，其自由度为 2。从相律来看，对二组分体系，当压力恒定时，在气液二相共存区域中，自由度等于 1，若温度一定，气液两相成分也就确定。当总成分一定时，由杠杆原理可知，两相的相对量也一定。

在一定的外压下，表示溶液的沸点和气液两相组成关系的相图，称为沸点-组成图。对于气液平衡共存的双液系，沸点-组成图可直接根据实验数据绘制，对于双液系，常用蒸馏的方法来绘制相图。方法是将待测体系置于沸点测定仪中，使待测体系在一定压力和温度下达到气液平衡后，测定溶液的沸点，同时采集气相的冷凝液和液相的样品进行组成分析，得到气相点和液相点，分别按气相点和液相点连成气相线和液相线，即得双液系的 T-x 相图。本实验两相中的成分分析均采用折射率法。

物质的折射率是一特征数值，它与物质的浓度及温度有关。在测量物质的折射率时要求温度恒定。一般温度控制在±0.2℃时，能从阿贝折光仪上准确测到小数点后 4 位有效数字。溶液的浓度不同、组成不同，折射率也不同。因此可先配制一系列已知组成、已知浓度的溶液，在恒定温度下测其折射率，作出组成-折射率工作曲线，便可通过测折射率的大小在工作曲线上找出未知溶液的浓度与组成。

双液系的 *T-x* 图有三种情况：

（1）理想溶液的 *T-x* 图，它表示混合液的沸点介于 A、B 二纯组分沸点之间。这类双液系可用分馏法从溶液中分离出两个纯组分。

（2）有最高恒沸点体系的 *T-x* 图，如图 4-6（b）所示，有最低恒沸点体系的 *T-x* 图，如图 4-6（c）所示。这类体系的 *T-x* 图上有一个最高或一个最低点，在此点相互平衡的液相和气相具有相同的组成，分别叫作最高恒沸点和最低恒沸点。对于这类的双液系，用分馏法不能从溶液中分离出两个纯组分。

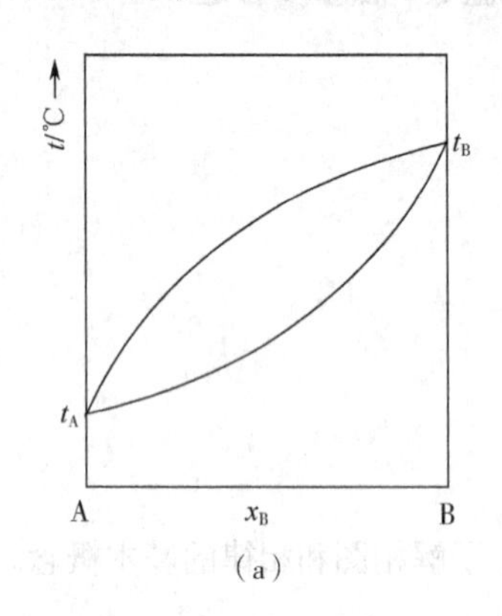

（a）

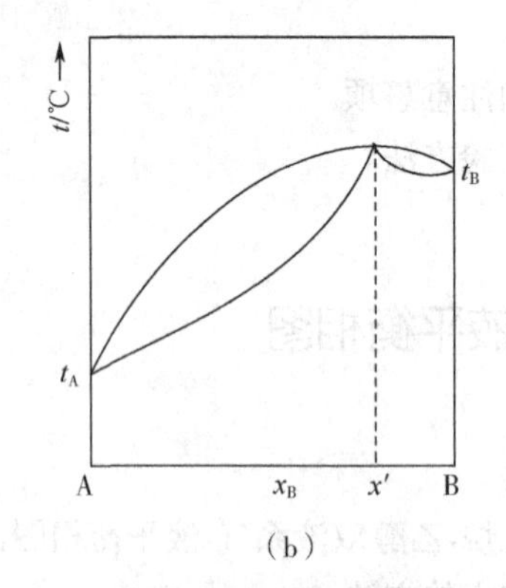

（b）

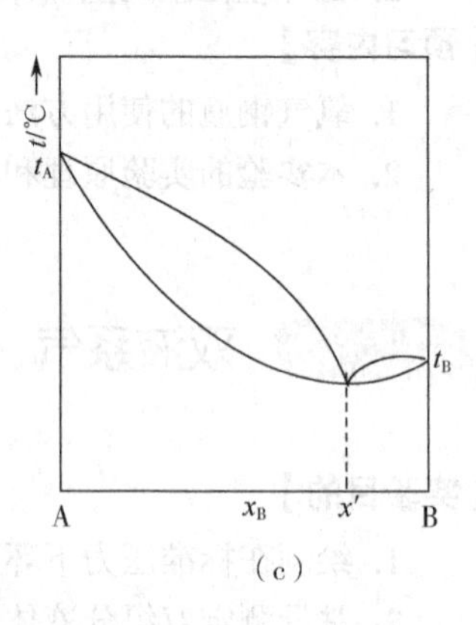

（c）

图 4-6　完全互溶双液系的相图

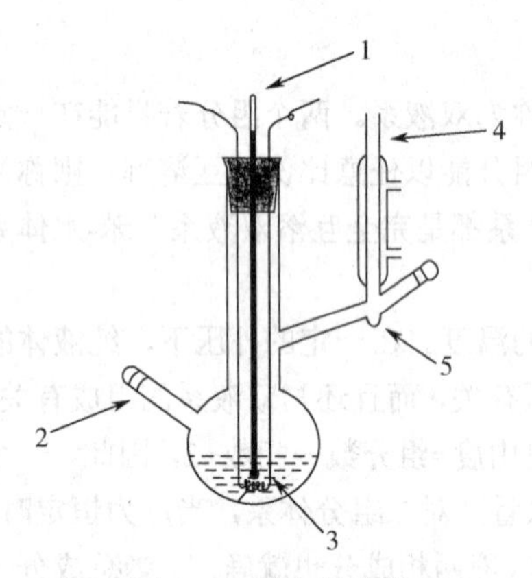

图 4-7　沸点测定仪

1—测温探头；2—加料口；3—加热棒；4—气相冷凝液取样口；5—气相冷凝液

测定沸点的装置叫沸点测定仪（图 4-7）。这是一个带回流冷凝管的长颈圆底烧瓶。冷凝管底部有一半球形小室，用于收集冷凝下来的气相样品。电流通过浸入溶液中的电阻丝。这样既可减少溶液沸腾时的过热现象，还能防止暴沸。测温探头至液面三分之一处，以便精确测量。

【仪器和试剂】

1. 仪器： 沸点测定仪、调压变压器、温度计、阿贝折光仪、试管与滴管、吸量管、烧杯、量筒。

2. 试剂： 无水乙醇（分析纯）、环己烷（分析纯）。

【实验内容】

1. 配制溶液

（1）1 号溶液：0.6mL 环己烷，29.4mL 无水乙醇。

（2）2 号溶液：在 1 号溶液中加入 1mL 环己烷。

（3）3 号溶液：在 2 号溶液中加入 5mL 环己烷。

（4）4 号溶液：在 3 号溶液中加入 5mL 环己烷。

（5）5 号溶液：4 号溶液取出 10mL 溶液，加入 10mL 环己烷。

（6）6 号溶液：5 号溶液中加入 5mL 环己烷。

（7）7 号溶液：6 号溶液中取出 15mL 溶液，加入 10mL 环己烷。

2. 安装沸点测定仪

将干燥的沸点测定仪按图 4-8 安装好，加入 30mL 待测溶液（见步骤 1），盖上连有加热电极和温度计探头的塞子，温度计探头至液面三分之一处，以便精确测量，将加热电极的红黑输出线插入相应的插孔内。将电流调节旋钮逆时针调至最小，打开电源开关，预热 10min。

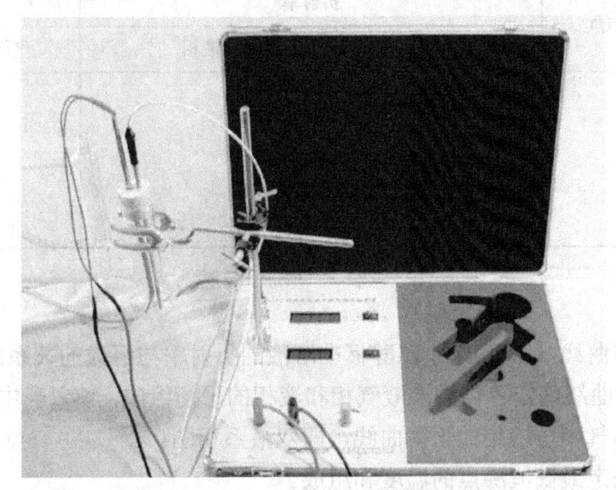

图 4–8　气液平衡相图实验装置

3. 测定沸点

打开冷凝水，打开加热电源开关，调节电流调节旋钮，通电加热使溶液沸腾（电流不能超过 2A），将回流冷凝管下端半球形小室里的液体回流到圆底烧瓶中，并反复 3～4 次，待温度读数恒定后记下沸点，将电流调节旋钮逆时针调至最小，关闭加热电源和总电源，拔下插头，停止加热。

4. 取样并测定折射率

用长吸管自冷凝管口伸入半球形小室内，吸取其中全部冷凝液。用另一支滴管由支管吸取圆底烧瓶内的溶液约 1mL。上述两者即可认为是体系平衡时气、液两相的样品。分别迅速测定它们的折射率。

5. 工作曲线的绘制

按下表配制不同成分的环己烷-乙醇溶液，配好后用阿贝折光仪测定各溶液的折射率。

环己烷/mL	1	4	3	2	1	0
无水乙醇/mL	0	1	2	3	4	1

【数据记录和处理】

1. 数据记录

（1）工作曲线

环己烷/mL	1	4	3	2	1	0
无水乙醇/mL	0	1	2	3	4	1
折射率						
组成（摩尔分数）						

（2）环己烷-乙醇溶液

序号	沸点/℃	折射率		组成	
		气相	液相	气相	液相

2. 数据处理

（1）绘制工作曲线，即环己烷-乙醇标准溶液的折射率与组成的关系曲线。

（2）根据工作曲线确定各待测溶液气相和液相的平衡组成，填入表中。以组成为横轴，沸点为纵轴，绘出气相与液相的平衡曲线，即双液系相图。

（3）由图中确定最低恒沸点的温度和组成。

【注意事项】

（1）由于整个体系并非绝对恒温，气、液两相的温度会有少许差别，因此在沸点仪中，温度计探头至液面三分之一处。

（2）实验中可调节加热电流来控制回流速度的快慢，电流不可过大，能使待测液体沸腾即可。

（3）在每一份样品的蒸馏过程中，由于整个体系的成分不可能保持恒定，因此平衡温度会略有变化，特别是当溶液中两种组成的量相差较大时，变化更为明显。为此每加入一次样品后，只要待溶液沸腾，正常回流 1～2min 后，即可取样测定，不宜等待时间过长。

（4）每次取样量不宜过多，取样时滴管一定要干燥，不能留有上次的残液，气相部分的样品要取干净。

（5）加热电极一定要被待测液体浸没，否则通电加热时可能会引起有机液体燃烧。

【思考题】

1. 测量沸点时，如出现分馏现象，将会使绘出的相图产生什么变化？
2. 配制 1～7 号溶液时需要十分准确配制吗？为什么？

【预习内容】

1. 阿贝折光仪的使用方法。
2. 本实验的实验原理和实验内容。

实验16 溶液吸附法测定固体的比表面积

【实验目的】

1. 学会用亚甲基蓝水溶液吸附法测定颗粒活性炭的比表面积。
2. 了解朗格缪尔单分子层吸附理论及溶液法测定比表面积的基本原理。

【实验原理】

比表面积是指单位质量（单位体积）的物质所具有的表面积，是粉末多孔物质的一个重要特征参数，其数值与分散粒子的大小有关，它在许多生产和科研部门有广泛的应用。测定固体比表面积的方法很多，常用的有 BET 低温吸附法、电子显微镜法和气相色谱法，但它们都需要复杂的仪器装置或较长的实验时间。而溶液吸附法操作方便。

亚甲基蓝是易于被固体吸附的水溶性染料，研究表明，在一定浓度范围内，大多数固体对亚甲基蓝的吸附是单分子层吸附，符合朗格缪尔吸附理论。

设固体表面的吸附位总数为 N，覆盖度为 θ，溶液中吸附质的浓度为 c，根据上述假定，有

吸附速率：$v_{吸}=k_1N(1-\theta)c$　　（k_1 为吸附速率常数）

脱附速率：$v_{脱}=k_{-1}N\theta$　　（k_{-1} 为脱附速率常数）

当达到吸附平衡时：$v_{吸}=v_{脱}$，即 $k_1N(1-\theta)c=k_{-1}N\theta$

由此可得：

$$\theta=\frac{K_{吸}c}{1+K_{吸}c} \tag{4-6}$$

式中，$K_{吸}=k_1/k_{-1}$，称为吸附平衡常数，其值决定于吸附剂和吸附质的性质及温度。$K_{吸}$ 值越大，固体对吸附质吸附能力越强。若以 Γ 表示浓度 c 时的平衡吸附量，以 Γ_∞ 表示全部吸附位被占据时单分子层的吸附量，即饱和吸附量，则 $\theta=\Gamma/\Gamma_\infty$。

代入式（4-6）得

$$\Gamma=\Gamma_\infty\frac{K_{吸}c}{1+K_{吸}c} \tag{4-7}$$

整理式（4-7）得到如下形式

$$\frac{c}{\Gamma}=\frac{1}{\Gamma_\infty K_{吸}}+\frac{1}{\Gamma_\infty}c \tag{4-8}$$

作 c/Γ-c 图，从直线斜率可求得 Γ_∞，再结合截距便可得到 $K_{吸}$。Γ_∞ 指每克吸附剂对吸附质的饱和吸附量(用物质的量表示)，若每个吸附质分子在吸附剂上所占据的面积为 σ_A，则吸附剂的比表面积可以按照下式计算

$$S=\Gamma_\infty L\,\sigma_A \tag{4-9}$$

式中，S 为吸附剂的比表面积；L 为阿伏伽德罗常数。

亚甲基蓝的结构为：

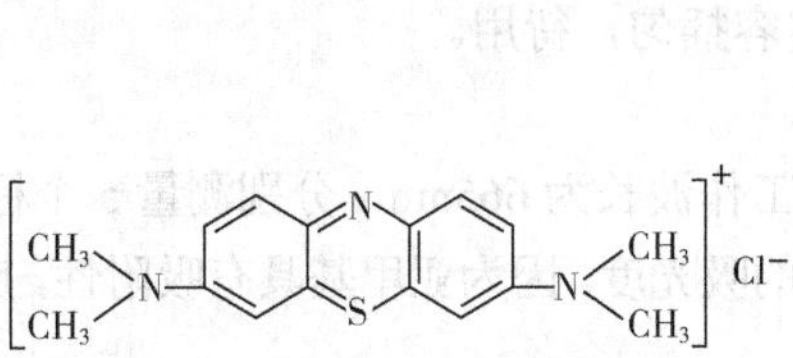

$$\left[\begin{matrix}CH_3\\CH_3\end{matrix}\!\!>N\text{—(phenothiazinium: N, S)—}N\!\!<\begin{matrix}CH_3\\CH_3\end{matrix}\right]^+ Cl^-$$

阳离子大小为 $17.0\times7.6\times3.25\times10^{-30}m^3=4.199\times10^{-28}m^3$。

亚甲基蓝的吸附有 3 种取向：平面吸附投影面积为 $135\times10^{-20}m^2$，侧面吸附投影面积为 $75\times10^{-20}m^2$，端基吸附投影面积为 $39\times10^{-20}m^2$。对于非石墨型的活性炭，亚甲基蓝是以端基吸附取向，吸附在活性炭表面，因此 $\sigma_A=39\times10^{-20}m^2$。

根据光吸收定律，当入射光为一定波长的单色光时，某溶液的吸光度与溶液中有色物

质的浓度及溶液层的厚度成正比

$$A=-\lg(I/I_0)=abc \tag{4-10}$$

式中，A为吸光度；I_0为入射光强度；I为透过光强度；a为吸光系数；b为光径长度或液层厚度；c为溶液浓度。

亚甲基蓝溶液在可见光区有2个吸收峰：445nm和665nm。但在445nm处活性炭吸附对吸收峰有很大的干扰，故本实验选用的工作波长为665nm，并用分光光度计进行测量。

【仪器和试剂】

1. 仪器：分光光度计、振荡器、带塞锥形瓶、容量瓶、离心机。

2. 试剂：0.2%亚甲基蓝溶液、0.3126×10^{-3}mol·dm^{-3}亚甲基蓝标准溶液、颗粒状非石墨型活性炭。

【实验内容】

1. 样品活化

活性炭置于瓷坩埚中放入500℃马弗炉活化1h，然后置于干燥器中备用（此步骤实验前已经由实验室做好）。

2. 溶液吸附

取5只干燥的带塞锥形瓶，编号，分别准确称取活化过的活性炭约0.05g置于瓶中，按下列表格配制不同浓度的亚甲基蓝溶液25mL，然后塞上磨口塞，放在振荡器上振荡1h。样品振荡达到平衡后，将锥形瓶取下，用离心机分离，得到吸附平衡后澄清液。分别量取澄清液1mL于100mL容量瓶中，用蒸馏水稀释至刻度，摇匀待用。此为平衡稀释液。

瓶编号	1	2	3	4	5
V(0.2%亚甲基蓝溶液)/mL	15	10	7.5	5	2.5
V(蒸馏水)/mL	10	15	17.5	20	22.5

3. 原始溶液处理

为了准确测量约0.2%亚甲基蓝原始溶液的浓度，量取0.5mL溶液放入100mL容量瓶中，并用蒸馏水稀释至刻度，待用。此为原始溶液的稀释液。

4. 亚甲基蓝标准溶液的配制

分别量取2mL、4mL、6mL、8mL、11g浓度为0.3126×10^{-3}mol·dm^{-3}的标准溶液于100mL容量瓶中，蒸馏水定容摇匀，待用。

5. 测量吸光度

以蒸馏水为空白溶液，工作波长为665nm，分别测量5个标准溶液、5个稀释后的平衡溶液以及稀释后的原始溶液的吸光度。因为亚甲基具有吸附性，应按照从稀到浓的顺序测定。

【数据记录和处理】

（1）作亚甲基蓝溶液吸光度对浓度的工作曲线

计算出各个稀释后的标准溶液的浓度，以亚甲基蓝标准溶液摩尔浓度对吸光度作图，所得直线即为工作曲线。

（2）求亚甲基蓝原始溶液浓度和各个平衡溶液的浓度

据稀释后原始溶液的吸光度，从工作曲线上查得对应的浓度，乘上稀释倍数200，即为原始溶液的浓度。

将实验测定的各个稀释后的平衡溶液吸光度，从工作曲线上查得对应的浓度，乘上稀释倍数 100，即为平衡溶液的浓度 c。

（3）计算吸附溶液的初始浓度

按照实验步骤 2 的溶液配制方法，计算各吸附溶液的初始浓度 c_0。

（4）计算吸附量

由平衡浓度 c 及初始浓度 c_0 数据，按式(4-11)计算吸附量Γ

$$\Gamma = \frac{(c_0 - c)V}{m} \tag{4-11}$$

式中，V为吸附溶液的总体积，L；m 为加入溶液的吸附剂质量，g。

（5）做朗格缪尔吸附等温线

以Γ为纵坐标，c 为横坐标，作Γ-c 吸附等温线。

（6）求饱和吸附量

由Γ和 c 数据计算 c/Γ值，然后作 c/Γ-c 图，由图求得饱和吸附量Γ_∞。将Γ_∞值用虚线作一水平线在Γ-c 图上。这一虚线即是吸附量Γ的渐近线。

（7）计算活性炭样品的比表面积

将Γ_∞值代入式（4-9），可算得活性炭样品的比表面积 S。

【注意事项】

（1）测量吸光度时要按从稀到浓的顺序。

（2）标准溶液的浓度要准确配制。

【思考题】

1. 溶液产生吸附时，如何判断其达到平衡？
2. 固体在稀溶液中对溶质分子的吸附与固体在气相中对气体分子的吸附有何区别？

【预习内容】

1. 分光光度计的操作方法。
2. 本实验的实验原理和实验内容。

实验 17　电导法测定乙酸乙酯皂化反应的速率常数

【实验目的】

1. 学会用电导法测定乙酸乙酯皂化反应的速率常数。
2. 了解二级反应的特点，掌握化学动力学的某些概念。
3. 掌握电导率仪的使用方法。

【实验原理】

乙酸乙酯皂化是一个二级反应，其反应式为：

$$CH_3COOC_2H_5 + OH^- \longrightarrow CH_3COO^- + C_2H_5OH$$

在反应过程中，各物质的浓度（除了 Na^+）随时间而变。某一时刻各物质的浓度可用化学分析方法测出，例如某一时刻 OH^-浓度可用标准酸进行滴定求得，也可通过测定溶液的某些物理性质而得到。

本实验采用电导率仪测定溶液的电导值 G 随时间的变化关系，可以监测反应的过程，进而求出反应的速率常数。二级反应的速率与反应物的浓度有关。

为了处理方便，在设计实验时令反应物 $CH_3COOC_2H_5$ 和 NaOH 的初始浓度相同（均设为 c），设反应时间为 t 时，反应所产生的 CH_3COO^- 和 C_2H_5OH 的浓度为 x，若逆反应可忽略，则反应物和产物的浓度-时间的关系为：

$$
\begin{array}{lcccc}
 & CH_3COOC_2H_5 & + NaOH \longrightarrow & CH_3COONa & + C_2H_5OH \\
t=0 & c & c & 0 & 0 \\
t=t & c-x & c-x & x & x \\
t=\infty & \to 0 & \to 0 & \to c & \to c
\end{array}
$$

上述二级反应的速率方程可表示为：

$$\frac{dx}{dt}=k(c-x)(c-x) \tag{4-12}$$

积分得：

$$\frac{x}{c(c-x)}=kt \tag{4-13}$$

显然，只要测出反应进程中任意时刻 t 时的 x 值，再将已知浓度 c 代入上式，即可得到反应的速率常数 k 值。

本实验中乙酸乙酯和乙醇不具有导电性，因此其浓度不影响电导的数值。因反应是在稀的水溶液中进行的，故可假定 CH_3COONa 全部电离。则溶液中参与导电的离子有 Na^+、OH^- 和 CH_3COO^- 等，Na^+ 在反应前后浓度不变，它对溶液的电导有固定的贡献，而与电导的变化无关。OH^- 的迁移率比 CH_3COO^- 的大得多。随着反应时间的增加，OH^- 不断减少，而 CH_3COO^- 不断增加，所以体系的电导值不断下降。在一定范围内，可以认为体系电导值的减少量与 CH_3COONa 的浓度 x 的增加量成正比，即：

$$t=t \quad x=\beta(G_0-G_t) \tag{4-14}$$

$$t=\infty \quad c=\beta(G_0-G_\infty) \tag{4-15}$$

式中，G_0 和 G_t 分别是溶液起始和 t 时的电导率值；G_∞ 为反应终了时的电导率值；β 是比例常数。将式（4-14）、式（4-15）代入式（4-13）得：

$$ckt=\frac{\beta(G_0-G_t)}{\beta[(G_0-G_\infty)-(G_0-G_t)]}=\frac{G_0-G_t}{G_t-G_\infty} \tag{4-16}$$

据上式可知，只要测出 G_0、G_∞ 和一组 G_t 值，据式（4-16），由 $(G_0-G_t)/(G_t-G_\infty)$ 对 t 作图，应得一直线，从其斜率即可求得速率常数 k 值。

反应的活化能可根据阿伦尼乌斯公式计算：

$$\ln\frac{k_2}{k_1}=\frac{E_a}{R}\left(\frac{T_2-T_1}{T_1T_2}\right) \tag{4-17}$$

式中，k_1 和 k_2 分别是温度为 T_1 和 T_2 时测得的反应速率常数；E_a 为反应的活化能。

【仪器和试剂】

1. 仪器：电导率仪、移液管、恒温水浴、容量瓶、秒表。

2. 试剂：$CH_3COONa(0.0100mol\cdot dm^{-3})$、$NaOH(0.0100mol\cdot dm^{-3}，0.0200mol\cdot dm^{-3})$、

$CH_3COOC_2H_5$(0.0200mol·dm^{-3})（以上溶液皆新鲜配制）。

【实验内容】

1. 恒温

开启恒温水浴电源，将温度调至 25℃±0.2℃。打开电导率仪，并进行校正。

2. 配制溶液

配制 NaOH(0.0100mol·dm^{-3}、0.0200mol·dm^{-3})溶液，并进行标定，配制 0.0200mol·dm^{-3} 的 $CH_3COOC_2H_5$ 溶液和 0.0100mol·dm^{-3} 的 CH_3COONa 溶液待用。

3. G_0 的测定

（1）洗净电导池并烘干，倒入适量 0.0100mol·dm^{-3}NaOH 溶液（以能浸没铂黑电极并高出 1cm 为宜）。

（2）用电导水洗涤铂黑电极，再用相同浓度的 NaOH 溶液淋洗（注意：不要碰电极上的铂黑），然后插入电导池中。

（3）将电导池置于已恒温的水浴中恒温 10min，并接上电导率仪。

（4）测量溶液的电导率值，每隔 2min 测量一次，共 3 次。

（5）更换 0.0100mol·dm^{-3}NaOH 溶液，重复（3）（4）两步测定，取其平均值为 G_0。

4. G_∞的测定

实验测定过程不可能进行到 $t=\infty$，且反应也并不完全可逆，故通常以 0.01mol·dm^{-3} 的 CH_3COONa 溶液的电导率值作为 G_∞，测量方法与 G_0 的测量方法相同。但必须注意，每次更换测量溶液时，须用电导水淋洗电极和电导池，再用被测溶液淋洗 3 次。

5. G_t 的测定

（1）电导池和电极的处理方法与上述相同。

（2）用移液管准确量取 25mL 0.0200mol·dm^{-3}NaOH 溶液放入洗净并干燥的 1 号电导池中，盖上电导电极的橡皮塞；用另一支移液管吸取 25mL 0.0200mol·dm^{-3}$CH_3COOC_2H_5$ 溶液注入 2 号电导池中，置于恒温水浴中恒温至少 10min。

（3）将其混合均匀，并立即计时，同时用该溶液冲洗电极 3 次，开始测量其电导率值，由于反应为吸热反应，开始时数值会有所降低，因此一般从第 6min 开始读数，每隔 2min 测量一次，30min 后每隔 5min 测量一次，直到电导率数值变化不大时（约 1h），可停止测量。

（4）反应结束后，倒掉反应液，洗净电导池和电极，将铂黑电极浸入蒸馏水中。

【数据记录和处理】

（1）将测得的 G_0、G_∞、G_t 和对应的时间以及 $\dfrac{G_0-G_t}{G_t-G_\infty}$ 列表。

（2）根据测定结果，在同一坐标系中，分别作出不同温度下的 $\dfrac{G_0-G_t}{G_t-G_\infty}$-$t$ 图，并分别从两条直线的斜率计算反应的速率常数 k_1、k_2。

【注意事项】

（1）NaOH 溶液和乙酸乙酯溶液混合前必须预先恒温。

（2）清洗铂黑电极时不可用滤纸擦拭电极上的铂黑。

【思考题】

1. 为何本实验要在恒温条件下进行？为什么 NaOH 和 $CH_3COOC_2H_5$ 溶液在混合前要预先恒温？

2. 乙酸乙酯皂化为吸热反应，试问在实验过程中如何处置这一影响而使实验得到较好的结果？

【预习内容】

1. 电导率仪的使用方法。

2. 本实验的实验原理和实验内容。

实验18 蔗糖转化反应的速率常数的测定

【实验目的】

1. 了解各物质浓度与旋光度之间的关系。

2. 学会测定蔗糖转化反应的速率常数。

3. 了解旋光仪的基本原理，掌握其使用方法。

【实验原理】

蔗糖在水中可以转化成葡萄糖和果糖，蔗糖转化反应为：

$$\underset{\text{蔗糖}}{C_{12}H_{22}O_{11}} + H_2O \xrightarrow{H^+} \underset{\text{葡萄糖}}{C_6H_{12}O_6} + \underset{\text{果糖}}{C_6H_{12}O_6}$$

此反应的反应速率与蔗糖的浓度、水的浓度以及催化剂 H^+ 的浓度有关。由于反应中水是大量的，尽管有部分水参加了反应，但仍可以认为整个反应中水的浓度基本是恒定的。在此反应中常以 H^+ 作为催化剂，因此反应在酸性介质中进行。反应速率只与蔗糖浓度成正比，其浓度与时间的关系符合一级反应的条件，因此，蔗糖转化反应可看作一级反应。

其反应速率方程可以写成：

$$-\frac{dc}{dt} = kc \qquad (4\text{-}18)$$

式中，k 为反应速率常数；c 为时间 t 时刻的蔗糖的浓度。

设 c_0 为反应开始时反应物的浓度，将式（4-18）积分得：

$$\ln c = -kt + \ln c_0 \qquad (4\text{-}19)$$

反应速率还可用半衰期 $t_{1/2}$ 来表示，当反应物浓度为起始浓度一半时所需时间，称为半衰期。

$$t_{1/2} = \frac{\ln 2}{k} = \frac{0.693}{k} \qquad (4\text{-}20)$$

从式（4-19）可以看出，在不同的时间测定反应物的浓度，并以 $\ln c$ 对 t 作图，可得一直线，由直线斜率即可求出反应速率常数 k。

根据反应物蔗糖及其生成物葡萄糖和果糖都具有旋光性，而且它们的旋光性能力不同这一特点，可利用体系在反应过程中旋光度来度量反应的进程。溶液的旋光度与溶液中所含旋光物质的种类、浓度、溶剂的性质、液层厚度、光源波长及温度等因素有关。当其他

条件固定时，旋光度α与反应物浓度呈线性关系，即

$$\alpha=\beta c \tag{4-21}$$

式中，比例常数β与物质旋光能力、溶剂性质、光源的波长、样品管长度、反应时的温度等有关。

为了比较各种物质的旋光能力，引入比旋光度的概念。

$$[\alpha]_{D}^{t}=\frac{100\cdot\alpha}{l\cdot c} \tag{4-22}$$

式中，t表示实验时的温度；D 为所使用钠光灯的波长（即 589nm）；α为测得的旋光度，（°）；l为样品管长度，dm；c为浓度，g·（100mL）$^{-1}$。

下面比较一下反应物和生成物的旋光能力，在蔗糖的水解反应中，反应物蔗糖是右旋性物质，其比旋光度$[\alpha]_{D}^{20}=66.6°$，产物中葡萄糖也是右旋性物质，其比旋光度$[\alpha]_{D}^{20}=52.5°$，而产物中的果糖则是左旋性物质，其比旋光度$[\alpha]_{D}^{20}=-91.9°$。

由于生成物中果糖的左旋性比葡萄糖的右旋性大，所以生成物呈左旋性质。因此，随着水解反应的进行，右旋角不断减小，最后经过零点变成左旋，直至蔗糖完全转化，这时左旋角达到最大值α_{∞}。旋光度与浓度成正比，并且溶液的旋光度为各组成的旋光度之和。

若反应时间为 0、t、∞时溶液的旋光度分别用α_0、α_t、α_{∞}表示。则：

$$\alpha_0=\beta_{反}c_0\text{（}t\text{ 为 0 时刻，蔗糖尚未转化）} \tag{4-23}$$

$$\alpha_{\infty}=\beta_{生}c_0\text{（}t\text{ 为无穷时刻，蔗糖完全转化）} \tag{4-24}$$

式（4-23）、式（4-24）中的$\beta_{反}$和$\beta_{生}$分别对应反应物与生成物的比例常数。

当时间为t时，蔗糖浓度为c，此时旋光度α_t为：

$$\alpha_t=\beta_{反}c+\beta_{生}(c_0-c) \tag{4-25}$$

由式（4-23）、式（4-24）和式（4-25）联立得：

$$c_0=\frac{\alpha_0-\alpha_{\infty}}{\beta_{反}-\beta_{生}}=\beta'(\alpha_0-\alpha_{\infty}) \tag{4-26}$$

$$c=\frac{\alpha_t-\alpha_{\infty}}{\beta_{反}-\beta_{生}}=\beta'(\alpha_t-\alpha_{\infty}) \tag{4-27}$$

将式（4-26）和式（4-27）代入式（4-19）得：

$$\ln(\alpha_t-\alpha_{\infty})=-kt+\ln(\alpha_0-\alpha_{\infty}) \tag{4-28}$$

从上式可以看出，以$\ln(\alpha_t-\alpha_{\infty})$对$t$作图可得一直线，由直线斜率即可求得反应速率常数$k$，进而可求得半衰期$t_{1/2}$。

【仪器和试剂】

1. 仪器：旋光仪、超级恒温水浴、烧杯、带塞的锥形瓶、移液管、秒表。

2. 试剂：蔗糖、3.0mol·dm^{-3}HCl 溶液。

【实验内容】

1. 校正旋光仪零点

可以用蒸馏水来校正旋光仪零点。首先将恒温旋光管洗净，将旋光管一端的盖子旋紧，并由另一端向管内注入蒸馏水，在上面形成一凸面，然后盖上玻璃片，玻璃片紧贴于旋光

管，使管内无气泡存在。再旋紧套盖，勿使漏水（旋紧套盖时必须注意：一手握住管上的金属鼓轮，另一只手旋套盖，不能用力过猛，以免压碎玻璃片）。用滤纸擦干旋光管，再用擦镜纸将管两端的玻璃片擦净。放入旋光仪的样品室中盖上箱盖。打开示数开关，调节零位手轮，使旋光仪值为零。

2. 蔗糖水解反应过程旋光度的测定

在烧杯内称取20g蔗糖，加入100mL蒸馏水配成溶液，使蔗糖完全溶解(若溶液浑浊则需过滤)。用移液管取25mL蔗糖溶液置于预先清洗干净的带塞锥形瓶中。另取一只移液管移取25mL 3.0mol·dm^{-3}HCl溶液加入蔗糖溶液中，并使之混合均匀。以HCl溶液从移液管中流出一半时开始计时（注意：不要将蔗糖溶液加入HCl溶液中，为什么？）。迅速用少量反应液荡洗样品管二至三次，然后将反应液装满样品管，旋上套盖并擦净管外的溶液，立即放入旋光仪中，测量各时间的旋光度。第一个数据要求在离开始反应起始时间1～2min内读取，在反应开始15min内，每分钟测量一次，以后由于反应物浓度降低，反应速率变慢，可以将时间间隔放宽，一直测量到旋光度为负值为止。

3. α_∞的测量

反应完毕后，将样品管内的反应液与锥形瓶内剩余的反应液混合，置于50～60℃水浴内恒温30min，使其加速反应至完全，然后取出，冷却至室温，测其旋光度，每隔2min测量一次，测量三次，取其平均值，即为α_∞。

【数据记录和处理】

1. 数据记录

温度：________________　　盐酸浓度：________________

α_∞：________________　　反应液中蔗糖浓度：____________

反应时间/min	α_t	$\alpha_t-\alpha_\infty$	$\ln(\alpha_t-\alpha_\infty)$

2. 数据处理

（1）将所测得旋光度α_t和对应的时间t列表，并作α_t-t的曲线图。

（2）在α_t-t的曲线图上等时间间隔取8～10个点，并计算$\ln(\alpha_t-\alpha_\infty)$，以$\ln(\alpha_t-\alpha_\infty)$对$t$作图，由所得直线的斜率求出反应速率常数$k$，并计算蔗糖转化反应的半衰期$t_{1/2}$。

【注意事项】

（1）装样品时旋光管管盖旋至不漏液体即可，不要用力过猛，以免压碎玻璃片，甚至因玻片受力产生应力而致使有一定的假旋光。

（2）测定α_∞时，通过加热使反应速率加快转化完全。但加热温度不超过60℃。

（3）由于酸对仪器有腐蚀，操作时应特别注意，避免酸液滴漏到仪器上。实验结束后必须将旋光管洗净。

（4）旋光仪中的钠光灯不宜长时间开启，测量间隔较长时应熄灭，以免损坏。

【思考题】

1. 实验中，为什么用蒸馏水来校正旋光仪的零点?

2. 在蔗糖转化反应过程中，所测的旋光度α_t是否需要零点校正?为什么?

3. 配制蔗糖溶液时称量不够准确对测量结果是否有影响?

【预习内容】

1. 旋光仪的使用方法。

2. 本实验的实验原理和实验内容。

实验19　碘和碘离子反应平衡常数的测定

【实验目的】

1. 通过测定碘在四氯化碳和水中的分配系数，求得碘和碘离子反应的平衡常数。

2. 了解温度对分配系数和平衡常数的影响。

【实验原理】

碘和碘化物（如 KI）在水中有如下反应平衡存在：

$$I_2 + I^- \rightleftharpoons I_3^- \tag{4-29}$$

$$K = \frac{c_{I_3^-}}{c_{I_2} c_{I^-}} \tag{4-30}$$

式中，$c_{I_3^-}$、c_{I^-} 和 c_{I_2} 分别为反应达到平衡时 I_3^-、I^- 和 I_2 的浓度。

用碘量法测定平衡时各物质的浓度是不可能的，因为当用 $Na_2S_2O_3$ 滴定平衡体系中的 I_2 含量时，式（4-29）平衡向左移动，直至 I_3^- 消耗完毕，这样测得的 I_2 含量实际是 I_3^- 和 I_2 的总浓度。那么怎么解决这个矛盾呢？为了解决此问题，可以根据能斯特分配定律，用含有适量 I_2 的四氯化碳溶液和 KI 溶液混合振荡，达成复相平衡。I_3^- 和 I^- 不溶于四氯化碳，而部分四氯化碳溶液中的 I_2 会进入 KI 溶液中，形成式（4-29）的反应，建立平衡，而且 KI 溶液中的 I_2 还会与四氯化碳溶液中的 I_2 建立平衡，如图 4-9 所示。

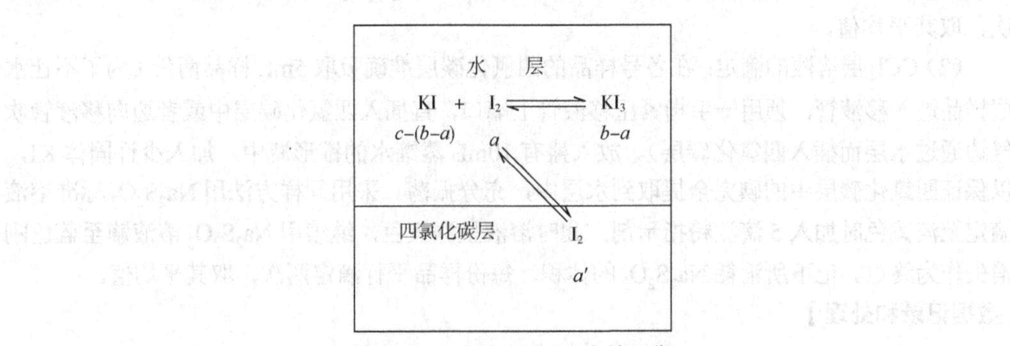

图 4–9　I_2 在水和 CCl_4 中的平衡

由于在一定温度下达到分配平衡时，分配系数 K_d 为常数，即：

$$K_d = \frac{c_{I_2}(\text{四氯化碳层})}{c_{I_2}(\text{KI溶液层})} \tag{4-31}$$

所以，分配系数 K_d 可借助于碘在四氯化碳和纯水中的分配来测定。

在复相平衡中吸取上层(KI)溶液，用 $Na_2S_2O_3$ 标准溶液滴定其中碘的总浓度 $c_{总}$，根据分配系数，通过测四氯化碳层中碘的浓度，可得上层（KI）溶液中碘的浓度 $c_{KI层}$。平衡体系中I_3^-的浓度等于$c_{总}$减去$c_{KI层}$。

由于形成1mol I_3^-要消耗掉1mol I^-，所以平衡时I^-的浓度应为I^-的初始浓度减去平衡体系中I_3^-的浓度。

【仪器和试剂】

1. 仪器：恒温水浴、量筒、碱式滴定管、微量滴定管、移液管、锥形瓶、碘量瓶。

2. 试剂：0.04mol·dm^{-3} $I_2(CCl_4)$溶液、KI固体、0.02% I_2的水溶液、0.025mol·dm^{-3} $Na_2S_2O_3$标准溶液、0.5%淀粉指示剂。

【实验内容】

1. 调节恒温槽温度至比室温高10℃。

2. 配制反应体系

按下表所列比例配好于碘量瓶中，标上编号。再小心用力振荡(避免振荡时溶液冲出)。置于恒温槽内恒温1h，恒温期间每间隔10min取出摇动一次，每次不要超过半分钟，以免温度改变影响结果。最后一次振荡后，须将附在水层表面的四氯化碳振荡下去，待两层充分分离后，再吸取样品进行分析。

编号	0.02% I_2溶液	0.100mol·dm^{-3}KI	0.04mol·$dm^{-3}$$I_2(CCl_4)$
1	100mL		25mL
2		100mL	25mL

3. 样品分析

（1）水层溶液的滴定：在各号样品瓶中准确吸取25mL水溶液层样品两份(注意不能将四氯化碳溶液吸入)，放入干净的250mL锥形瓶中，用$Na_2S_2O_3$标准溶液滴定（1号水层用10mL滴定管滴定）。滴至淡黄色时加入5滴淀粉指示剂，此时溶液呈深蓝色，继续用$Na_2S_2O_3$溶液滴至蓝色刚消失作为终点。记下所消耗$Na_2S_2O_3$的体积。每份样品平行滴定两次，取其平均值。

（2）CCl_4层溶液的滴定：在各号样品的四氯化碳层准确吸取5mL样品两份（为了不让水层样品进入移液管，须用一手指紧压移液管上端口，直插入四氯化碳层中或者边向移液管吹气边通过水层而插入四氯化碳层）。放入盛有10mL蒸馏水的锥形瓶中。加入少许固体KI，以保证四氯化碳层中的碘完全提取到水层中，充分振荡。采用同样方法用$Na_2S_2O_3$标准溶液滴定至淡黄色时加入5滴淀粉指示剂，此时溶液呈深蓝色，继续用$Na_2S_2O_3$溶液滴至蓝色刚消失作为终点。记下所消耗$Na_2S_2O_3$的体积。每份样品平行滴定两次，取其平均值。

【数据记录和处理】

1. 数据记录

$Na_2S_2O_3$溶液的浓度：________________

编号	1号溶液（消耗$Na_2S_2O_3$体积）/mL		2号溶液（消耗$Na_2S_2O_3$体积）/mL	
取样部位	水层	CCl_4层	水层	CCl_4层
①				
②				
平均值				

2. 数据处理

（1）计算 I_2 在四氯化碳层与水层中的分配系数 K_d。

（2）计算平衡体系 $c_{I_3^-}$、c_{I^-} 和 c_{I_2} 的浓度，并求出平衡常数 K。

【注意事项】

（1）摇动锥形瓶加速平衡时，勿将溶液荡出瓶外，摇后可开塞放气，再盖严。

（2）在分析四氯化碳层时，由于碘在四氯化碳层中不易进入水层，须充分摇动且不能过早加入指示剂，终点须以四氯化碳层不带有颜色为准。

【思考题】

1. 配制 1、2 号溶液进行实验的目的是什么？
2. 在滴定水溶液中的碘时，什么情况下加入指示剂，为什么？

【预习内容】

1. 碱式滴定管和吸量管的使用方法。
2. 本实验的实验原理和实验内容。

实验20　最大泡压法测定溶液的表面张力

【实验目的】

1. 测定不同浓度正丁醇溶液的表面张力，计算吸附量。
2. 了解气液界面的吸附作用，计算表面层被吸附分子的截面积。
3. 掌握最大泡压法测定溶液表面张力的原理和技术。

【实验原理】

在指定的温度下，纯液体的表面张力是一定的，一旦在液体中加入溶质形成溶液时情况就不同了，溶液的表面张力不仅与温度有关，而且也与溶质的种类、溶液的浓度有关。这是由于溶液中部分溶质分子进入到溶液表面，使表面层分子组成发生了改变，分子间引力起了变化，因此表面张力也随着改变。根据实验结果，加入溶质后，在表面张力发生改变时还会使溶液表面层的浓度与内部浓度有所差别，有些溶液表面层浓度大于溶液内部浓度，有些恰恰相反，这种现象称为溶液的表面吸附作用。

按吉布斯吸附等温式：

$$\Gamma=-\frac{c}{RT}\times\frac{\mathrm{d}\sigma}{\mathrm{d}c}=-\frac{1}{RT}\times\frac{\mathrm{d}\sigma}{\mathrm{d}\ln c} \tag{4-32}$$

式中，Γ代表溶质在单位面积表面层中的吸附量，$mol \cdot m^{-2}$；c代表平衡时溶液浓度，$mol \cdot m^{-3}$；R为气体常数，$8.314 J \cdot mol^{-1} \cdot K^{-1}$；$T$为吸附时的温度，K。

从式（4-32）可看出，在一定温度时，溶液表面吸附量与平衡时溶液浓度 c 和表面张力随浓度变化率成正比关系。

当$\left(\frac{\mathrm{d}\sigma}{\mathrm{d}c}\right)_T<0$时，$\Gamma>0$，表示溶液表面张力随浓度增加而降低，则溶液表面发生正吸附，此时溶液表面层浓度大于溶液内部浓度。

当$\left(\frac{\mathrm{d}\sigma}{\mathrm{d}c}\right)_T>0$时，$\Gamma<0$，表示溶液表面张力随浓度增加而增加，则溶液表面发生负吸

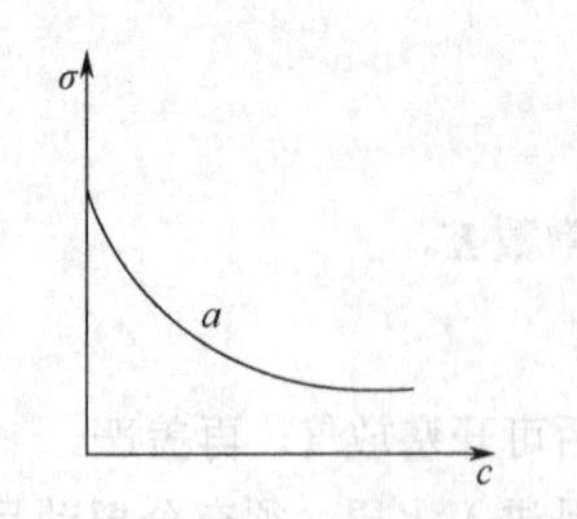

图 4-10　表面张力和浓度关系图

附，此时溶液表面层浓度小于溶液内部浓度。

引起溶剂表面张力显著降低的物质叫表面活性物质，被吸附的表面活性物质分子在界面层中的排列，取决于它在液层中的浓度。

如果吸附层是单分子层，随着表面活性物质的分子在界面上紧密排列，则此界面的表面张力也就逐渐减小。如果在恒温下绘成曲线$\sigma=f(c)$（表面张力等温线），当c增加时，σ在开始时显著下降，而后下降逐渐缓慢下来，以致σ的变化很小，这时σ的数值恒定为某一常数（见图 4-10）。

利用图解法进行计算十分方便，在σ-c曲线上任意取一点a作切线，即可得到该点所对应浓度c的斜率$\left(\frac{\mathrm{d}\sigma}{\mathrm{d}c}\right)$，代入式（4-32），可求得不同浓度时的吸附量。

根据朗格缪尔(Langmuir)公式：

$$\Gamma=\Gamma_{\infty}\frac{kc}{1+kc} \tag{4-33}$$

式中，Γ_{∞}为饱和吸附量，即表面被吸附物铺满一层分子时的Γ，

$$\frac{c}{\Gamma}=\frac{kc+1}{k\Gamma_{\infty}}=\frac{c}{\Gamma_{\infty}}+\frac{1}{k\Gamma_{\infty}} \tag{4-34}$$

以c/Γ对c作图，得一直线，该直线的斜率为$1/\Gamma_{\infty}$。

由所求得的Γ_{∞}代入式

$$S_0=\frac{1}{\Gamma_{\infty}L} \tag{4-35}$$

可求被吸附分子的横截面积S_0（L为阿伏伽德罗常数）。

测定溶液的表面张力有多种方法，较为常用的有最大泡压法和扭力天平法。本实验采用最大泡压法测定溶液的表面张力。其实验装置如图 4-11 所示，1 为测定管，用于盛装待测溶液；2 为 U 形压力计，内盛密度较小的水、酒精等作介质，以测定微压差；3 为减压瓶，用于调节系统内压力。

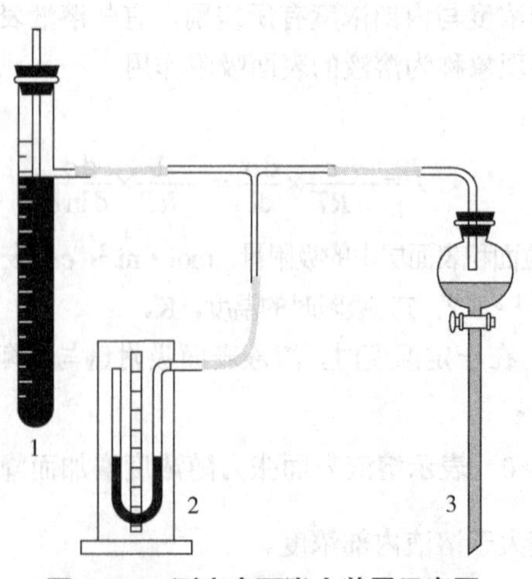

图 4-11　测定表面张力装置示意图

1—测定管；2—U 形压力计；3—减压瓶

将被测液体装入测定管 1 中，使玻璃管下的毛细管断面与液面相切，液面沿毛细管上升，打开减压瓶活塞使水慢慢下滴，则测定管 1 中液面的压力逐渐减小，毛细管中的压力逐渐增大，液面缓缓下降。当此压力差——附加压力（$\Delta p=p_{大气}-p_{系统}$）在毛细管端面上产生的作用力稍大于毛细管口液体的表面张力时，气泡就从毛细管口脱出，此附加压力与表面张力成正比，与气泡的曲率半径成反比，其关系式为：

$$\Delta p=\frac{2\sigma}{R} \tag{4-36}$$

式中，Δp 为附加压力；σ为表面张力；R 为气泡的曲率半径。

如果毛细管半径很小，则形成的气泡基本上是球形的。当气泡开始形成时，表面几乎是平的，这时曲率半径最大；随着气泡的形成，曲率半径逐渐变小，直到形成半球形，这时曲率半径 R 和毛细管半径 r 相等，曲率半径达最小值，根据式（4-36），这时附加压力达最大值。气泡进一步长大，R 变大，附加压力则变小，直到气泡逸出。

根据式（4-36），$R=r$ 时的最大附加压力为：

$$\Delta p_{最大}=\frac{2\sigma}{R}或\sigma=\frac{r}{2}\Delta p_{最大} \tag{4-37}$$

实际测量时，使毛细管端面刚与液面接触，则可忽略气泡鼓泡所需克服的静压力，这样就可直接用式（4-37）进行计算。

当用密度为ρ的液体作压力计介质时，测得与$\Delta p_{最大}$相对应的最大压力差为$\Delta h_{最大}$，则：

$$\sigma=\frac{r}{2}\rho g\Delta h_{最大} \tag{4-38}$$

当将 $\frac{r}{2}\rho g$ 合并为常数 K 时，则上式变为：

$$\sigma=K\cdot\Delta h_{最大} \tag{4-39}$$

式中的仪器常数 K 可用已知表面张力的标准物质测得。

【仪器和试剂】

1. 仪器：表面张力测定装置、试剂瓶、滴管、烧杯。

2. 试剂：正丁醇溶液（$0.5000mol\cdot dm^{-3}$、$0.2500mol\cdot dm^{-3}$、$0.1250mol\cdot dm^{-3}$、$0.0625mol\cdot dm^{-3}$、$0.0313mol\cdot dm^{-3}$、$0.0156mol\cdot dm^{-3}$）。

【实验内容】

1. 仪器常数的测量

（1）打开仪器电源，预热 10min。清洗并干燥实验所需的毛细管和玻璃仪器。

（2）合上仪器后面板蠕动泵软管夹，听到卡塔一声就可以了。如果软管夹处于合上状态，则不需要处理。

（3）以水作为待测液测定仪器常数。往表面张力管中注入适量蒸馏水，先装入蒸馏水略微超过毛细管管口。把表面张力管夹在试管夹上，保持毛细管处于竖直状态。张力管下面放置一个小烧杯。

（4）将清洁、干燥的毛细管垂直插入。缓慢调节毛细管下面的放液活塞。溶液滴出，液面缓慢下降，当液面与毛细管底部端面刚好相切时，关闭活塞，如果放液过多，液面低于毛细管口，需要加入待测液体重新调整液面高度，使液面与毛细管底部端面刚好相切。

（5）按下置零键，将压力显示清零后重新连接软管，实验过程中无需再置零。连接毛细管的软管，调节蠕动泵的速度开关，调节方法：按动调节速度按钮“+”号或“−”号来调节快慢。要求气泡一个一个间断逸出，逸出速度为5～10s一个（观察毛细管出泡是否为每次出一个泡，否则需要调整毛细管垂直，或调整液面高度）。等待约2～3min，观察每次泡破瞬间压力表记录的压力的峰值，记录三个压力峰值，取平均值。

（6）实验结束，关闭仪器电源，将毛细管从表面张力管中取出，倒掉测试溶液，取下毛细管和表面张力管，清洗，干燥毛细管。

2. 正丁醇溶液的表面张力的测定

以同样的方法，对不同浓度的正丁醇溶液进行测量（注意：从稀到浓依次进行）。

【数据记录和处理】

1. 数据记录

设计实验表格，填写实验数据。

2. 数据处理

（1）计算仪器常数 K 和溶液表面张力σ，绘制σ-c 等温线。

（2）作切线求 Z，并求出Γ、c/Γ。

（3）绘制 c/Γ-c 等温线，求Γ_∞并计算横截面积 S_0。

【注意事项】

（1）所用毛细管必须干净、干燥，应保持垂直，其管口刚好与液面相切。

（2）读取压力计的压差时，应取气泡单个逸出时的最大压力差。

【思考题】

1. 毛细管尖端为何必须调节得恰与液面相切？否则对实验有何影响？

2. 最大气泡法测定表面张力时为什么要读最大压力差？如果气泡逸出得很快，或几个气泡一齐出，对实验结果有无影响？

【预习内容】

本实验的实验原理和实验内容。

实验21 弱电解质电离常数的测定

【实验目的】

1. 加深对弱电解质溶液电离平衡的理解。

2. 设计实验方案，测定电解质溶液的电离平衡常数。

【实验原理】

醋酸是弱电解质，在水溶液中存在下列平衡：

$$CH_3COOH \rightleftharpoons CH_3COO^- + H^+$$

	CH_3COOH	CH_3COO^-	H^+
起始浓度	c	0	0
平衡浓度	$c-c\alpha$	$c\alpha$	$c\alpha$

α为电离度，其电离常数 K 的表达式为：

$$K = \frac{c\alpha^2}{1-\alpha} \tag{4-40}$$

在一定温度下，用酸度计测定一系列已知浓度溶液的 pH 值，进而求出氢离子浓度，代入式（4-40）中即可求得一系列对应的 K 值，取其平均值，即为该温度下的电离常数。

在一定温度下，K 为常数，因此，也可以通过测定醋酸在不同浓度下的电离度来计算 K 值。

根据电离学说，弱电解质的电离度 α 随溶液的稀释而增大。当溶液无限稀释时，弱电解质全部电离，在一定温度下，溶液的摩尔电导与离子的真实浓度成正比，因而也与电离度成正比，所以，弱电解质的电离度 α 应等于溶液在浓度为 c 时的摩尔电导率 Λ_m 和溶液在无限稀释时的摩尔电导率 Λ_m^∞ 之比，即：

$$\alpha = \frac{\Lambda_m}{\Lambda_m^\infty} \tag{4-41}$$

将式（4-42）代入式（4-41）得：

$$K = \frac{c\Lambda_m^2}{\Lambda_m^\infty(\Lambda_m^\infty - \Lambda_m)} \tag{4-42}$$

根据离子独立移动定律，Λ_m^∞ 可以根据正、负两种离子无限稀释的摩尔电导率加和计算出来。摩尔电导率 Λ_m 则可以从电导率的测定求得，然后求算出 K。

【预习内容】

本实验的实验原理以及实验内容。

实验22 表面活性剂临界胶束浓度的测定

【实验目的】

1. 掌握用电导法测定十二烷基硫酸钠的临界胶束浓度的方法。
2. 了解表面活性剂的特性及胶束形成原理。
3. 掌握 DDS-11A 型电导仪的使用方法。

【实验原理】

具有明显“两亲”性质的分子，既含有亲油的足够长的（大于 10～12 个碳原子）烃基，又含有亲水的极性基团（通常是离子化的），由这一类分子组成的物质称为表面活性剂，如肥皂和各种合成洗涤剂等。表面活性剂分子都是由极性部分和非极性部分组成的，若按离子的类型分类，可分为三大类：①阴离子型表面活性剂，如羧酸盐（肥皂）、烷基硫酸盐（十二烷基硫酸钠）、烷基磺酸盐（十二烷基苯磺酸钠）等；②阳离子型表面活性剂，主要是铵盐，如十二烷基二甲基叔胺和十二烷基二甲基氯化铵；③非离子型表面活性剂，如聚氧乙烯类。

表面活性剂进入水中，在低浓度时呈分子状态，并且三三两两地把亲油基团靠拢而分散在水中。当溶液浓度加大到一定程度时，许多表面活性物质的分子立刻结合成很大的基团，形成“胶束”。以胶束形式存在于水中的表面活性物质是比较稳定的。表面活性物质在水中形成胶束所需的最低浓度称为临界胶束浓度（critical micelle concentration，*cmc*）。*cmc* 可看作是表面活性剂对溶液的表面活性的一种量度。因为 *cmc* 越小，则表示此种表面活性剂形成胶束所需浓度越低，达到表面饱和吸附的浓度越低。也就是说只要很少的表面活性剂就可起到润湿、乳化、加溶、起泡等作用。在 *cmc* 点上，由于溶液的结构改变导致其物理及化学性质（如表面张力、电导、渗透压、浊度、光学性质等）同浓度的关系曲线出现明显的转折。因此，通过测定溶液的某些物理化学性质的变化，可以测定 *cmc*。

这个特征行为可用生成分子聚集体或胶束来说明，当表面活性剂溶于水中后，不但定向地吸附在溶液表面，而且达到一定浓度时还会在溶液中发生定向排列而形成胶束。表面活性剂为了使自己成为溶液中的稳定分子，有可能采取的两种途径：一是把亲水基留在水中，亲油基伸向油相或空气；二是让表面活性剂的亲油基团相互靠在一起，以减少亲油基与水的接触面积。前者就是表面活性剂分子吸附在界面上，其结果是降低界面张力，形成定向排列的单分子膜，后者就形成了胶束。由于胶束的亲水基方向朝外，与水分子相互吸引，使表面活性剂能稳定溶于水中。

随着表面活性剂在溶液中浓度的增长，球形胶束可能转变成棒形胶束，以至层状胶束，后者可用来制作液晶，它具有各向异性的性质。

本实验通过测定不同浓度的十二烷基磺酸钠水溶液的电导值，作电导率-浓度关系图，由图中的转折点即可求出十二烷基磺酸钠水溶液在该温度下的临界胶束浓度。

【仪器和试剂】

1. 仪器：DDS-11A 型电导率仪、恒温水浴、容量瓶、吸量管。

2. 试剂：十二烷基硫酸钠（分析纯，80℃烘干 3h）。

【实验内容】

1. 恒温

打开恒温水浴调节温度至 25℃，开通电导率仪预热 10min。

2.溶液配制

在 100mL 容量瓶中准确配制 0.2mol • L^{-1} 十二烷基硫酸钠溶液。

在 50mL 容量瓶中依次稀释成浓度（mol • L^{-1}）为 0.002、0.006、0.007、0.008、0.009、0.010、0.012、0.014、0.018、0.020 的十二烷基硫酸钠溶液。

3. 用 DDS-11A 型电导率仪从稀到浓分别测定上述各溶液的电导率

将稀释溶液倒入干燥的电导池中，在 25℃恒温水浴中恒温 5min 后测定其电导率值，每个溶液的电导率值须平行测定 2 次，取平均值。

当一个溶液的电导率测定完毕，在测定下一个溶液电导率之前，须用待测溶液荡洗电导池及电导电极，每个溶液的电导率测定前均需恒温 5min。

列表记录各溶液对应的电导率。

4. 实验后的清理

实验结束后洗净电导池和电极，测量水的电导率，并将电导电极用蒸馏水浸泡。

【数据记录和处理】

1. 数据记录

浓度 c/mol • L^{-1}	κ_1/mS • cm^{-1}	κ_2/mS • cm^{-1}	$\kappa_{平均}$/mS • cm^{-1}
0.002			
0.006			
0.007			

续表

浓度 c/mol·L^{-1}	κ_1/mS·cm^{-1}	κ_2/mS·cm^{-1}	$\kappa_{平均}$/mS·cm^{-1}
0.008			
0.009			
0.010			
0.012			
0.014			
0.018			
0.020			

2. 数据处理

绘制κ-c 曲线，由曲线转折点确定临界胶束浓度值。

【注意事项】

（1）电极不使用时应浸泡在蒸馏水中，使用时用滤纸轻轻吸干水分，不可用滤纸擦拭电极上的铂黑，以免影响电极常数。

（2）配制溶液时，须保证表面活性剂完全溶解，否则影响浓度的准确性。

（3）稀释溶液时应防止振摇猛烈，以免产生大量气泡，影响测量。

（4）测定时，可用电导电极搅拌溶液的同时测定电导率，直至电导率不再变化后记录数据。

（5）作图时，应分别对图中转折点前后的数据进行线性拟合，找出两条直线，这两条直线的相交点所对应的浓度才是所求的水溶性表面活性剂的临界胶束浓度。

【思考题】

1. 实验中影响临界胶束浓度的因素有哪些？

2. 非离子型表面活性剂能否用本实验方法测定临界胶束浓度？

【预习内容】

1. 电导率仪的使用方法。

2. 本实验的实验原理和实验内容。

实验23　用分光光度法测定甲基红溶液的电离常数

【实验目的】

1. 掌握一种测定甲基红溶液电离常数的方法。

2. 掌握分光光度计的测试原理和使用方法。

3. 掌握 pH 计的原理和使用。

【实验原理】

根据朗伯-比耳定律，溶液对于单色光的吸收，遵守下列关系式：

$$A = \lg\frac{I_0}{I} = klc \tag{4-43}$$

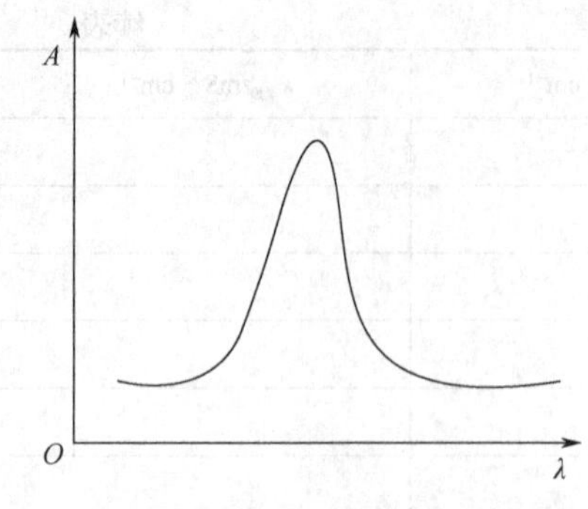

图 4–12　吸光度 A–波长λ关系曲线

式中，A 为吸光度；I/I_0 为透光率；k 为摩尔吸光系数，它是溶液的特性常数；c 为溶液浓度；l 为溶液的厚度。在分光光度分析中，将每一种单色光，分别依次地通过某一溶液，测定溶液对每一种光波的吸光度，以吸光度 A 对波长λ作图，就可以得到该物质的分光光度曲线或吸收光谱曲线，如图 4-12 所示。由图 4-12 可以看出，对应于某一波长有一个最大的吸收峰，用这一波长的入射光通过该溶液就有最佳的灵敏度。

从式（4-43）可以看出，对于固定长度吸收槽，在对应的最大吸收峰的波长λ下测定不同浓度 c 的吸光度，就可以做出线性的 A-c 曲线，这是分光光度法定量分析的基础。

以上讨论是对于单组分溶液的情况，含有两种以上组分的溶液，情况则要复杂一些。

① 若两种被测定组分的吸收曲线彼此不相重合，这种情况就很简单，就等于分别测定两种单组分溶液。

② 若两种被测定组分的吸收曲线相重合，且遵守朗伯-比耳定律，则可在两波长λ_1及λ_2时（λ_1、λ_2 是两种组分单独存在时吸收曲线最大吸收峰的波长）测定其总吸光度，然后换算成被测物质的浓度。

根据朗伯-比耳定律，假定吸收槽长度一定时，则

对于单组分 A：

$$A_\lambda^{\mathrm{A}} = K_\lambda^{\mathrm{A}} c^{\mathrm{A}} \tag{4-44}$$

对于单组分 B：

$$A_\lambda^{\mathrm{B}} = K_\lambda^{\mathrm{B}} c^{\mathrm{B}} \tag{4-45}$$

设 $A_{\lambda_1}^{\mathrm{A+B}}$ 、$A_{\lambda_2}^{\mathrm{A+B}}$ 分别代表在λ_1、λ_2 处时混合溶液的总吸光度，则

$$A_{\lambda_1}^{\mathrm{A+B}} = A_{\lambda_1}^{\mathrm{A}} + A_{\lambda_1}^{\mathrm{B}} = K_{\lambda_1}^{\mathrm{A}} c^{\mathrm{A}} + K_{\lambda_1}^{\mathrm{B}} c^{\mathrm{B}} \tag{4-46}$$

$$A_{\lambda_2}^{\mathrm{A+B}} = A_{\lambda_2}^{\mathrm{A}} + A_{\lambda_2}^{\mathrm{B}} = K_{\lambda_2}^{\mathrm{A}} c^{\mathrm{A}} + K_{\lambda_2}^{\mathrm{B}} c^{\mathrm{B}} \tag{4-47}$$

式中，$A_{\lambda_1}^{\mathrm{A}}$、$A_{\lambda_1}^{\mathrm{B}}$、$A_{\lambda_2}^{\mathrm{A}}$、$A_{\lambda_2}^{\mathrm{B}}$ 分别代表λ_1、λ_2 处组分 A 和 B 的吸光度。由式（4-46）可得：

$$c^{\mathrm{B}} = \frac{A_{\lambda_1}^{\mathrm{A+B}} - K_{\lambda_1}^{\mathrm{A}} c^{\mathrm{A}}}{K_{\lambda_1}^{\mathrm{B}}} \tag{4-48}$$

将式（4-48）代入式（4-47）得：

$$c^{\mathrm{A}} = \frac{K_{\lambda_1}^{\mathrm{B}} A_{\lambda_2}^{\mathrm{A+B}} - K_{\lambda_2}^{\mathrm{B}} A_{\lambda_1}^{\mathrm{A+B}}}{K_{\lambda_2}^{\mathrm{A}} K_{\lambda_1}^{\mathrm{B}} - K_{\lambda_2}^{\mathrm{B}} K_{\lambda_1}^{\mathrm{A}}} \tag{4-49}$$

这些不同的 K 值可由单组分溶液求得。也就是说，在单组分溶液的最大吸收峰的波长λ处，测定吸光度 A 和浓度 c 的关系。如果在该波长处符合朗伯-比耳定律，那么 A-c 为直线，直线的斜率即为 K 值，$A_{\lambda_1}^{\mathrm{A+B}}$ 、$A_{\lambda_2}^{\mathrm{A+B}}$ 是混合溶液在λ_1、λ_2 处测得的总吸光度，因此根据式（4-48）和式（4-49）即可计算混合溶液中组分 A 和组分 B 的浓度。

本实验是用分光光度法测定弱电解质（甲基红）的电离常数，由于甲基红本身带有颜色，而且在有机溶剂中电离度很小，所以用一般的方法测定有困难。但用分光光度法可不必将其分离，且同时能测定两组分的浓度。甲基红在有机溶剂中形成下列平衡：

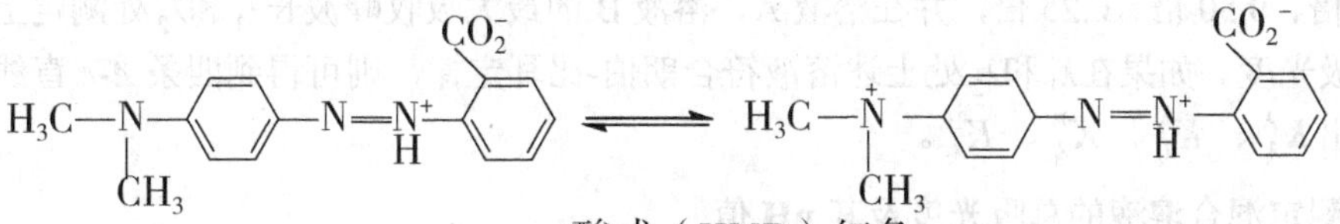

（4-50）

酸式（HMR）红色

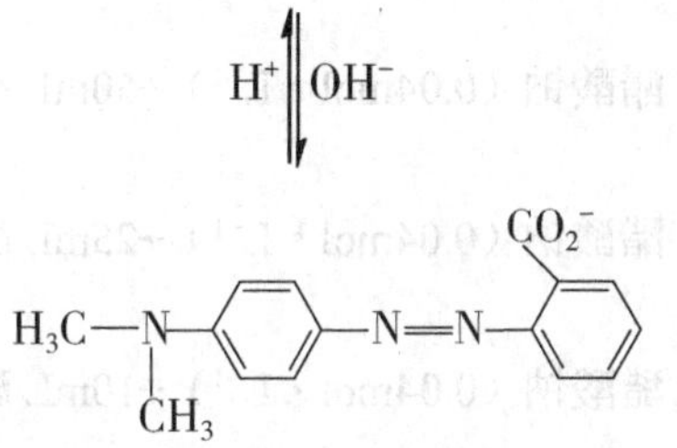

H^+　OH^-

（4-51）

可简写为

$$\mathrm{HMR} \rightleftharpoons \mathrm{H^+} + \mathrm{MR^-} \tag{4-52}$$

甲基红的电离常数可表示为：

$$K = \frac{c\left(\mathrm{H^+}\right)c\left(\mathrm{MR^-}\right)}{c(\mathrm{HMR})} \tag{4-53}$$

只要测定溶液中 MR^- 与 HMR 的浓度及溶液的 pH 值（由于本系统的吸收曲线属于上述讨论中的第二种类型，因此可用分光光度法通过式（4-48）、式（4-49）求出 MR^- 与 HMR 的浓度），即可求得甲基红的电离常数。

【仪器和试剂】

1. 仪器：分光光度计、酸度计、容量瓶（100mL）、量筒（100mL）、烧杯（100mL）、移液管（25mL）、吸量管（10mL）。

2. 试剂：酒精、盐酸（$0.1\mathrm{mol \cdot L^{-1}}$、$0.01\mathrm{mol \cdot L^{-1}}$）、醋酸钠（$0.01\mathrm{mol \cdot L^{-1}}$、$0.04\mathrm{mol \cdot L^{-1}}$）、醋酸（$0.02\mathrm{mol \cdot L^{-1}}$）、甲基红（固体）。

【实验内容】

1. 溶液配制

（1）甲基红溶液：将 1g 固体甲基红加 300mL 95%酒精，用蒸馏水稀释到 500mL。

（2）标准溶液：取 10mL 上述配好的溶液加 50mL 95%酒精，用蒸馏水稀释到 100mL。

（3）溶液 A：将 10mL 标准溶液加 10mL 盐酸（$0.1\mathrm{mol \cdot L^{-1}}$），用蒸馏水稀释到 100mL。

（4）溶液 B：将 10mL 标准溶液加 25mL 醋酸钠（$0.04\mathrm{mol \cdot L^{-1}}$），用蒸馏水稀释到 100mL。

溶液 A 的 pH 值约为 2，甲基红以酸式存在。溶液 B 的 pH 值约为 8，甲基红以碱式存在。把溶液 A、溶液 B 和空白溶液（蒸馏水）分别放入三个洁净的比色皿内，测定吸收光谱曲线。

2. 测定吸收光谱曲线

（1）用分光光度计测定吸收光谱曲线，求出最大吸收峰的波长。波长从 360nm 开始，每隔 20nm 测定一次（每改变一次波长都要先用空白溶液校正），直至 620nm 为止。由所得

的吸光度 A 与 λ 绘制 A-λ 曲线，从而求得溶液 A 和溶液 B 的最大吸收峰 λ_1 和 λ_2。

（2）求 $K^{A}_{\lambda_1}$、$K^{A}_{\lambda_2}$、$K^{B}_{\lambda_1}$、$K^{B}_{\lambda_2}$

于 100mL 小容量瓶中将 A 溶液用盐酸（0.01mol · L^{-1}）稀释至开始浓度的 0.75 倍、0.50 倍、0.25 倍。于 100mL 小容量瓶中，将 B 溶液用醋酸钠（0.01mol · L^{-1}）稀释至开始浓度的 0.75 倍、0.50 倍、0.25 倍，并在溶液 A、溶液 B 的最大吸收峰波长 λ_1 和 λ_2 处测定上述各溶液的吸光度。如果在 λ_1 和 λ_2 处上述溶液符合朗伯-比耳定律，则可得到四条 A-c 直线，由此可求出 $K^{A}_{\lambda_1}$、$K^{A}_{\lambda_2}$、$K^{B}_{\lambda_1}$、$K^{B}_{\lambda_2}$。

3. 测定混合溶液的总吸光度及其 pH 值

（1）配制四种混合溶液

① 10mL 标准液+25mL 醋酸钠（0.04mol · L^{-1}）+50mL 醋酸（0.02mol · L^{-1}），加蒸馏水稀释至 100mL。

② 10mL 标准液+25mL 醋酸钠（0.04mol · L^{-1}）+25mL 醋酸（0.02mol · L^{-1}），加蒸馏水稀释至 100mL。

③ 10mL 标准液+25mL 醋酸钠（0.04mol · L^{-1}）+10mL 醋酸（0.02mol · L^{-1}），加蒸馏水稀释至 100mL。

④ 10mL 标准液+25mL 醋酸钠（0.04mol · L^{-1}）+5mL 醋酸（0.02mol · L^{-1}），加蒸馏水稀释至 100mL。

（2）用 λ_1 和 λ_2 的波长测定上述四种溶液的总吸光度。

（3）测定上述四种溶液的 pH 值。

【数据记录和处理】

1. 数据记录

自制表格，记录相关实验数据。

2. 数据处理

（1）画出溶液 A、溶液 B 的吸收光谱曲线，并由曲线上求出最大吸收峰的波长 λ_1 和 λ_2。

（2）将 λ_1 和 λ_2 时溶液 A、溶液 B 分别测得的浓度与吸光度值作图，得四条 A-c 直线。求得四个摩尔吸光系数 $K^{A}_{\lambda_1}$、$K^{A}_{\lambda_2}$、$K^{B}_{\lambda_1}$、$K^{B}_{\lambda_2}$。

（3）由混合溶液的总吸光度，根据式（4-48）和式（4-49），求出混合溶液中 A、B 的浓度。

（4）求出各混合溶液中甲基红的电离常数。

【注意事项】

（1）pH 计应在接通电源 20～30min 后进行测定。

（2）复合电极中玻璃电极的玻璃很薄，容易破碎，切不可与任何硬物相碰。

【思考题】

1. 制备溶液时，所用的盐酸、醋酸、醋酸钠溶液各起什么作用？

2. 用分光光度计进行测定时，在理论上用什么溶液校正零点？在本实验中用的是什么？为什么？

【预习内容】

1. 分光光度计和酸度计的使用方法。

2. 本实验的实验原理和实验方法。

实验24　丙酮碘化反应速率常数的测定

【实验目的】

1. 采用分光光度法测定丙酮碘化反应的级数、速率常数。
2. 加深对复杂反应特征的理解。
3. 掌握紫外-可见分光光度计的原理和使用方法。

【实验原理】

不同的化学反应其反应机理是不相同的。按反应机理的复杂程度不同可以将反应分为基元反应（简单反应）和复杂反应两种类型。简单反应是由反应物粒子经碰撞一步就直接生成产物的反应。复杂反应不是经过简单的一步就能完成的，而是要通过生成中间产物的许多步骤来完成的，其中每一步都是一个基元反应。只有少数化学反应是由一个基元反应组成的简单反应，大多数的化学反应并不是简单反应，而是由若干个基元反应组成的复合反应。大多数复杂反应的反应速率和反应浓度间的关系，不能用质量作用定律表示。因此用实验测定反应速率与反应物或产物浓度的关系，即测定反应对各组分的分级数，从而得到复杂反应的速率方程，乃是研究反应动力学的重要内容。

对于复杂反应，当知道反应速率方程的形式后，就可以对反应机理进行某些推测。如该反应究竟由哪些步骤组成，各个步骤的特征和相互关系如何等。

实验测定表明，丙酮与碘在稀薄的中性水溶液中反应是很慢的。在强酸（如盐酸）条件下，该反应进行得相当快。在弱酸条件下，对加快反应速率的影响不如强酸。

酸性溶液中，丙酮碘化反应是一个复杂反应，其反应式为：

$$CH_3-\overset{\overset{\displaystyle O}{\|}}{C}-CH_3+I_3^- \xrightarrow{H^+} CH_3-\overset{\overset{\displaystyle O}{\|}}{C}-CH_2I+2I^-+H^+ \tag{4-54}$$

该反应由 H^+催化，而反应本身又能产生 H^+，所以这是一个 H^+的自催化反应，其速率方程为：

$$r=\frac{-dc(A)}{dt}=\frac{-dc(I_3^-)}{dt}=\frac{dc(E)}{dt}=kc^{\alpha}(A)c^{\beta}(I_3^-)c^{\delta}(H^+) \tag{4-55}$$

式中，r为反应速率；k为速率常数；$c(A)$、$c(I_3^-)$、$c(H^+)$、$c(E)$分别为丙酮、碘、氢离子、碘化丙酮的浓度，$mol \cdot dm^{-3}$；α、β、δ分别为反应对丙酮、碘、氢离子的分级数。

反应速率、速率常数及反应级数均可由实验测定。

为了加大 I_2 在水中的溶解度，可以在 I_2 的水溶液中加入大量的KI，使 I_2 成为 I_3^-，因为 I_3^- 和 I_2 在可见光区有一个比较宽的吸收带，而在这个吸收带中，盐酸和丙酮没有明显的吸收，所以可以采用分光光度计测定吸光度的变化（也就是 I_2 浓度的变化）来跟踪反应过程。

根据朗伯-比耳定律：

$$A=\varepsilon Lc \tag{4-56}$$

式中：A代表吸光度；ε代表摩尔吸光系数；L代表比色皿的厚度；c代表溶液的浓度。

含有 I_3^- 和 I_2 溶液的总吸光度 A 可以表示为 I_3^- 和 I_2 两部分吸光度的和，即

$$A=A(I_3^-)+A(I_2)=\varepsilon(I_3^-)Lc(I_3^-)+\varepsilon(I_2)Lc(I_2) \tag{4-57}$$

吸收系数$\varepsilon(I_3^-)$ 和$\varepsilon(I_2)$是吸收光波长的函数。在特殊情况下，即波长 L＝560nm 时，ε

$(I_3^-)=\varepsilon(I_2)$，所以式（4-57）变为，

$$A = A(I_3^-) + A(I_2) = \varepsilon(I_3^-)L[c(I_3^-) + c(I_2)] \tag{4-58}$$

也就是说，在 560nm 这一特定的波长条件下，溶液的吸光度 A 与 I_3^- 和 I_2 浓度之和成正比。因为ε在一定的溶质、溶剂和固定的波长条件下是常数。使用固定的一个比色皿，L 也是一定的，所以式（4-58）中，常数$\varepsilon(I_3^-)L$ 就可以由测定已知浓度碘溶液的吸光度 A 而求出。

在本实验条件下，实验将证明丙酮碘化反应对碘是零级反应，即β=0。由于反应并不停留在一元碘化丙酮上，还会继续进行下去，因此反应中所用的丙酮和酸应大大过量。而所用的碘量很少。这样，当少量的碘完全消耗后，反应物丙酮和酸的浓度仍基本保持不变。

实验还进一步表明，只要酸度不很高，丙酮卤化反应的速率与卤素的浓度和种类（氯、溴、碘)无关(在百分之几误差范围内)，因而直到全部碘消耗完以前，反应速率是常数。即

$$\begin{aligned} r &= \frac{-dc(I_3^-)}{dt} = \frac{dc(E)}{dt} = kc^{\alpha}(A)c^{\beta}(I_3^-)c^{\delta}(H^+) \\ &= kc^{\alpha}(A)c^{\delta}(H^+) = 常数 \end{aligned} \tag{4-59}$$

从式（4-59）可以看出，将 $c(I_3^-)$对时间 t 作图应为一条直线，其斜率就是反应速率 r。

为了测定反应级数，例如指数α，至少需进行两次实验。在两次实验中丙酮的初始浓度不同，H^+和 I_3^- 的初始浓度相同。若用“I”“II”分别表示这两次实验，令：

$$c(A,I) = uc(A,II), c(H^+,I) = c(H^+,II), c(I_3^-,I) = c(I_3^-,II)$$

由式（4-59）可得：

$$\frac{r_I}{r_{II}} = \frac{kc^{\alpha}(A,I)c^{\delta}(H^+,I)}{kc^{\alpha}(A,II)c^{\delta}(H^+,II)} = u^{\alpha} \tag{4-60}$$

取对数：

$$\lg\frac{r_I}{r_{II}} = \alpha \lg u \tag{4-61}$$

$$\alpha = \lg\frac{r_I}{r_{II}} / \lg u \tag{4-62}$$

同理，可求出指数δ和β。根据式（4-55），由指数、反应速率相各浓度数据可以算出速率常数 k。

【仪器和试剂】

1. 仪器： 紫外-可见分光光度计、比色皿、恒温槽、锥形瓶、镊子、洗瓶、吸量管（10mL、5mL）、5mL 移液管、25mL 容量瓶。

2. 试剂： 碘溶液、HCl 溶液、丙酮溶液。

【实验内容】

1. 测定碘标准溶液的吸光度

用 560nm 波长的光测定浓度为 0.0040mol・dm^{-3} 的 I_3^- 溶液的吸光度，求 KL 值。

2.测定四种不同配比溶液的反应速率

四种不同溶液的配比见下表。

编号	碘溶液 ((I_3^-)0.020mol・dm^{-3})/mL	丙酮溶液(2.500mol・dm^{-3}) /mL	盐酸溶液 (1.000mol・dm^{-3})/mL	蒸馏水/mL
1	4	4	4	13.00

续表

编号	碘溶液 $((I_3^-)0.020mol \cdot dm^{-3})$/mL	丙酮溶液$(2.500mol \cdot dm^{-3})$/mL	盐酸溶液 $(1.000mol \cdot dm^{-3})$/mL	蒸馏水/mL
2	4	2	4	15.00
3	4	4	2	15.00
4	6	4	4	11.00

按表中的量，准确移取三种溶液于 25mL 容量瓶中（碘溶液最后加），碘溶液加至一半时开始计时，用去离子水稀释至刻度，摇匀，润洗比色皿 3 次，然后将装有 2/3 溶液的比色皿置于样品室光路通过处，盖好盖子。注意配溶液时动作要快，以保证温度恒定。

【数据记录和处理】

1. 数据记录

设计表格，将四组试样的 *A-t* 数据填入表格中。

2. 数据处理

（1）在坐标纸上绘制 *A-t* 曲线，并将曲线外推至 t=0 处，画出该点的切线。由切线的斜率及 KL 值求 r。

（2）求出各个反应分级数α、β、δ及速率常数。

【注意事项】

注意药品加入的顺序。

【思考题】

1. 使用分光光度计应该注意哪些问题？

2. 影响本实验结果的主要因素是什么？

3. 将丙酮溶液加入含有碘、盐酸的容量瓶中时，没有立即计时，而注入比色皿时才开始计时，这样操作对实验结果有无影响？为什么？

【预习内容】

1. 分光光度计的使用方法。

2. 本实验的实验原理和实验方法。

4.3 分析化学实验

实验 25　滴定分析基本操作

【实验目的】

1. 掌握滴定管、移液管的洗涤方法和使用方法。

2. 练习滴定分析基本操作，初步掌握酸碱指示剂的使用和正确地判断滴定终点。

【实验原理】

滴定分析是将已知准确浓度的标准溶液滴加到待测试样的溶液中，直到化学反应完全为止，然后根据标准溶液的浓度和所消耗的体积求得试样中待测组分含量的一种方法。

酸碱滴定中常用盐酸和氢氧化钠作为滴定剂，由于浓盐酸易挥发，氢氧化钠易吸收空气中的水分和二氧化碳，因此不能直接配制准确浓度的盐酸和氢氧化钠标准溶液，只能先配制近似浓度的溶液，然后用基准物质标定其准确浓度。

标定酸的基准物质常用无水碳酸钠和硼砂，硼砂（$Na_2B_4O_7 \cdot 10H_2O$）摩尔质量大，吸湿性小，易于制得纯品，常用硼砂标定HCl，化学计量点时，产物是H_3BO_3，溶液pH值为5.11，故可选用甲基红作指示剂。标定碱的基准物质常用草酸和邻苯二甲酸氢钾，邻苯二甲酸氢钾在空气中不吸水，容易保存，摩尔质量大可直接称取单份作标定，是标定氢氧化钠溶液理想的基准物。由于滴定产物是$KNaC_8H_4O_4$，溶液呈弱碱性，溶液pH值为9.20，故选用酚酞作指示剂。

盐酸溶液与氢氧化钠溶液的滴定反应是强碱与强酸的滴定，突跃范围pH值约为4～10，在此范围内可采用甲基橙（变色范围pH 3.1～4.4）、酚酞（变色范围pH 8.0～10.0）等指示剂来指示滴定终点。氢氧化钠溶液和醋酸溶液的滴定是强碱和弱酸的滴定，其突跃范围处于碱性区域，可选用酚酞作指示剂。本实验主要是以酸碱滴定中酸碱滴定剂标准溶液的配制和测定滴定剂消耗比值为例，练习滴定分析的基本操作。

【仪器和试剂】

1. 仪器：50mL酸式滴定管、50mL碱式滴定管、250mL锥形瓶、25mL移液管。

2. 试剂：0.1mol·L^{-1}NaOH溶液、0.1mol·L^{-1}HCl溶液、0.1mol·L^{-1}HAc溶液、0.1%甲基橙水溶液、0.1%甲基红(乙醇溶液)、0.2%酚酞(乙醇溶液)。

【实验内容】

1. 0.1mol·L^{-1} HCl溶液的配制

用量筒量取浓盐酸约4.5mL，倒入装有100mL蒸馏水的烧杯中，再加蒸馏水稀释至500mL，搅拌均匀后倒入试剂瓶中，盖好玻璃塞，备用。

2. 0.1mol·L^{-1} NaOH溶液的配制

称取固体氢氧化钠2g，置于烧杯中，马上加入500mL蒸馏水使之溶解，冷却后转入试剂瓶中，用橡皮塞塞好瓶口，摇匀备用。

3.酸碱溶液的相互滴定

（1）滴定管的使用练习

清洗酸式滴定管和碱式滴定管各一只；练习并掌握酸式滴定管的旋塞涂油的方法、滴定管内气泡的排除方法以及滴定管的正确读数方法；练习并初步掌握酸式和碱式滴定管的滴定操作以及控制滴定速度的方法。

（2）酸碱溶液的相互滴定练习

① 用配制的0.1mol·L^{-1}HCl溶液润洗已洗净的酸式滴定管2～3次（每次用5～10mL溶液），再将酸式滴定管装满该酸溶液，然后排出滴定管管尖内的空气气泡，再将滴定管液面调节至0.00刻度。同样方法，使用配制的0.1mol·L^{-1}NaOH溶液润洗已洗净的碱式滴定管，装液，排气泡，再将滴定管液面调节至0.00刻度。

② 以HCl溶液滴定NaOH溶液时，取一只干净的锥形瓶放在碱式滴定管下，以约10mL·min^{-1}的速度放出20.00mL NaOH溶液于锥形瓶中，加入1～2滴甲基橙指示剂，用HCl溶液滴定至溶液由黄色变为橙黄色为止，读取并记录HCl溶液的精确体积。平行滴定，计算体积比（V_{HCl}/V_{NaOH}），直至三次测量结果的相对平均偏差在0.2%之内。以NaOH溶液滴定HCl溶液时，以酚酞为指示剂，终点由无色变为微红色，其他步骤同上。

（3）以 NaOH 溶液滴定 HAc 溶液

以 NaOH 溶液滴定 HAc 溶液时，使用不同指示剂进行比较。用移液管移取三份 25.00mL 0.1mol·L^{-1}HAc 溶液于三个锥形瓶中，分别以甲基橙、甲基红、酚酞为指示剂进行滴定，并比较三次滴定所用 NaOH 溶液的体积。

【数据记录和处理】

1. HCl 溶液与 NaOH 溶液相互滴定（以 HCl 溶液滴定 NaOH 溶液为例）

实验次数 记录项目	Ⅰ	Ⅱ	Ⅲ
V_{NaOH}/mL			
V_{HCl}/mL			
V_{HCl}/V_{NaOH}			
平均值 V_{HCl}/V_{NaOH}			
相对偏差/%			
相对平均偏差/%			

2. NaOH 溶液滴定 HAc 溶液

指示剂 记录项目	甲基橙	甲基红	酚酞
NaOH 终读数/mL			
NaOH 初读数/mL			
V_{NaOH}/mL			
$V_{橙}$：$V_{红}$：$V_{酚}$=（以 $V_{酚}$为 1）			

【注意事项】

（1）固体氢氧化钠易吸收空气中二氧化碳和水分，须迅速称量；浓盐酸易挥发，配制盐酸溶液时应在通风橱中操作。

（2）注意观察滴定终点前后颜色的变化，控制好半滴滴加，滴定终点一定是指示剂颜色突变的点。

（3）每次滴定时指示剂用量要相同（1～2 滴），终点的颜色尽量保持一致。

【思考题】

1. 滴定分析中，滴定管和移液管应如何洗涤？滴定管、移液管和锥形瓶要用操作液润洗吗？使用未洗涤的滴定管滴定对结果有何影响？

2. 为什么盐酸滴定氢氧化钠时选甲基橙作指示剂，而氢氧化钠滴定盐酸时选酚酞作指示剂？

【预习内容】

1. 滴定分析的基本操作。
2. 酸碱指示剂的使用方法。

实验26 水的硬度测定

【实验目的】

1. 掌握EDTA配位滴定法测定水的硬度的基本原理和测定条件。
2. 掌握金属指示剂铬黑T和钙指示剂的显色原理。

【实验原理】

水的硬度是指水中钙盐和镁盐的含量。硬度分为暂时硬度和永久硬度。暂时硬度主要指水中含有钙、镁的酸式碳酸盐，遇热即成碳酸盐沉淀而失去其硬性。永久硬度是水中含有钙、镁的硫酸盐、氯化物、硝酸盐，在加热时亦不沉淀，若在锅炉运行温度下，溶解度低的可析出而成为锅垢。

水的硬度分为水的总硬度、钙硬度和镁硬度。镁硬度是由镁离子形成的硬度，钙硬度是由钙离子形成的硬度。水中钙、镁离子含量，可用配位滴定法测定。配位滴定法是以形成稳定配合物的配位反应为基础的滴定分析方法，常用乙二胺四乙酸的二钠盐（$Na_2H_2Y \cdot 2H_2O$，简写EDTA）为配位滴定剂，EDTA是一种有机氨羧配位剂，能与大多数金属离子形成1∶1配合物。EDTA常因吸附约0.3%的水分和含有少量杂质通常采用间接法配制标准溶液。标定EDTA常用的基准物有Zn、ZnO、$CaCO_3$、Cu、$ZnSO_4 \cdot 7H_2O$、$MgSO_4 \cdot 7H_2O$等。为了减小系统误差，在滴定过程中选用与被测物具有相同组分的物质作为基准物，通常选用的标定条件应尽可能和测定条件一致。配位滴定的终点常用金属指示剂来判断，金属指示剂是一些有机染料，能与金属离子形成游离指示剂颜色不同的有色配合物。

本实验选用基准物碳酸钙标定EDTA，指示剂选用钙指示剂（简写NN），在pH≥12的条件下进行滴定，达到化学计量点时滴定反应式为：$Ca\text{-}NN + H_2Y^{2-} \rightleftharpoons CaY^{2-} + NN + 2H^+$，滴定终点溶液由红色变为纯蓝色。该方法测定钙时，若水样中有Mg^{2+}存在，当调节溶液pH≥12时，Mg^{2+}会形成沉淀，不会干扰测定。钙硬度的测定原理与用基准物$CaCO_3$标定EDTA标准溶液浓度的测定原理相同。

水的总硬度的测定常以铬黑T为指示剂，调节溶液pH≈10，由于铬黑T与Mg^{2+}的络合物较其与Ca^{2+}的络合物稳定，所以达到滴定终点时，EDTA夺取Mg^{2+}与铬黑T的络合物中Mg^{2+}，使铬黑T游离出来，终点溶液由酒红色变成纯蓝色。滴定后由EDTA溶液的浓度和用量可计算出水的总硬度。测定水的总硬度时，如果水样中的Mg^{2+}的含量较低，用铬黑T指示滴定终点时，滴定终点往往变色不敏锐，因此实验中常会在标定EDTA标准溶液前向其中加入一定量的Mg^{2+}溶液，或者在缓冲溶液中加入适量Mg-EDTA溶液，通过置换滴定法原理提高滴定终点变色的敏锐性，而加入的Mg^{2+}不会对滴定分析结果产生影响。

不同国家对水硬度的表示方法有所不同，有将水中的盐类都折算成$CaCO_3$而以$CaCO_3$含量作为水硬度标准的，也有将盐类折算成CaO含量来表示的。我国《生活饮用水卫生标准》（GB 5749—2006）对生活饮用水的总硬度有规定，总硬度以$CaCO_3$(mg·L^{-1})计，不超过450mg·L^{-1}。

$$\text{硬度}（CaCO_3，mg \cdot L^{-1}）= \frac{c_{EDTA} \times V_{EDTA} \times M_{CaCO_3}}{V_{水}} \times 10^3$$

式中，c_{EDTA}为EDTA标准溶液的浓度，mol·L^{-1}；V_{EDTA}为滴定时消耗EDTA标准溶液

的体积，mL；$V_{水}$为水样的体积，mL；M_{CaCO_3}为 $CaCO_3$ 的摩尔质量，g・mol^{-1}。

【仪器和试剂】

1. 仪器：50mL 酸式滴定管、250mL 锥形瓶、25mL 移液管、电子分析天平、干燥器、容量瓶、烧杯、量筒。

2. 试剂：0.005mol・L^{-1} EDTA 标准溶液、NH_3-NH_4Cl 缓冲溶液（pH≈10）、100 g・L^{-1} NaOH 溶液、钙指示剂、铬黑 T 指示剂。

【实验内容】

1.以 $CaCO_3$ 为基准物标定 EDTA 溶液

（1）0.005mol・L^{-1} 钙标准溶液的配制：将碳酸钙基准物加入称量瓶中，在 110℃干燥 2h，置干燥器中冷却后，准确称取 0.13～0.14g（称准至小数点后第四位）于小烧杯中，加蒸馏水润湿，盖以表面皿，再从杯嘴边逐滴加入数毫升（1∶1）HCl 至完全溶解，用水把溅到表面皿上的溶液淋洗入杯中，加热近沸，待冷却后移入 250mL 容量瓶中，稀释至刻度，摇匀，计算 Ca^{2+}标准溶液的浓度。

（2）标定 EDTA 溶液：用移液管移取 25.00mL 钙标准溶液，置于锥形瓶中，加入约 25mL 水、2mL 镁溶液、5mL 100g・L^{-1} NaOH 溶液及约 50mg（绿豆大小）钙指示剂，摇匀后，用 EDTA 溶液滴定至由红色变至蓝色，平行滴定三次，计算 EDTA 的准确浓度。

2. 总硬度的测定

量取澄清的水样 100.00mL 放入锥形瓶中，加入 5mL NH_3-NH_4Cl 缓冲溶液，摇匀。再加入约 0.05g 铬黑 T 固体指示剂，摇匀后溶液呈酒红色，以 0.005mol・L^{-1}EDTA 标准溶液滴定至呈纯蓝色即为终点，平行测定 3 份，计算水样的总硬度，以 $CaCO_3$(mg・L^{-1})计。根据实验结果说明该水样是否符合生活饮用水的硬度要求。

3. 钙硬度的测定

量取澄清的水样 100.00mL，置于锥形瓶中，加入 4mL 100g・L^{-1} NaOH 溶液，摇匀，再加入约 0.05g 钙指示剂，摇匀后溶液呈淡红色，以 0.005mol・L^{-1} EDTA 标准溶液滴定至呈纯蓝色，即为终点，平行测定 3 份，计算水样的钙硬度，以 $CaCO_3$(mg・L^{-1})计。

4. 镁硬度的确定

总硬度减去钙硬度为镁硬度。

【数据记录和处理】

1. EDTA 标准溶液的测定

记录项目 \ 序次	1	2	3
m_{CaCO_3}/g			
EDTA 终读数/mL			
EDTA 初读数/mL			
V_{EDTA}/mL			
c_{EDTA}/mol・L^{-1}			
$\bar{c}_{EDTA}$/mol・L^{-1}			
绝对偏差			
相对平均偏差/%			

2. 硬度的测定

记录项目 \ 序次		1	2	3
c_{EDTA}/mol·L^{-1}				
铬黑 T	EDTA 终读数/mL			
	EDTA 初读数/mL			
	V_{EDTA}/mL			
	总硬度（$CaCO_3$）/mg·L^{-1}			
	总硬度平均值			
	绝对偏差			
	相对平均偏差/%			
钙指示剂	EDTA 终读数/mL			
	EDTA 初读数/mL			
	V_{EDTA}/mL			
	钙硬度（$CaCO_3$）/mg·L^{-1}			
	钙硬度平均值			
	绝对偏差			
	相对平均偏差/%			
镁硬度（$CaCO_3$）/mg·L^{-1}				

【注意事项】

（1）指示剂加入多与少，将会直接影响终点颜色的深与浅。因此不要苛求平行实验的滴定终点颜色的一致，否则将会使测定结果偏高。且指示剂滴定一份加一份。

（2）配位反应的速率较酸碱反应缓慢，不能在瞬间完成，因此滴定时加入 EDTA 溶液的速度不能太快，接近滴定终点时，应逐滴加入并充分摇动锥形瓶。

（3）水样中有铜、铁、铝等离子存在时会影响滴定分析结果。铜离子的存在会使滴定终点不明显，此时可在水样中加入适量 Na_2S 溶液，使铜离子转变成 CuS 沉淀消除影响；有微量 Fe^{3+}或 Al^{3+}存在时，加入三乙醇胺来掩蔽。

【思考题】

1. 测定水的总硬度时，为什么要控制溶液的 pH 值为 10？

2. 当水样中 Mg^{2+}含量低时，用铬黑 T 为指示剂测定总硬度时，滴定前常向水样中加适量 MgY^{2-}配合物，再用 EDTA 进行滴定，滴定终点就会变敏锐。这样操作对滴定结果有无影响？为什么？

【预习内容】

1. 配位滴定分析法的测定原理。

2. 金属指示剂的使用方法。

实验27　高锰酸钾法测定过氧化氢含量

【实验目的】

1. 掌握 $KMnO_4$ 法测定过氧化氢含量的实验原理和测定条件。

2. 掌握草酸钠作基准物标定高锰酸钾标准溶液的方法。

3. 学习使用自身指示剂判断滴定终点。

【实验原理】

高锰酸钾是氧化还原滴定中常用的氧化剂，由于市售的高锰酸钾中常含有硫酸盐、MnO_2 等杂质，配制溶液用蒸馏水中也含有微量还原性物质和少量有机杂质，因此不能通过直接法配制 $KMnO_4$ 标准溶液。先配制近似浓度的 $KMnO_4$ 溶液，加热至沸并保持微沸 1h，冷却后放置在暗处数天，待 $KMnO_4$ 把溶液中还原性杂质充分氧化后，用玻璃砂芯漏斗（或玻璃纤维）过滤除去生成的 MnO_2 等杂质，将滤液存储在棕色玻璃瓶中。标定 $KMnO_4$ 标准溶液的基准物质有 $Na_2C_2O_4$、$H_2C_2O_4 \cdot 2H_2O$ 等，由于 $Na_2C_2O_4$ 不含结晶水，容易提纯，实验室常用还原剂 $Na_2C_2O_4$ 作基准物来标定 $KMnO_4$ 标准溶液，$Na_2C_2O_4$ 与 $KMnO_4$ 的氧化还原反应式为：

$$2MnO_4^- + 5C_2O_4^{2-} + 16H^+ = 2Mn^{2+} + 10CO_2\uparrow + 8H_2O$$

上述反应的反应速率较慢，加热可促进滴定反应进行，但温度应控制在 75～85℃，温度过高，容易引起 $H_2C_2O_4$ 分解。在滴定至终点时，溶液的温度不应低于 60℃。由于 $KMnO_4$ 溶液本身呈现紫红色，达到滴定终点时，可用 $KMnO_4$ 溶液本身的颜色指示滴定终点。

过氧化氢，俗称双氧水，其用途广泛，医药工业主要用作杀菌剂和消毒剂，印染工业可用作棉织物的漂白剂，高浓度的过氧化氢可用作火箭动力助燃剂。可利用高锰酸钾法来测定其含量。室温条件下，在稀硫酸介质中，$KMnO_4$ 能定量地氧化 H_2O_2：

$$5H_2O_2 + 2MnO_4^- + 6H^+ = 2Mn^{2+} + 5O_2\uparrow + 8H_2O$$

根据高锰酸钾溶液的准确浓度和滴定过程中所消耗的体积，计算溶液中过氧化氢的质量浓度，即

$$\rho(H_2O_2) = \frac{5c(KMnO_4) \cdot V(KMnO_4) \cdot M(H_2O_2)}{2V(H_2O_2)}$$

商用双氧水约为 30% 的水溶液，其中常会加入少量稳定剂（乙酰苯胺等有机物质），这些有机物也会消耗 $KMnO_4$ 而造成实验误差，如果对测定要求较高，可选用碘量滴定法进行测定，利用 H_2O_2 和 KI 反应析出 I_2，再用 $Na_2S_2O_3$ 标准溶液滴定 I_2，进而计算出过氧化氢含量，反应式如下：

$$H_2O_2 + 2H^+ + 2I^- = 2H_2O + I_2$$

$$I_2 + 2S_2O_3^{2-} = S_4O_6^{2-} + 2I^-$$

【仪器和试剂】

1. 仪器：50mL 棕色酸式滴定管、250mL 锥形瓶、25mL 移液管、电子分析天平、干燥器、容量瓶、烧杯、量筒。

2. 试剂：$KMnO_4$ 固体、$Na_2C_2O_4$ 固体（A.R.或基准试剂）、$1mol \cdot L^{-1}$ H_2SO_4 溶液、$1mol \cdot L^{-1}$ $MnSO_4$ 溶液、H_2O_2 样品。

【实验内容】

1. $KMnO_4$标准溶液浓度的标定

（1）通过电子分析天平（精度为0.1mg）准确称量0.15～0.20g 已烘干的$Na_2C_2O_4$基准物于锥形瓶中，加10mL蒸馏水和30mL 1mol·L^{-1} H_2SO_4溶液，并加热至液面有蒸汽冒出时（约75～85℃），趁热用待标定的$KMnO_4$溶液滴定。

（2）刚开始滴定时反应速率较慢，每加入一滴$KMnO_4$溶液，都要充分摇动锥形瓶，等待$KMnO_4$溶液紫红色褪去后再滴定下一滴。3滴过后，由于溶液中生成的Mn^{2+}会促进反应进行，滴定速度可逐渐加快，但也须逐滴加入，防止滴定速度过快，部分$KMnO_4$溶液在热溶液中发生分解，接近滴定终点时滴定速度要减慢，充分摇匀锥形瓶，直至溶液呈现微红色并保持30s不褪色即为滴定终点，

（3）记录滴定所消耗的$KMnO_4$用量，平行滴定3次，根据$Na_2C_2O_4$基准物的质量和$KMnO_4$溶液的消耗用量计算$KMnO_4$标准溶液的准确浓度（mol·L^{-1}），要求3次平行滴定结果的相对偏差不大于0.2%。$KMnO_4$标准溶液的浓度计算公式如下：

$$c(\mathrm{KMnO_4})=\frac{2m(\mathrm{Na_2C_2O_4})\times 10^3}{5M(\mathrm{Na_2C_2O_4})\cdot V(\mathrm{KMnO_4})}$$

式中，$c(\mathrm{KMnO_4})$为$KMnO_4$标准溶液的浓度，mol·L^{-1}；$V(\mathrm{KMnO_4})$为滴定时消耗$KMnO_4$标准溶液的体积，mL；$m(\mathrm{Na_2C_2O_4})$为$Na_2C_2O_4$的质量，g；$M(\mathrm{Na_2C_2O_4})$为$Na_2C_2O_4$的摩尔质量，g·mol^{-1}。

2. H_2O_2溶液的配制

用移液管移取1.00mL 30%H_2O_2样品溶液于250mL棕色容量瓶中，加水稀释定容至标线，摇匀后备用。

3. H_2O_2含量的测定

用移液管吸取25.00mL H_2O_2稀释液置于锥形瓶中，加入1mol·L^{-1} H_2SO_4溶液30mL，再加2滴1mol·L^{-1} $MnSO_4$溶液后，用已标定的$KMnO_4$标准溶液滴定至溶液呈现微红色，30s内不褪色即为滴定终点，记录滴定时所消耗的$KMnO_4$溶液的体积，平行滴定3次。根据$KMnO_4$溶液的浓度、滴定时所消耗的$KMnO_4$溶液体积以及滴定前样品的稀释倍数计算样品中H_2O_2含量（g·L^{-1}）。

【数据记录和处理】

记录项目 \ 序次		1	2	3
$KMnO_4$标定	$m_{Na_2C_2O_4}$/g			
	$KMnO_4$终读数/mL			
	$KMnO_4$初读数/mL			
	V_{KMnO_4}/mL			
	c_{KMnO_4}/mol·L^{-1}			
	$\bar{c}_{KMnO_4}$/mol·L^{-1}			
	绝对偏差			
	相对平均偏差/%			

续表

记录项目 \ 序次		1	2	3
H_2O_2 测定	$KMnO_4$ 终读数/mL			
	$KMnO_4$ 初读数/mL			
	V_{KMnO_4} /mL			
	$\rho_{(H_2O_2)}$ /g·L^{-1}			
	$\bar{\rho}_{(H_2O_2)}$ /g·L^{-1}			
	绝对偏差			
	相对平均偏差/%			

【注意事项】

（1）滴定过程中若发现溶液产生棕色浑浊，可能是酸度不足引起的，应立即加入强酸性溶液 H_2SO_4 补救，但若已经达到滴定终点，则补加无效。

（2）由于 $KMnO_4$ 见光易分解，溶液中有 Mn^{2+} 和 MnO_2 等的存在也能促进 $KMnO_4$ 分解，配完的 $KMnO_4$ 溶液应除尽杂质，并避光保存。

（3）$KMnO_4$ 溶液为有色溶液，滴定管内的弯月面很模糊，读数时读液面两侧的边沿位置。

（4）为了防止空气中所含有的还原性气体和尘埃等杂质使 $KMnO_4$ 慢慢分解，溶液微红色褪去，经过 30s 不褪色即认为终点。

【思考题】

1. 配制 $KMnO_4$ 标准溶液时，将 $KMnO_4$ 溶液加热煮沸和放置数天的目的是什么？过滤 $KMnO_4$ 溶液时能否用滤纸？

2. 用基准物 $Na_2C_2O_4$ 标定 $KMnO_4$ 溶液浓度时，应注意哪些控制条件？

3. $KMnO_4$ 法测定 H_2O_2 时，为什么用 H_2SO_4 来调节溶液酸度？用 HNO_3 或 HCl 是否可以？

【预习内容】

氧化还原滴定法的测定原理。

实验 28 氯化钡中钡含量的测定

【实验目的】

1. 掌握重量法测定 $BaCl_2 \cdot 2H_2O$ 中钡含量的原理和方法。

2. 掌握沉淀的过滤、洗涤、灼烧及恒重等重量分析的基本操作。

3. 加深理解晶形沉淀的沉淀条件和沉淀方法。

【实验原理】

重量法是利用沉淀剂与被测物反应生成沉淀物，经干燥或灼烧后，通过称量沉淀物的质量而进行定量的一种分析方法。本实验测定氯化钡中钡含量时采用硫酸钡重量法，先将 $BaCl_2 \cdot 2H_2O$ 用水溶解后，经稀盐酸酸化，加热至沸，在不断搅动下，缓慢加入热的稀 H_2SO_4，反应生成晶形沉淀 $BaSO_4$。沉淀经陈化、过滤、洗涤、烘干、炭化、灰化、灼烧后，以 $BaSO_4$ 形式称量，即可求出钡含量。

在 Ba^{2+}的微溶化合物中，$BaSO_4$的溶解度最小（$K_{sp}=8.7\times10^{-11}$；25℃时，100mL 溶液仅溶解 0.25mg）。同时，$BaSO_4$性质稳定，组成与分子式相符合，因此常用硫酸钡重量法测定钡含量。沉淀剂一般选用稀 H_2SO_4，沉淀剂稀 H_2SO_4可过量 50%～100%，使 $BaSO_4$沉淀完全，而过量的 H_2SO_4在高温下可挥发去除，对测定的结果不会引起误差。沉淀过程中，反应介质一般用 0.05mol·L^{-1}盐酸，它可防止产生 $BaCO_3$、$BaHPO_4$、$BaHAsO_4$沉淀以及 $Ba(OH)_2$共沉淀。

由于 $PbSO_4$和 $SrSO_4$的溶解度均较小，Pb^{2+}和 Sr^{2+}对钡的测定有干扰。同时，NO_3^-、ClO_3^-、Cl^-等阴离子和 K^+、Na^+、Ca^{2+}、Fe^{3+}等阳离子，均可引起共沉淀现象，故应严格控制沉淀条件，以获得纯净的 $BaSO_4$晶形沉淀。

【仪器和试剂】

1. 仪器：25mL 瓷坩埚、定量滤纸(慢速或中速)、分析天平、马弗炉、沉淀帚、玻璃漏斗、坩埚钳。

2. 试剂：$BaCl_2\cdot2H_2O$、1mol·$L^{-1}H_2SO_4$、2mol·L^{-1}HCl、2mol·$L^{-1}HNO_3$、0.1mol·L^{-1} $AgNO_3$。

【实验内容】

1.瓷坩埚的准备

将洗净并晾干的瓷坩埚放在 800～850℃的马弗炉中灼烧。第一次灼烧 30min，取出稍冷片刻后，置于干燥器中冷却至室温后称重。第二次灼烧，在同样温度的马弗炉内灼烧 15min，取出稍冷后，转入干燥器中冷却至室温（两次灼烧后的冷却时间要一致），再称重。若两次灼烧后坩埚的质量差不超过 0.3mg，即已恒重；否则重复上述步骤，直到恒重为止。

2.沉淀的制备

准确称量 0.4～0.6g $BaCl_2\cdot2H_2O$ 试样两份，分别置于 250mL 烧杯中，加 100mL 水，再加入 3mL 2mol·L^{-1}HCl，盖上表面皿，加热溶解至近沸，切勿沸腾溅出。

另取两份 4mL 1mol·$L^{-1}H_2SO_4$分别置于 100mL 烧杯中，加 30mL 水，加热至近沸，趁热将两份 H_2SO_4溶液用滴管逐滴加入到两份钡盐溶液中，滴加过程中需用玻璃棒不断搅拌。

待沉淀结束后，向上层清液中加入 1～2 滴 1mol·$L^{-1}H_2SO_4$溶液，仔细观察是否有白色浑浊出现，若有浑浊出现，继续加入 H_2SO_4溶液，直至沉淀完全。盖上表面皿（切勿将玻璃棒拿出杯外，以免损失沉淀），置于微沸的水浴上加热，并不时搅拌，陈化 0.5～1h（或在室温下放置过夜陈化）。

3.沉淀的过滤和洗涤

沉淀经冷却后，用慢速或中速定量滤纸过滤，先将上层清液倾注在滤纸上，通过倾析法以稀 H_2SO_4(1mL 1mol·$L^{-1}H_2SO_4$稀释至 100mL 配制而成)洗涤沉淀 3～4 次，每次用量约 15mL。然后将沉淀定量转移到滤纸上，用沉淀帚由上而下擦拭烧杯内壁，并用撕下的小片滤纸擦拭杯壁和玻璃棒，并将小片滤纸也放在漏斗内滤纸上，再用稀 H_2SO_4洗涤，直至洗涤液中不含 Cl^-为止。

4.沉淀的灼烧和恒重

将沉淀和滤纸折叠成小包，置于已恒重的瓷坩埚中，在煤气灯或电炉上经烘干、炭化、灰化后，在 800～850℃马弗炉中灼烧 1h 后，用预热的坩埚钳取出，置于干燥器内冷却至室温，称重，注意灼烧及冷却的条件要与空坩埚恒重时一致。如此操作，直至恒重。计算 $BaCl_2\cdot2H_2O$ 中 Ba 的含量。

【数据记录和处理】

1. 数据记录

$m_{试样}$/g：________________

m_{BaSO_4}/g：________________

$w(Ba)$/%：________________

2. 数据处理

$$w(Ba)=\frac{m_{BaSO_4}\times\frac{M_{Ba}}{M_{BaSO_4}}}{m_{试样}}\times100\%$$

式中，m_{BaSO_4} 为 $BaSO_4$ 的质量，g；$m_{试样}$为试样的质量，g；M_{Ba} 为 Ba 的摩尔质量，g・mol^{-1}；M_{BaSO_4} 为 $BaSO_4$ 的摩尔质量，g・mol^{-1}。

【注意事项】

（1）坩埚或沉淀进行恒重操作时，每次应注意冷却时间和称重时间相同。

（2）加入过量沉淀剂，可以利用同离子效应，减小沉淀的溶解度，使沉淀完全。沉淀剂的用量由沉淀剂的性质决定，一般来说，沉淀剂不易挥发，则过量 20%～30%；沉淀剂若易挥发，则过量 50%～100%为宜。若过量太多，会引起盐效应、配位效应等副反应，使沉淀的溶解度增大。

（3）检查 Cl^-的方法：用表面皿或试管收集数滴滤液，加 2mol・$L^{-1}$$HNO_3$ 酸化后，再加 2 滴 0.1mol・$L^{-1}$$AgNO_3$ 溶液，观察滤液是否浑浊。

（4）在高温和空气不足的情况下，碳素可能使 $BaSO_4$ 部分还原成 BaS：

$$BaSO_4+4C═BaS+4CO\uparrow$$

$$BaSO_4+4CO═BaS+4CO_2\uparrow$$

因此，必须在滤纸灰化时把碳素全部烧去，再灼烧。灼烧 $BaSO_4$ 沉淀，一般温度控制在 800～850℃。当灼烧温度高于 1000℃时，可能使部分 $BaSO_4$ 分解。

$$BaSO_4 \xlongequal{>1000℃} BaO+SO_3\uparrow$$

（5）称重时，应用坩埚钳或镊子将坩埚放进天平或取出，不允许用手直接拿取。

（6）$BaSO_4$ 沉淀完毕后，一定要陈化，以使生成的小晶粒成长成为大晶粒，利于沉淀的过滤和洗涤。

【思考题】

1. 为什么要在稀 HCl 介质中沉淀 $BaSO_4$？
2. 试液和沉淀剂预先稀释和加热近沸的目的是什么？沉淀后陈化操作的目的是什么？
3. 倾析法过滤沉淀有什么优点？
4. 若沉淀未经干燥、炭化、灰化处理，就直接放入马弗炉中灼烧，对实验有什么影响？

实验 29　电位滴定法测定卤素离子

【实验目的】

1. 掌握用 $AgNO_3$ 溶液连续滴定卤素混合溶液中 I^-和 Cl^-的测定原理及方法。

2. 学会利用作图法和二阶微商计算法确定电位滴定终点。

3. 掌握 ZD-2 型自动电位滴定仪的使用方法。

【实验原理】

电位滴定法与采用指示剂的滴定分析方法相比，电位滴定分析法的准确度高，不需要指示剂，易于自动化，不受溶液有色、浑浊的限制。电位滴定法的反应类型与普通的容量分析完全一样，根据不同的反应选择合适的指示电极。用 $AgNO_3$ 标准溶液滴定卤素离子的沉淀滴定分析中，通常以银电极为指示电极，饱和甘汞电极作参比电极，而为了防止测试时饱和甘汞电极的内充氯化钾溶液的 Cl^- 向外扩散，干扰 $AgNO_3$ 溶液滴定卤素离子，应使用双盐桥饱和甘汞电极作为参比电极。

在滴定过程中，随着向待测溶液中加入 $AgNO_3$ 标准溶液，溶液中卤素离子的浓度逐渐减小，Ag^+ 浓度则不断增大，pAg [$-\lg c(Ag^+)$]逐渐变小，在化学计量点附近会发生突跃。由25℃下银电极的电极电位 $\varphi(Ag^+/Ag)$的计算式（如下）可知，pAg 的突跃会引起银电极的电极电位 $\varphi(Ag^+/Ag)$和电池电动势 E_{MF} 的突跃，即可指示滴定终点。

$$\varphi(Ag^+/Ag)=\varphi^{\ominus}(Ag^+/Ag)-0.0592\text{pAg}$$

当用 $AgNO_3$ 标准溶液连续滴定卤素混合溶液中的 I^- 和 Cl^- 时，在两个化学计量点附近会出现两个电动势突跃，可分别指示 I^- 和 Cl^- 的滴定终点。

【仪器和试剂】

1. 仪器：ZD-2 型自动电位滴定仪、电磁搅拌器、216 型银电极、217 型饱和甘汞电极、搅拌子、10mL 棕色酸式滴定管、25mL 移液管、100mL 烧杯、25mL 量杯。

2. 试剂：$AgNO_3$ 标准溶液（$0.05mol \cdot L^{-1}$）、$Ba(NO_3)_2$（s，A.R.）、卤素混合溶液。

【实验内容】

1. 准备

（1）接通 ZD-2 型自动电位滴定仪的电源，预热仪器，将测量选择开关置于“mV”挡。

（2）滴定管中加入少量蒸馏水，通过调节电磁搅拌器上电磁压紧螺丝，并按操作面板上“•/连续”键控制滴定速度，调至每按一次“•/连续”键滴下 1～2 滴。

2. 滴定

（1）用移液管吸取 20.00mL 含 I^-、Cl^- 的试液于 100mL 烧杯中，用量杯加入 25mL 去离子水，加入 $Ba(NO_3)_2$ 固体 0.5g，放入搅拌子，将烧杯放在搅拌器中心。

（2）将银电极和双盐桥饱和甘汞电极浸入溶液中，并与 ZD-2 型自动电位滴定仪连接，打开电磁搅拌器电源，调节到适当转速，待 $Ba(NO_3)_2$ 固体溶解后，测定并记录起始电动势。

（3）用 $0.05mol \cdot L^{-1}$ 的 $AgNO_3$ 溶液进行预滴定。在搅拌下，依次按“4/快滴”键、“1/自动”键、“开始”键，仪器开始按固定的速度缓慢而连续地加入 $AgNO_3$ 溶液，仔细观察电动势的变化与对应的 $AgNO_3$ 体积消耗量。当滴过第二化学计量点后，按“退出”键停止加 $AgNO_3$ 溶液终止滴定，滴定后用蒸馏水清洗电极。按“5/查阅”键查阅上次滴定过程的电动势数据（最多保存 100 个数据），确定两个化学计量点附近的大致的 $AgNO_3$ 体积范围（准确到 1mL 范围以内）和电动势突跃变化范围。

（4）用 $0.05mol \cdot L^{-1}$ 的 $AgNO_3$ 溶液进行准确滴定。通过按“•/连续”键滴加 $AgNO_3$ 溶液，每加入一定体积的溶液后搅拌片刻，读取并记录电动势数值和滴定管的读数。根据预滴定时化学计量点的大致范围，准确测出两个电动势突跃范围内 $AgNO_3$ 加入的体积与对应的电动势值（在电动势突跃范围内要每次加入 0.10mL），记录滴定 $AgNO_3$ 的体积 V(mL) 和相应的电动势 E_{MF}(mV)值。在距离突跃点较远时，滴定剂每次加入量可大些。

（5）另取一份卤素混合溶液进行平行滴定。

（6）实验结束后，将滴定管和橡皮管中硝酸银溶液全部放出回收，并用蒸馏水清洗滴定管、电极、烧杯、转子等。

【数据记录和处理】

1. 数据记录

将滴定管读数 V 和对应的电动势 E_{MF} 记录在表格中。

第一组		第二组	
V/mL	E_{MF} /mV	V/mL	E_{MF} /mV

2. 数据处理

（1）滴定终点的确定

选用以下其中一种方法确定对应 I^- 和 Cl^- 的滴定终点所消耗的 $AgNO_3$ 标准溶液的用量（mV）。

① 二阶微商作图法　以 $\Delta^2 E_{MF}/\Delta V^2$ 为纵坐标，滴定体积 V(mV)为横坐标，绘制 $\Delta^2 E_{MF}/\Delta V^2$-$V$ 曲线（计算机作图），其中 $\Delta^2 E_{MF}/\Delta V^2$ 表示为 E_{MF}-V 曲线的二阶微商，通常一阶微商极值点对应于二阶微商的零处，所以利用绘制的 $\Delta^2 E_{MF}/\Delta V^2$-$V$ 曲线计算出二阶微商等于零处所对应的滴定体积，即为滴定终点所消耗的 $AgNO_3$ 标准溶液的用量。

② 二阶微商计算法　计算两个化学计量点前后滴加 $AgNO_3$ 标准溶液的体积（ΔV）、滴加 $AgNO_3$ 标准溶液引起的电动势的变化（ΔE_{MF}）、以及 $\Delta E_{MF}/\Delta V$ 和 $\Delta^2 E_{MF}/\Delta V^2$ 的值。其中

$$\frac{\Delta^2 E_{MF}}{\Delta V^2}=\frac{\left(\dfrac{\Delta E_{MF}}{\Delta V}\right)_2-\left(\dfrac{\Delta E_{MF}}{\Delta V}\right)_1}{\Delta V}$$

滴定终点时所消耗的滴定剂用量可利用线性插值法计算，公式如下：

$$V_0=V+\left(\frac{a}{a-b}\Delta V\right)$$

式中，V_0 为滴定终点时标准溶液的用量，mL；a 为二阶微商为零前的二阶微商值；b 为二阶微商为零后的二阶微商值；V 为二阶微商为 a 时标准溶液的用量，mL；ΔV 为由二阶微商为 a 至二阶微商为 b 所需标准溶液的体积，mL。

V /mL	E_{MF} /mV	ΔE_{MF} / mV	ΔV /mL	一阶微商 $\Delta E_{MF}/\Delta V$	二阶微商 $\Delta^2 E_{MF}/\Delta V^2$

（2）计算试样中 I^-和 Cl^-的浓度（用 $mol \cdot L^{-1}$ 表示）。

【注意事项】

（1）滴定过程中，接近化学计量点时，电势平衡会比较慢，此时可读取平衡电势值。

（2）滴定过程中，生成的卤化银沉淀易吸附溶液中的 Ag^+和卤素离子，实验前可向待测液中加入浓度较大的 $Ba(NO_3)_2$ 或 KNO_3，减小沉淀对 Ag^+的吸附作用，进而减小实验误差。

（3）饱和甘汞电极测量端应与搅拌子保持一定距离，以免将其打碎。

（4）实验中，若硝酸银溶液被洒在实验台或电位滴定仪上，应及时擦掉，以免染色。

（5）滴定结束后，银电极和甘汞电极上的沉淀要洗净后再使用。

（6）银电极的表面易被氧化而变黑，使用前可用（1+1）硝酸溶液浸泡几秒，用水冲洗后，滤纸擦干除去表面附着物。

【思考题】

1. 本实验中，用 $AgNO_3$ 滴定卤素混合溶液中 I^-和 Cl^-，滴定开始时正极和负极对应哪个电极？

2. 用 $AgNO_3$ 溶液连续滴定溶液中 I^-和 Cl^-时，为什么用双盐桥饱和甘汞电极作参比电极？

3. 简述测试时加入 $Ba(NO_3)_2$ 固体的作用。

【预习内容】

1. 电位滴定法的测定原理及方法。

2. ZD-2 型自动电位滴定仪的使用方法。

实验30 邻二氮菲分光光度法测定铁

【实验目的】

1. 掌握邻二氮菲分光光度法测定铁的原理和方法。

2. 学会选择显色反应的条件和光度分析的测定条件。

3. 了解 7220N 型可见分光光度计的使用方法。

【实验原理】

邻二氮菲分光光度法具有灵敏度高，选择性好，稳定性好，干扰容易消除等特点，是测定微量铁的常用方法。邻二氮菲(简写为 phen)作为显色剂，在 pH=2～9 条件下，与 Fe^{2+}反应生成稳定的橙红色配合物$[Fe(phen)_3]^{2+}$，其 $\lg K_{稳}=21.3$（20℃）。在最大吸收峰 510nm 处，摩尔吸光系数$\varepsilon_{510}=1.1\times10^4 L \cdot mol^{-1} \cdot cm^{-1}$，反应式如下：

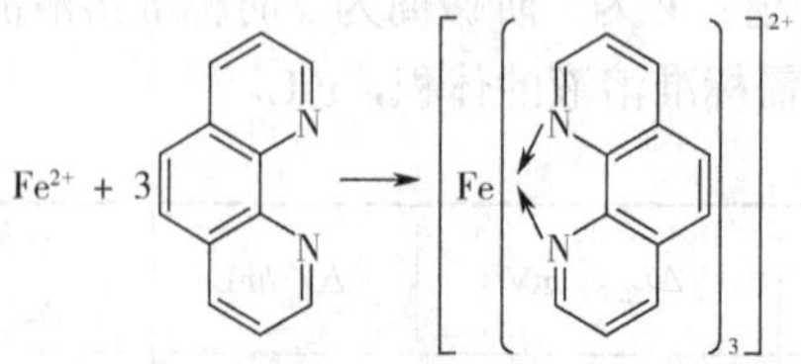

$$Fe^{2+} + 3\,phen \longrightarrow [Fe(phen)_3]^{2+}$$

邻二氮菲与 Fe^{3+}也能生成 3∶1 的淡蓝色配合物，其稳定性较低，$\lg K_{稳}=14.1$。因此溶液中有 Fe^{3+}存在时，在显色反应前应先用盐酸羟胺（$NH_2OH \cdot HCl$）将 Fe^{3+}全部还原成 Fe^{2+}，再进行显色，反应方程式如下：

$$2Fe^{3+}+2NH_2OH \cdot HCl = 2Fe^{2+}+N_2\uparrow+2H_2O+4H^++2Cl^-$$

显色时酸度过高，反应速率较慢；酸度太低，Fe^{2+}易水解，都会影响显色，测定时最适宜酸度应在 pH=5 左右。

为了使测定获得较高的灵敏度和准确度，选择适宜的显色反应条件尤为重要，如显色剂用量、溶液的酸度、显色时间、反应温度、溶剂、干扰离子等。显色反应的条件可通过条件试验法确定，具体方法就是先只变动其中一个实验条件，固定其余条件，测定一系列的吸光度值，绘制吸光度对该实验条件的曲线，根据曲线分析确定该实验条件的适宜值或范围。而测量吸光度时，还要选用合适的测量波长和参比溶液，在符合朗伯-比耳定律的浓度范围内进行测定。

【仪器和试剂】

1. 仪器：分光光度计、2cm 比色皿、容量瓶（25mL、100mL）、吸量管（1mL、2mL、5mL）。

2. 试剂：铁标准溶液（10.00μg · mL^{-1}）、盐酸羟胺水溶液（100g · L^{-1}）、邻二氮菲水溶液（1g · L^{-1}）、NaAc 溶液（1.0mol · L^{-1}）。

【实验内容】

1. 条件试验

（1）吸收曲线的绘制和测量波长的选择：取 1 只洁净的 25mL 容量瓶，吸取 10.00μg · mL^{-1} 的铁标准溶液 2.5mL 加入到容量瓶中，加入 100g · L^{-1} 盐酸羟胺溶液 0.5mL，摇匀，再加入 1.5mL NaAc 溶液和 1.5mL 邻二氮菲溶液，加蒸馏水稀释至刻度，摇匀。放置 10min 后，用 2cm 比色皿，以蒸馏水为参比溶液，在 7220N 型分光光度计上测量 570～430nm 波长范围内的吸光度值（每隔 10nm 或 20nm 测定一次吸光度）。以波长为横坐标，吸光度为纵坐标，绘制吸收曲线，从吸收曲线上找到最大吸收波长作为测定铁的测量波长。

（2）配合物的稳定性：按上述步骤配制测定溶液，用 2cm 比色皿，以蒸馏水为参比溶液，在选定的测量波长下，在加入显色剂定容后立即测定吸光度，再经 10min、30min、60min、90min 后，各测其吸光度。以时间 t 为横坐标，吸光度 A 为纵坐标，绘制 A-t 吸收曲线，分析该配合物的稳定性，并确定显色时间。

（3）显色剂的用量：取 7 只洁净的 25mL 容量瓶，分别加入 10.00μg · mL^{-1} 铁标准溶液 2.5mL，再加入 0.5mL 盐酸羟胺溶液，摇匀。经 2min 后，加入 2.5mL NaAc 溶液，摇匀，然后分别加入 1g · L^{-1} 邻二氮菲水溶液 0.20mL、0.30mL、0.50mL、0.80mL、1.00mL、1.50mL 和 2.00mL，用水稀释至刻度，摇匀。放置 10min，用 2cm 比色皿，以蒸馏水为参比，在选定的测量波长下测定上述溶液的吸光度。以加入的邻二氮菲溶液的体积为横坐标，吸光度为纵坐标，绘制曲线，分析确定显色剂的最佳加入量。

2. 铁含量的测定

（1）标准曲线的绘制：取 6 只 25mL 容量瓶，用吸量管分别吸取 10.00μg · mL^{-1} 铁标准溶液 0.00mL、1.00mL、2.00mL、3.00mL、4.00mL、5.00mL 于容量瓶中，再各加入 0.5mL 100g · L^{-1} 盐酸羟胺溶液，摇匀，经 2min 后，分别加入 2.5mL NaAc 溶液和 1.5mL 邻二氮菲溶液，以水稀释至刻度，摇匀。放置 10min 后，用 2cm 比色皿，以未加铁标准溶液的空白溶液作参比，在选定的测量波长下测定各溶液的吸光度。以铁含量为横坐标，吸光度为纵坐标，绘制标准曲线。

（2）未知液中铁含量的测定：取 1 只 25mL 容量瓶，准确吸取 5.00mL 未知液于容量瓶中，按照上述同样方法配制溶液，测定吸光度。在标准曲线上查出 5.00mL 未知液的吸光度值对应的铁含量（$mg \cdot L^{-1}$）。

【数据记录和处理】

1. 数据记录

（1）吸收曲线数据

波长/nm	430	450	470	490	500	510	520	530	550	570
吸光度										

（2）*A-t* 曲线数据

放置时间 *t*/min	0	10	30	60	90
吸光度（*A*）					

（3）*A-V* 曲线数据

容量瓶号	1	2	3	4	5	6	7
显色剂用量/mL	0.20	0.30	0.50	0.80	1.00	1.50	2.00
吸光度（*A*）							

（4）标准曲线数据

容量瓶号	1	2	3	4	5	未知液
标准溶液的量/mL	1.00	2.00	3.00	4.00	5.00	
铁含量/$\mu g \cdot mL^{-1}$						
吸光度（*A*）						

2. 绘制曲线

（1）吸收曲线；（2）*A-t* 曲线；（3）*A-V* 曲线；（4）标准曲线。

3. 结果分析

对所做的条件试验进行分析，并确定适宜的测量条件。由标准曲线计算未知液的铁含量（$mg \cdot L^{-1}$）。

【注意事项】

（1）比色皿要先用蒸馏水冲洗，再用待测溶液冲洗 2～3 遍。取放比色皿时，只能用手拿毛玻璃面；擦拭比色皿外壁溶液时，只能用擦镜纸。

（2）每改变一个波长，就得重新调 0 和 100%。

（3）显色时间应严格控制足够长，保证反应完全。

（4）比色皿内盛放的溶液不能超过其高度的 3/4。

（5）测量过程中不要将溶液洒入样品室中，以免样品室受到腐蚀。如果比色皿座架上和样品室中沾附有溶液，应用滤纸擦干净，以免腐蚀仪器。

【思考题】

1. 邻二氮菲分光光度法测定微量铁实验，在显色前加盐酸羟胺的目的是什么？如用配制已久的盐酸羟胺溶液，对测定结果有何影响？

2. 配制标准溶液和进行条件试验时，加入试剂的顺序能否颠倒？为什么？

3. 通过本实验数据计算邻二氮菲-亚铁配合物的摩尔吸光系数。

【预习内容】

1. 分光光度法的测定原理及方法。

2. 可见分光光度计的使用方法。

实验31　紫外分光光度法测定苯酚的含量

【实验目的】

1. 掌握紫外分光光度法测定苯酚含量的原理和方法。

2. 掌握应用紫外分光光度计进行定量分析的方法和基本操作。

【实验原理】

苯酚是工业废水中的一种常见的有机污染物，其含量超标将造成严重的环境污染，因此需对水中苯酚含量进行测定。

苯酚结构中含有环状共轭体系，且助色团使吸收增强，因此其在 220～380nm 具有特征吸收，在一定范围内其吸收强度与苯酚的含量成正比，符合朗伯-比耳定律，因此不需要进行显色反应，直接可以用紫外分光光度法进行定量分析。在特征吸收范围内，最大吸收峰的波长处，吸光度随浓度变化最为明显，即检测灵敏度最好，因此选择最大吸收峰的波长作为检测波长，绘制标准曲线。在相同检测条件下，检测含有苯酚的待测液的吸光度，通过标准曲线可以计算苯酚的含量。

【仪器和试剂】

1. 仪器：紫外-可见分光光度计、石英比色皿、25mL 容量瓶、10mL 吸量管。

2. 试剂：125mg・L^{-1} 苯酚标准溶液（准确称取 0.1250g 苯酚于 50mL 烧杯中，加 20mL 去离子水溶解，定量转移至 100mL 容量瓶中，用去离子水稀释定容）、含有苯酚的水样。

【实验内容】

1. 苯酚标准系列溶液的配制

取 5 个 50mL 容量瓶，用吸量管分别加入 2.00mL、4.00 mL、6.00 mL、8.00 mL、10.00mL 的苯酚标准溶液（125mg・L^{-1}），用去离子水稀释至刻度，摇匀备用。

2. 吸收曲线的测定

取上述苯酚标准系列溶液中的任一溶液，用 1cm 石英比色皿，以去离子水作参比，在 200～400nm 波长范围内，扫描测量吸收曲线，选择吸收曲线上最大吸收波长（λ_{max}）作为测定波长。

3. 标准曲线的测定

用 1cm 石英比色皿，以去离子水作参比，在选定的波长下，按浓度由低到高顺序依次测定苯酚标准溶液的吸光度，并建立标准曲线。

4. 水样的测定

在与测定苯酚标准曲线相同的条件下，测定水样的吸光度，根据标准曲线计算出水样中苯酚的浓度。

【数据记录和处理】

1. 数据记录

标准溶液浓度/mg·L^{-1}	吸光度（A）

待测样品的浓度：________________。

2. 数据处理

（1）以吸光度为纵坐标，波长为横坐标，绘制吸收曲线，找出最大吸收波长λ_{max}。

（2）以吸光度为纵坐标，标准溶液浓度为横坐标，绘制标准曲线。根据测得的水样吸光度和标准曲线，确定相对应的浓度值，并计算水样中苯酚的含量（mg·L^{-1}）。

【注意事项】

（1）为了减少测量误差，吸光度的测量值一般控制在 0.2～0.7 之间，可通过调节溶液的浓度或改变比色皿厚度，使溶液的吸光度在此区间内。

（2）苯酚长期与皮肤接触会对人体健康造成危害，操作时注意个人防护。

【思考题】

1. 紫外吸收分光光度法与原子吸收分光光度法有何异同？

2. 改变比色皿厚度对于检出限有何影响？

3. 用紫外吸收分光光度法进行定量分析时，哪些操作可能影响测定结果的准确性和精密性？

【预习内容】

1. 紫外吸收分光光度法中仪器操作方法和注意事项。

2. 外标定量分析方法。

实验32 红外光谱法测定有机物结构

【实验目的】

1. 掌握红外光谱法进行物质结构分析的基本原理，能够利用红外光谱鉴别官能团，确定有机物的主要结构。

2. 掌握红外光谱仪基本操作方法及其注意事项。

【实验原理】

红外吸收光谱法是通过研究物质结构与红外吸收光谱间的关系，对物质结构进行测定的分析方法，红外光谱可以用吸收峰谱带的位置和峰的强度加以表征。测定未知物结构是红外光谱定性分析的一个重要用途。通过实验所测绘的红外光谱图的吸收峰位置、强度和形状，利用基团振动频率与分子结构的关系，确定吸收带的归属，确认分子中所含的基团或键，并推断分子的结构。

苯具有很高的对称性，邻、间、对不同的取代方法对于化合物整体偶极矩都具有重要影响，偶极矩变化反映在谱带强度的变化上。红外谱带的强度是一个振动跃迁概率的量度，而跃迁概率与分子振动时偶极矩的变化有关，偶极矩变化越大，谱带强度越大，进而可以推出取代关系。

【仪器和试剂】

1. 仪器：红外光谱仪（包括手压式压片机、玛瑙研钵等）。

2. 试剂：光谱纯溴化钾、无水乙醇、苯甲酸、对硝基苯甲酸。

【实验内容】

1. 苯甲酸和对硝基苯甲酸固体测试样品的制备

取干燥的苯甲酸试样 1～2mg 于干净的玛瑙研钵中充分磨细，再加入 100～200mg 干燥的 KBr 粉末，继续研磨 2～5min 后，取适量的混合样品放入干净的压片模具内，堆积均匀，用手压式压片机用力加压约 30s，制成透明的苯甲酸试样薄片。取干燥的对硝基苯甲酸重复上述操作，制成透明的对硝基苯甲酸试样薄片。

2. 苯甲酸和对硝基苯甲酸固体测试样品的测试

将对硝基苯甲酸试样薄片装于样品架上，放入红外光谱仪的样品室中，先测空白背景，再将样品置于光路中，测量样品红外光谱图。扫谱结束后，取下样品架，取出薄片，将苯甲酸试样薄片装于样品架上，重复上述操作进行检测，测试完毕后按要求将模具、样品架等清理干净，妥善保管。

【数据记录和处理】

对所测谱图进行基线校正及适当平滑处理，标出主要吸收峰的波数值，储存数据后，打印谱图。解析两种化合物的红外光谱，指出各吸收峰所对应的官能团。

【注意事项】

（1）KBr 应干燥无水，由于研细的 KBr 极易吸潮，需在烘箱中于 110～150℃充分烘干（约 48 h），最好放在高温炉中 400℃烘 2h 后置于干燥器中备用；固体试样研磨和放置均应在红外灯下，防止吸水变潮；KBr 和样品的质量比在(100～200)∶1 之间。

（2）仪器注意防震、防潮、防腐蚀。

【思考题】

1. 用压片法制样时，为什么要求将固体试样研磨细?为什么要求 KBr 粉末干燥，避免吸水受潮?

2. 影响基团振动频率的因素有哪些?这对由红外光谱推断分子的结构有什么作用?

【预习内容】

1. 掌握红外光谱的基本结构和操作方法。

2. 了解红外光谱分析物质结构的基本原理和方法。

实验33 气相色谱法分析苯系物

【实验目的】

1. 掌握气相色谱仪的基本结构和使用方法。

2. 掌握分离度、校正因子的分析方法和归一化法定量原理。

【实验原理】

苯系物系指苯、乙苯、二甲苯（对二甲苯、间二甲苯、邻二甲苯）等组成的混合物。苯系物可用色谱法进行分析。分离度（R）表示两个相邻色谱峰的分离程度，其值为两个组分的保留值之差与其平均峰值之比：

$$R=\frac{2\left(t_{R2}-t_{R1}\right)}{W_1+W_2}$$

由于检测器对各个组分的灵敏度不同，计算试样中某组分含量时应将色谱图上的峰值加以校正。当试样中全部组分都显示出色谱峰时，测量全部峰值经相应的校正因子校准并归一化后，计算每个组分的质量分数的方法叫归一化法。

$$w_i=\frac{f_iA_i}{\sum\left(f_iA_i\right)}\times 100\%$$

式中 w_i——试样中组分 i 的质量分数；

f_i——组分 i 的校正因子；

A_i——组分 i 的峰面积。

【仪器和试剂】

1. 仪器：气相色谱仪（检测器 FID）。

2. 试剂：苯、乙苯、对二甲苯、邻二甲苯、间二甲苯，均以正己烷为溶剂配成溶液。

【实验内容】

1. 保留值的测定

色谱仪操作条件如下。载气：N_2 载气流速 1mL・min^{-1}；柱温：80℃；气化室温度：150℃；检测室温度：250℃。先通载气（N_2=0.4MPa，H_2=0.15MPa，压缩空气=0.2MPa），然后打开仪器总电源，开启柱箱和气化室的温控开关，并调节柱温和气化室温度至各自所需的温度，检测器选择氢火焰离子化检测器（FID）。待柱温、气化室温度稳定后，选择"点火"。在进样器面板中选择注射器量程以及每次测试前的清洗量，在控制面板中添加进样项。

分别注入 1μL 苯、乙苯、对二甲苯、邻二甲苯、间二甲苯，以及上述苯系物的混合物。得到相应色谱图并记下各组分的 t_R 值。

2. 分离度（*R*）的测定

在色谱图上画出基线，量出各组分色谱的峰宽（W），按 R 的定义式的基数计算相邻两个组分的分离度。

准确量取苯、邻二甲苯，以正己烷为溶剂配成溶液。溶液中参比物质（苯）和待测组分（邻二甲苯）的质量比（m_s/m_i）即为已知。在一定的色谱条件下，取此溶液进样得到色谱图，在色谱图上量出苯的峰面积（A_s）和邻二甲苯的峰面积（A_i），求出邻二甲苯的校正因子（f）。同样方法测定其他待测组分的校正因子。

实验测定 f 值，必须使用色谱纯试剂，并注明检测器类型和操作条件。

附：苯系物校正因子

组分	苯	乙苯	对二甲苯	间二甲苯	邻二甲苯
f	1.00	1.09	1.12	1.08	1.10

【数据记录和处理】

1. 数据记录

组分 保留值	苯	乙苯	间二甲苯	对二甲苯	邻二甲苯
t_R					
W					

2. 数据处理

（1）计算间二甲苯峰和对二甲苯峰的分离度以及乙苯和对二甲苯的分离度，并将二者进行比较。

（2）用归一化法计算苯系物中邻二甲苯的质量分数。

【注意事项】

（1）压缩空气、氮气和氢气使用前需查漏。

（2）通氢气后，待管道中残余气体排出后，及时点火。

（3）气化室温度应大于 100℃，待柱温箱温度稳定后再点火，避免气化室积水。

【思考题】

1. TCD 和 FID 检测器的特点和适用范围？

2. 氢气、氦气和氮气作为载气的优缺点，以及为什么选用氮气作为载气？

3. 简述归一化法定量的注意事项？

【预习内容】

1. 气相色谱操作方法和使用过程中的注意事项。

2. 面积归一化定量分析方法。

实验 34　高效液相色谱法测定头孢拉定精氨酸制剂中头孢拉定含量

【实验目的】

1. 掌握高效液相色谱仪的基本结构和使用方法。

2. 理解和掌握色谱定量的测定方法及注意事项。

【实验原理】

高效液相色谱是色谱法的一个重要分支，以液体为流动相，采用高压输液系统，将具有不同极性的单一溶剂或不同比例的混合溶剂、缓冲液等流动相泵入装有固定相的色谱柱，在柱内各成分被分离后，进入紫外检测器进行检测，从而实现对试样的分析。近年来，在各种药物的分离测定等中应用广泛。世界上约有80%的有机化合物可以用HPLC来进行分析测定。

本实验选择头孢拉定（$C_{16}H_{19}N_3O_4S$）作为样品，以高效液相色谱法测定其含量。采用十八烷基硅烷键合硅胶为填充剂，以含0.027mol·L^{-1}辛烷磺酸钠的0.027mol·L^{-1}磷酸氢二钠溶液（用磷酸调节pH值至8.0）-甲醇（75∶25）为流动相的反相色谱分离模式分离头孢拉定精氨酸复合制剂中头孢拉定。制剂中各种组分在柱内的移动速率不同而先后流出色谱柱。头孢拉定精氨酸复合制剂中头孢拉定在紫外区有明显的吸收，可以利用紫外检测器进行检测。在相同的实验条件下，可以将测得的未知物的保留时间和已知纯物质作对照而进行定性分析。利用标准曲线计算出未知样品中待测组分的含量。

【仪器和试剂】

1. 仪器：高效液相色谱仪、超声波清洗机。

2. 试剂：头孢拉定标准品、辛烷磺酸钠、磷酸氢二钠溶液、磷酸、甲醇、制剂样品。

【实验内容】

1.溶液的配制

（1）制剂样品溶液：精密称取制剂样品75mg，放入50mL容量瓶中加蒸馏水溶解定容。

（2）标准样品溶液：分别精密称取标准样品200 mg、150 mg、100 mg、50 mg，放入50mL容量瓶中加蒸馏水溶解定容。

2. 色谱条件优化

按仪器的要求打开计算机和液相色谱主机，调整好流动相的流量、检测波长等参数，用流动相冲洗色谱柱，直至工作站上色谱基线平直。

3. 标准曲线及样品的测定

（1）设置进样器，精密吸取不同浓度的标准溶液10μL，注入液相色谱仪，记录色谱图，以峰面积对标准品浓度绘制标准曲线。

（2）取制剂样品10μL进样，由色谱峰的保留时间进行定性分析，以色谱峰的峰面积进行外标法定量。

4. 色谱柱的清洗

（1）按照分析使用的流动相的差异，采用相应方法清洗色谱柱。

（2）待清洗完成后按开机的逆次序关机。

【数据记录和处理】

1. 数据记录

色谱条件：____

____

标准溶液浓度/mg·L^{-1}	峰面积

待测样品峰面积：____________________

2. 数据处理

以峰面积为纵坐标，标准溶液浓度为横坐标，绘制标准曲线。根据样品的峰面积在标准曲线上位置查出相对应的浓度值，计算出头孢拉定的含量（mg・L^{-1}）。

【注意事项】

（1）经常用强溶剂冲洗色谱柱，清除保留在柱内的杂质。在进行清洗时，对流路系统中流动相的置换应逐渐过渡，每种流动相的体积应是柱体积的 20 倍左右，即常规分析需要 50～75mL。由于测试过程中所用试剂含有盐类化合物，所以要用淋洗液淋洗 30min。

（2）选择使用适宜的流动相（尤其是 pH），以避免固定相被破坏。有时可以在进样器前面连接一预柱，分析柱是键合硅胶时，预柱为硅胶，可使流动相在进入分析柱之前预先被硅胶“饱和”，避免分析柱中的硅胶基质被溶解。

【思考题】

1. 梯度淋洗和等度淋洗的优缺点是什么？
2. 在液相色谱中加入缓冲盐的作用是什么？

【预习内容】

1. 液相色谱仪器操作方法。
2. 标准曲线测定样品含量的研究方法。

实验 35　火焰原子吸收法测定自来水中镁

【实验目的】

1. 掌握原子吸收光谱法的基本原理。
2. 了解原子吸收分光光度计的主要结构及工作原理。
3. 学习原子吸收光谱法实验参数的选择。

【实验原理】

采用镁空心阴极灯作为仪器光源，其辐射出波长为 285.2nm 的镁特征谱线。自来水雾化后形成蒸汽，当镁特征谱线通过蒸汽时，蒸汽中基态镁原子吸收辐射特征谱线，吸光度（A）与溶液中镁离子浓度（c）符合比耳定律，即 $A=Kc$。通过检测标准溶液吸光度，绘制标准曲线，并拟合方程。检测自来水中镁离子的吸光度，根据标准曲线拟合方程计算出自来水中镁的含量。

原子吸收法测定镁时，主要的干扰物质是自来水中的铝、硫酸盐、磷酸盐及硅酸盐等。这些干扰物质能抑制镁的原子化，导致检测结果偏低。可以加入锶、镧等释放剂消除干扰，获得正确的结果。

【仪器和试剂】

1. 仪器： 原子吸收分光光度计。

2. 试剂： 10.0μg・mL^{-1} 镁标准使用液（准确吸取 1.00mL 1000μg・mL^{-1} 镁标准储备液于 100mL 容量瓶中，用水稀释至刻度，摇匀）、10 mg・mL^{-1} 锶溶液（称取 30.4 g $SrCl_2$・$6H_2O$ 溶于水中，用水稀释至 1000mL）、（1∶1）盐酸溶液。

【实验内容】

1. 仪器操作条件的选择

移取 $10.0\mu g \cdot mL^{-1}$ 镁标准溶液 4.0mL 于 100mL 容量瓶中，加入 4mL 锶溶液，用水稀释至刻度，摇匀备用。启动原子吸收分光光度计，将波长调至 285.2nm，灯电流为 3mA，光谱通带为 0.2nm。点燃乙炔-空气火焰，进行以下操作条件的选择试验。

（1）燃气和助燃气比例：测定前先调节空气的压力（0.2MPa）和流量，使雾化器处于最佳雾化状态。固定乙炔压力为 0.05MPa，改变乙炔流量，用去离子水作参比调零，测量上述镁溶液的吸光度。选择稳定性好且吸光度较大的乙炔流量，作为最佳的乙炔流量条件。

（2）燃烧器高度：在选定的空气-乙炔的压力和流量条件下，改变燃烧器高度，以去离子水作为参比调零，测定上述镁溶液的吸光度。选择稳定性好且吸光度较大时的燃烧器高度，作为最佳的燃烧器高度条件。

2. 释放剂锶溶液加入量的选择

向 6 只 50mL 容量瓶中，分别依次加入 5mL 自来水和 1∶1 盐酸 2mL，再分别加入锶溶液 0mL、1mL、2mL、3mL、4mL、5mL，用去离子水稀释至刻度，摇匀。在选定的仪器操作条件下，以去离子水为参比调零，依次测定上述溶液的吸光度，绘制吸光度－锶溶液加入量的关系曲线，在曲线中吸光度较大且吸光度变化很小的范围内确定锶溶液的最佳用量。

3. 标准曲线的绘制

准确吸取 $10.0\mu g \cdot mL^{-1}$ 镁标准溶液 0.00mL、1.00mL、2.00mL、3.00mL、4.00mL、5.00mL，分别置于 6 只 50mL 容量瓶中，依次加入锶溶液（用量由步骤 2 确定）。在选定的仪器操作条件下，以去离子水为参比调零，测定上述溶液的吸光度。以吸光度为纵坐标，镁含量为横坐标，绘制标准曲线。

4. 自来水水样中镁的测定

准确吸取 5mL 自来水水样（可根据水样中镁含量确定用量）于 50mL 容量瓶中，加入最佳量的锶溶液，用去离子水稀释至刻度，摇匀。在选定的仪器操作条件下，以去离子水为参比调零，测定其吸光度，根据标准曲线计算自来水中镁的含量。

【数据记录和处理】

1. 数据记录

（1）释放剂锶溶液加入量

加入锶溶液体积/mL						
吸光度						

（2）标准曲线

镁浓度/$\mu g \cdot mL^{-1}$						
吸光度						

待测样品的吸光度值：________________

2. 数据处理

以吸光度为纵坐标，标准溶液浓度为横坐标，绘制标准曲线。根据测得的水样吸光度在标准曲线上查出浓度值，计算水样中镁的含量（$mg \cdot L^{-1}$）。

【注意事项】

（1）应保持空心阴极灯灯窗清洁，不小心被沾污时，可用酒精棉擦拭。

（2）检查供气管路是否漏气。检查时可在可疑处涂一些肥皂水，看是否有气泡产生，千万不能用明火检查漏气。

（3）经常保持雾室内清洁、排液通畅。测定结束后应继续喷水 5～10min，吸空气 3～4min，将其中残存的试样溶液冲洗出去。

（4）测定溶液应经过过滤或彻底澄清，防止堵塞雾化器。金属雾化器的进样毛细管堵塞时，可用软细金属丝疏通。如玻璃雾化器的进样毛细管堵塞时，可用洗耳球从前端吹出堵塞物，也可以用洗耳球从进样端抽气，同时从喷嘴处吹水，洗出堵塞物。

【思考题】

1. 原子吸收光谱法与分光光度法有哪些异同点？

2. 向试样溶液中加入锶盐的目的？配制标准系列溶液时，是否必须同样加入锶盐？

3. 某原子吸收分光光度计测定镁的最佳工作条件是否同样适用于其他型号的原子吸收分光光度计？说明原因。

【预习内容】

1. 火焰原子吸收光谱仪器的操作方法。

2. 外标定量分析方法。

第5章

综合设计性实验

5.1 综合性实验

实验36 2-甲基-2-己醇的制备

【实验目的】

1. 掌握 Grignard 试剂的制备方法。
2. 掌握 Grignard 试剂制备醇的原理和方法。
3. 练习和掌握电动搅拌机的安装和使用方法。
4. 巩固回流、萃取、蒸馏和无水条件实验操作等技能。

【实验原理】

醇是有机化学中应用极广的一类化合物，不但用作溶剂，而且是合成许多其他化合物的原料。醇的制备方法很多，工业上利用水煤气合成、淀粉发酵以及以烃类为原料通过多种途径来制备醇。在实验室中，则常用格利雅（Grignard）反应来合成结构复杂的醇。

利用 Grignard 反应制备醇分两步：第一步，卤代烷与镁在无水纯醚中反应制备 Grignard 试剂；第二步，格氏试剂与羰基化合物反应，再水解制得醇。

本实验利用 1-溴丁烷经 Grignard 试剂与丙酮反应制备 2-甲基-2-己醇。

$$n\text{-}C_4H_9Br+Mg \xrightarrow{CH_3OCH_3} n\text{-}C_4H_9MgBr \xrightarrow{CH_3COCH_3} n\text{-}C_4H_9\underset{\displaystyle OMgBr}{\underset{|}{C}}(CH_3)_2 \xrightarrow{H_2O,\ H^+} n\text{-}C_4H_9\underset{\displaystyle OH}{\underset{|}{C}}(CH_3)_2$$

制备 Grignard 试剂时，水分的存在会抑制反应的引发；且 Grignard 试剂遇水极易分解，降低实验产率，所以反应须在无水条件下进行，所用仪器和试剂都需干燥，采用新制无水乙醚作溶剂。

Grignard 反应是放热反应，故卤代烃的滴加不宜过快，必要时可冷水冷却。当反应开始后，调节滴加速度，使反应物保持微沸状态。在反应不易发生时，可用温水浴加热或加入少量 I_2粒引发反应。

【仪器和试剂】

1. 仪器：三口烧瓶（250mL）、球形冷凝管、滴液漏斗、氯化钙干燥管、搅拌器、蒸馏装置。

2. 试剂：镁条3.1g(0.13mol)、1-溴丁烷 13.5mL(17g，0.13mol)、丙酮 10mL(7.9g，0.14mol)、无水乙醚（自制）、乙醚、10%H_2SO_4、5% Na_2CO_3、无水 K_2CO_3、无水 $CaCl_2$、硝酸铈铵、Lucas 试剂。

【实验内容】

1. 正丁基溴化镁的制备

取 150mL 三口烧瓶，按图 2-37（b）搭建反应装置[1]，回流冷凝管上口装上无水 $CaCl_2$ 干燥管（阻隔空气中的水汽）。向三口烧瓶内投入 3.1g 镁条或新处理的镁屑[2]、15mL 无水乙醚及一小粒碘。在恒压滴液漏斗中混合 13.5mL 1-溴丁烷和 15mL 无水乙醚。

先往三口烧瓶中滴入约 5mL 混合液，数分钟后溶液呈微沸状态，碘的颜色消失。若不发生反应，可用温水浴加热。反应开始比较剧烈，必要时可用冷水浴冷却。

待反应缓和后，自冷凝管上端加入 25mL 无水乙醚。打开搅拌器[3]，并滴入其余的 1-溴丁烷与无水乙醚的混合液，控制滴加速度维持反应液呈微沸状态。滴加完毕后，在热水浴上回流 20min，使镁条作用完全。

2. 2-甲基-2-己醇的制备

在冰水浴冷却和搅拌下，将 10mL 丙酮和 15mL 无水乙醚的混合液自恒压滴液漏斗滴入制好的 Grignard 试剂。控制滴加速度，维持反应液呈微沸状态。滴加完后，在室温下继续搅拌 15min，最后三口烧瓶有白色黏稠状固体析出。

将反应瓶在冰水浴冷却和搅拌下，自恒压滴液漏斗中分批加入 100mL 10%硫酸溶液，分解加成产物（开始滴入宜慢，以后可逐渐加快）。待分解完全后，将溶液倒入分液漏斗中，分出醚层。水层用 25mL 乙醚萃取两次，合并醚层，用 30mL 5% Na_2CO_3 溶液洗涤一次，无水 K_2CO_3 干燥[4]。

干燥后的粗产物醚溶液分批转入小烧瓶中，温水浴蒸去乙醚[5]，最后在石棉网上直接加热蒸出产品，收集 137～141℃馏分。

【数据记录和处理】

1. 羟基的鉴定（Lucas 试验）

取样品 5～6 滴于干燥的试管中，加入 Lucas 试剂（盐酸-氯化锌试剂）2mL，在水浴中温热数分钟，塞住管口激烈振荡后，静置，溶液慢慢出现浑浊，最后出现分层，则有醇存在。

2. 沸点测定：测定产物沸点。

3. 折射率测定：测定产物折射率。

【注意事项】

[1] 本实验所用仪器及试剂必须充分干燥。正溴丁烷用无水氯化钙干燥并蒸馏纯化；丙酮用无水碳酸钾干燥，亦经蒸馏纯化。所用仪器，在烘箱中烘干后，取出稍冷后放入干燥器中冷却，或将仪器取出后，在开口处用塞子塞紧，以防止在冷却过程中玻璃壁吸附空

气中的水分。

[2] 镁屑不宜采用长期放置的。如长期放置，镁屑表面常有一层氧化膜，可采用下法除去：用 5% 盐酸溶液作用数分钟，抽滤除去酸液后，依次用水、乙醇、乙醚洗涤。抽干后置于干燥器内备用。也可用镁带代替镁屑，使用前用细砂纸将其表面擦亮，剪成小段。

[3] 为了使开始时正溴丁烷局部浓度较大，易于发生反应，故搅拌应在反应开始后进行。若 5min 后反应仍不开始，可用温水浴温热，或在加热前加入一小粒碘促使反应开始。

[4] 2-甲基-2-己醇与水形成共沸物，因此必须充分干燥，否则前馏分将大大地增加。

[5] 因为乙醚极容易挥发，且易燃烧，与空气混合到一定比例时即发生爆炸。所以蒸馏乙醚时，只能用温水浴加热，蒸馏装置要严密不漏气，接液器支管上接的橡皮管要引入水槽或室外，且接收器外要用冰水冷却。在实验室中使用或蒸馏乙醚时，实验台附近严禁有明火。

主要试剂及产物的物理常数

名称	分子量	密度 /g·cm^{-3}	熔点/℃	沸点/℃	折射率 (n_D^{20})	溶解度/(g/100mL)		
						水	乙醇	乙醚
正溴丁烷	137.03	1.2758	−112.4	101.6	1.4396	不溶	∞	∞
丙酮	58.08	0.789	−95.35	56.2	1.3588	∞	∞	∞
2-甲基-2-己醇	116.2	0.8119		143	1.4175	微溶	溶	溶

【思考题】

1. 涉及 Grignard 试剂的实验，为什么所使用的仪器药品均需干燥？本实验为此采取了哪些措施？

2. Grignard 试剂的相关反应也须在无氧条件下进行，本实验为什么没事先驱赶容器内的空气，且没有采用惰性气体保护？

3. 乙醚在本实验各步骤中的作用分别是什么？使用乙醚应注意哪些安全问题？

4. 本实验的粗产物为什么不能用无水 $CaCl_2$ 干燥？

实验37 4-苯基-3-丁烯-2-酮的制备

【实验目的】

1. 学习利用羟醛缩合反应增长碳链的原理和方法。

2. 进一步熟悉搅拌器的使用以及减压蒸馏操作。

【实验原理】

两分子具有α-活泼氢的醛、酮在稀酸或稀碱催化下发生分子间缩合反应，生成β-羟基醛或酮；若提高反应温度，则进一步失水成α,β-不饱和醛酮，这种反应叫羟醛缩合反应，是合成α,β-不饱和羰基化合物的重要方法，也是有机合成中增长碳链的方法之一。

羟醛缩合分自身羟醛缩合和交叉羟醛缩合。由不含α-活泼氢的芳醛与含有α-活泼氢的醛酮进行的交叉羟醛缩合称为 Claisen-Schmidt 反应。本实验用苯甲醛和丙酮在稀碱 NaOH 中进行交叉羟醛缩合反应来制备 4-苯基-3-丁烯-2-酮。

反应式：

$$C_6H_5\text{—}CHO + CH_3COCH_3 \xrightarrow{NaOH} C_6H_5\text{—}CH{=\!=}CHCOCH_3 + H_2O$$

4-苯基-3-丁烯-2-酮（亚苄基丙酮）具有类似香豆素的香气，可用作合成香料和香精。

【仪器和试剂】

1. 仪器：三口烧瓶、恒压滴液漏斗、回流冷凝管、分液漏斗、温度计、蒸馏头、直形冷凝管、接引管。

2. 试剂：苯甲醛 2.5mL（2.6g，0.025mol）、丙酮 5mL（4.0g，0.07mol）、乙醚、10% NaOH、2%盐酸、饱和食盐水、无水硫酸镁。

【实验内容】

在 50mL 三口烧瓶上分别装配搅拌器、恒压滴液漏斗、温度计和冷凝管。向三口烧瓶中加入 2.5mL 新蒸馏苯甲醛、5mL 丙酮和 2.5mL 水。开动搅拌，然后自滴液漏斗中慢慢滴加 1mL 10%NaOH 水溶液，控制滴加速度使反应液的温度保持在 25～30℃[1]，必要时用冷水冷却。滴加完毕后，在室温下继续搅拌 1 h。

向三口烧瓶中滴加 2%盐酸溶液（约 4mL），使反应液呈中性。将反应液倒入分液漏斗中，静置分层，分出有机层。水层用 3mL 乙醚萃取三次，将萃取液与有机层合并，用 3mL 饱和食盐水洗涤一次，然后用无水硫酸镁干燥。过滤后，滤液用水浴蒸馏回收乙醚，然后减压蒸馏收集产品[2]。产物在 0.93kPa（7 mmHg）下的沸点为 120～130℃，在 2.13kPa（16mmHg）下的沸点为 133～143℃。产物冷却后为淡黄色固体 2.4～2.6g，熔点为 38～40℃。

【数据记录和处理】

测定产物的熔点及红外光谱图。

【注意事项】

［1］反应温度太高，则副产物多，产率下降。

［2］亚苄基丙酮对皮肤有刺激作用，处理时应小心，防止与皮肤接触。

主要试剂及产物的物理常数

名称	分子量	密度/g·cm^{-3}	熔点/℃	沸点/℃	折射率（n_D^{20}）	溶解度/（g/100mL）		
						水	乙醇	乙醚
苯甲醛	106.1	1.046	−26	179.1	1.5463	0.3	∞	∞
丙酮	58.08	0.789	−95.35	56.2	1.3588	∞	∞	∞
亚苄基丙酮	146.19	1.097^{45}	42	26^{2}	1.5836	不溶	溶	溶

【思考题】

本实验中可能会产生哪些副反应？若碱的浓度偏高，有什么不好？

实验38 铜表面的电镀镍

【实验目的】

1. 掌握电镀的基本原理和实验操作，学会赫尔槽仪的使用方法。

2. 了解普通镀镍的镀液组成。

【实验原理】

镍具有很强的钝化能力，在空气中能迅速地形成一层极薄的钝化膜，使其保持持久不变的色泽。常温下，镍能很好地防止大气、水、碱液的侵蚀。在碱、盐和有机酸中很稳定，在硫酸和盐酸中的溶解速率很小。另外，镍的硬度较高，在其他金属的表面镀一层镍层，可以提高制品的表面硬度，并使其具有较好的耐磨性。

镍是铁族元素，属于电化学极化较大的体系，当电解时能产生较大的极化作用，即使在很小的电流密度下，也会产生显著的极化作用。因此，镀镍与镀锌、铜等不同，它不需要特殊的络合剂和添加剂。因为电沉积镍时有较大的极化作用，所以在强酸中根本不可能把它沉积出来，因此镀镍的电镀液只能使用弱酸性电解液。电镀镍电解液的组成和工艺条件见表5-1。

表 5-1 电镀镍电解液的组成和工艺条件

配方组成/$g \cdot L^{-1}$	普通镀镍
硫酸镍	250～300
氯化钠	7～9
硼酸	35～40
硫酸钠	80～100
硫酸镁	50～60
十二烷基硫酸钠	0.05～1.0
工艺条件	普通镀镍
pH 值	4.0～4.5
温度/℃	18～40
阴极电流密度/$A \cdot dm^{-2}$	0.25～1.0

赫尔槽实验是电镀工艺中最常用、最直观、半定量的实验方法，可简单快速地测试镀液性能、镀液组成和工艺条件的改变对镀层质量产生的影响。赫尔槽实验可用于确定镀液中各种成分的合适用量，确定选择合适的工艺条件，以及测定镀液的分散能力等，有较广泛的应用。

【仪器和试剂】

仪器：台秤、镊子、药勺、烧杯、容量瓶、玻璃棒、表面皿、剪刀、吹风机、导线、直尺、铅笔、小刀（或卷笔筒）、温度计、矩形电镀槽、赫尔槽仪、恒电位仪。

试剂：硫酸镍、氯化钠、硼酸、硫酸钠、硫酸镁、十二烷基硫酸钠、镍片（阳极试片）、单面覆铜板（阴极试片）、酒精、去污粉。

其他材料：pH 试纸、滤纸。

【实验内容】

1. 镀液准备：配制镀镍溶液。

（1）称量所需硫酸镍的质量，装入烧杯中，加入适量蒸馏水，搅拌，全部溶解，得到翠绿色溶液；

（2）称量氯化钠，加入（1）步得到的溶液中，搅拌溶解；

（3）称量硫酸钠，加入（2）步得到的溶液中，搅拌溶解；

（4）称量硫酸镁，加入（3）步得到的溶液中，搅拌溶解；

（5）称量十二烷基硫酸钠，加入（4）步得到的溶液中，搅拌溶解；

（6）最后称量硼酸，加入（5）步得到的溶液中，搅拌溶解；

（7）将（6）步得到的溶液转移到容量瓶中，定容，待测试用。

2. 试片准备：将阴极试片用酒精除油，再用去污粉擦洗，表面无油无锈后，用热风机吹干。

3. 阴极试片冷却至室温后，在天平上称重，并记录阴极试片的质量。

4. 计算电流密度为 0.25～1A・dm^{-2} 时的电流强度值。

5. 将阳极洗净后放入槽中相应位置，加入镀液。

6. 接好线路，按电流密度为 0.25～1A・dm^{-2} 电镀 10min。

7. 将阴极片取出，冲洗干净，用热风机彻底吹干，冷却至室温，在天平上称重，记录数据。

【数据记录和处理】

1. 实验数据记录。

阴极试片镀前质量/g	阴极试片镀后质量/g	阴极试片增加的质量/g

2. 计算镀件的增重和镀层的厚度。

3. 利用赫尔槽的镀层的表示符号，绘制镀层的表观现象（见图 5-1）。

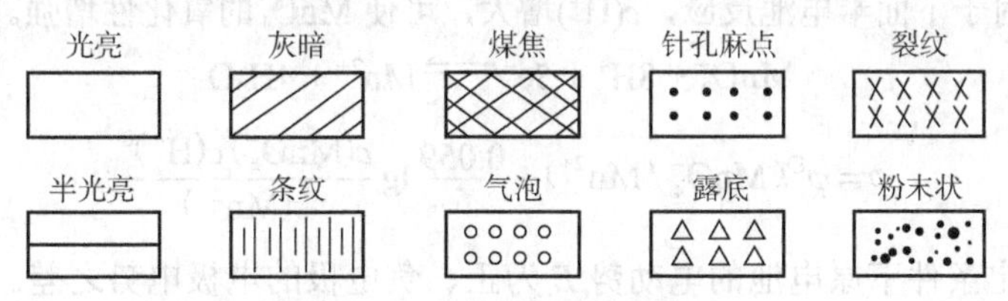

图 5–1 镀层状况的表示符号

4. 误差分析。

【注意事项】

（1）镀液配制时，一定要将加入的组分都搅拌溶解，再加入下一组分。

（2）电镀时，请注意赫尔槽仪的正负极和电镀阳极、阴极的连接，切忌接反。

（3）硫酸镍具有一定的刺激性，尽量避免接触皮肤，或佩戴手套。

【思考题】

1. 电镀前对单面覆铜板用酒精或者去污粉清洗，目的是什么？

2. 如果想获得光亮镀层，镀液中应加入什么试剂？

实验39 氧化还原反应与电化学

【实验目的】

1. 掌握电极电势大小与氧化还原反应方向的关系，以及介质和温度对氧化还原反应的影响。

2. 掌握化学电池的电动势、氧化态或还原态浓度变化对电极电势的影响。

【实验原理】

氧化还原过程中氧化剂或还原剂得、失电子能力的大小，或者说氧化、还原能力的强弱，可用它们的氧化态/还原态所组成的电对的电极电势的相对高低来衡量。一个电对的电极电势（以还原电势为准）代数值越大，其氧化态的氧化能力越强，其还原态的还原能力越弱。所以根据其电极电势（$\varphi^{\ominus}$）的大小，可判断一个氧化还原反应的进行方向，当氧化剂电对的电极电势大于还原剂电对的电极电势时，反应能正向自发进行。当氧化剂电对和还原剂电对的标准电极电势相差较大时，通常可以用标准电极电势判断反应的方向。例如，$\varphi^{\ominus}(I_2/I^-)=0.535V$，$\varphi^{\ominus}(Fe^{3+}/Fe^{2+})=0.771V$，对于反应式 $2Fe^{3+}+2I^-=\!=I_2+2Fe^{2+}$，反应向右进行，氧化态的氧化能力 $Br_2>Fe^{3+}>I_2$。

浓度与电极电势的关系（25℃）可用能斯特方程式表示，以 Fe^{3+}/Fe^{2+}电对为例，Fe^{3+}或Fe^{2+}浓度的变化都会改变其电极电势φ数值，特别是有沉淀剂（包括 OH^-）或配合剂的存在，能够大大减小溶液中某一离子的浓度，甚至可以改变反应的方向。

$$\varphi=\varphi^{\ominus}+\frac{0.059}{n}\lg\frac{c(\text{氧化态})}{c(\text{还原态})}$$

$$\varphi=\varphi^{\ominus}(Fe^{3+}/Fe^{2+})+\frac{0.059}{1}\lg\frac{c(Fe^{3+})}{c(Fe^{2+})}$$

对于含氧酸根参加的氧化还原反应中，经常有 H^+参加，这样介质的酸度也对φ值产生影响。例如，对于下面半电池反应，$c(H^+)$增大，可使 MnO_4^-的氧化性增强。

$$MnO_4^- + 8H^+ + 5e^- \rightleftharpoons Mn^{2+} + 4H_2O$$

$$\varphi=\varphi^{\ominus}(MnO_4^-/Mn^{2+})+\frac{0.059}{5}\lg\frac{c(MnO_4^-)\,c(H^+)^8}{c(Mn^{2+})}$$

由于在一定条件下原电池的电动势 E 为正、负电极的电极电势之差。所以先规定在101.325kPa、25℃和$\alpha(H^+)=1$ 的条件下 $\varphi^{\ominus}(H^+/H_2)=0$，然后测定一系列原电池（包括氢电极或者其他参比电极）的电动势，从而直接或间接测出一系列电对的相对电极电势 $\varphi^{\ominus}$。本实验利用电位差计测量，仅比较其相对数值。

【仪器和试剂】

1. 仪器： 数字电位差计、烧杯、锌片、铜片、盐桥、导线、小试管、水浴装置等。

2. 试剂： CCl_4、H_2SO_4（$2mol\cdot L^{-1}$）、HAc（$6mol\cdot L^{-1}$）、NaOH（$6mol\cdot L^{-1}$）、$CuSO_4$

（$0.01mol \cdot L^{-1}$）、KI（$0.1mol \cdot L^{-1}$）、KIO_3（$0.1mol \cdot L^{-1}$）、$FeCl_3$（$0.1mol \cdot L^{-1}$）、KBr（$0.1mol \cdot L^{-1}$）、$KMnO_4$（$0.01mol \cdot L^{-1}$）、Na_2SO_3（$0.5mol \cdot L^{-1}$）、$ZnSO_4$（$0.01mol \cdot L^{-1}$）、$H_2C_2O_4$（$0.1mol \cdot L^{-1}$）、氨水（$6mol \cdot L^{-1}$）。

【实验内容】

1．电极电势与氧化还原反应的关系

在小试管中将 3～4 滴 $0.1mol \cdot L^{-1}$ KI 溶液用蒸馏水稀释至 1mL，加入 2 滴 $0.1mol \cdot L^{-1}$ $FeCl_3$，摇匀后加入 0.5mL CCl_4，充分振荡，观察 CCl_4 液层的颜色有何变化，写出反应方程式。用 $0.1mol \cdot L^{-1}$ KBr 溶液代替 $0.1mol \cdot L^{-1}$ KI 溶液重复上述实验，观察 CCl_4 层的颜色。

定性比较 Br_2/Br^-、I_2/I^-、Fe^{3+}/Fe^{2+}三个电对的电极电势的相对高低（即代数值的相对大小），并指出哪个电对的氧化态是最强的氧化剂，哪个电对的还原态是最强的还原剂。

2．介质对氧化还原反应的影响

（1）介质的酸性对氧化还原反应速率的影响

在两个各盛有 0.5mL $0.1mol \cdot L^{-1}$ KBr 溶液的试管中，分别加入 0.5mL $2mol \cdot L^{-1}$ H_2SO_4 溶液和 $6mol \cdot L^{-1}$ HAc 溶液，然后往两个试管中各加入 2 滴 $0.01mol \cdot L^{-1}$ $KMnO_4$。观察并比较两个试管中的紫色溶液褪色的快慢，写出反应式，并解释原因。

（2）介质的酸碱性对氧化还原反应方向的影响

在试管中加入 10 滴 $0.1mol \cdot L^{-1}$ KI 溶液和 2～3 滴 $0.1mol \cdot L^{-1}$ KIO_3溶液，振荡混合后，观察有无变化。再加入几滴 $2mol \cdot L^{-1}$ H_2SO_4 溶液，观察现象。再逐滴加入 $2mol \cdot L^{-1}$ NaOH 溶液，使混合液呈碱性，观察并解释反应现象，写出反应方程式。

（3）介质的酸碱性对氧化还原反应产物的影响

取 3 支试管，各加入 10 滴 $0.01mol \cdot L^{-1}$ $KMnO_4$ 溶液，向第一支试管中滴入 3 滴 $2mol \cdot L^{-1}$ H_2SO_4 溶液，向第二支试管中滴入 3 滴蒸馏水，向第三支试管中滴入 3 滴 $6mol \cdot L^{-1}$ NaOH 溶液，然后向三支试管中分别滴入 $0.5mol \cdot L^{-1}$ Na_2SO_3 溶液 3 滴，摇匀。观察并解释反应现象，写出反应方程式。

3．温度对氧化还原反应的影响

在两支试管中，各加入 10 滴 $0.1mol \cdot L^{-1}$ $H_2C_2O_4$ 溶液、3 滴 $2mol \cdot L^{-1}$ H_2SO_4 和 1 滴 $0.01mol \cdot L^{-1}$ $KMnO_4$ 溶液，摇匀；将其中一支试管放入 80℃水浴中加热，另一支试管不加热，比较两支试管紫红色褪色快慢，并解释。

4．浓度对电极电势的影响

（1）在 50mL 烧杯中加入 20mL $0.01mol \cdot L^{-1}$ $CuSO_4$，在另一个 50mL 烧杯中加入 20mL $0.01mol \cdot L^{-1}$ $ZnSO_4$ 溶液，然后在 $CuSO_4$ 溶液内放一仔细打磨过的铜片，在 $ZnSO_4$ 溶液内放一仔细打磨过的锌片，组成两个电极。用一个盐桥将它们连接起来，通过电位差计测定其电势差。

（2）取下盛 $CuSO_4$ 溶液的烧杯，在其中加入 $6mol \cdot L^{-1}$ 氨水（加氨水之前必须取出盐桥），搅拌至生成的沉淀完全溶解，形成深蓝色的溶液，测量电势差值，观察有何变化？相关反应方程式如下：

$$2Cu^{2+} + SO_4^{2-} + 2NH_3 \cdot H_2O \rightleftharpoons Cu_2(OH)_2SO_4 \downarrow + 2NH_4^+$$

$$Cu_2(OH)_2SO_4 + 8NH_3 \cdot H_2O \rightleftharpoons 2[Cu(NH_3)_4]^{2+} + 2OH^- + SO_4^{2-} + 8H_2O$$

（3）再在 $ZnSO_4$ 溶液中滴加 6mol·L^{-1} 氨水（加氨水之前必须取出盐桥）至生成的沉淀完全溶解，测量电势差值，试解释电势差变化的原因，相关反应方程式如下：

$$Zn^{2+} + 2NH_3 \cdot H_2O \rightleftharpoons Zn(OH)_2 \downarrow + 2NH_4^+$$

$$Zn(OH)_2 + 4NH_3 \cdot H_2O \rightleftharpoons [Zn(NH_3)_4]^{2+} + 2OH^- + 4H_2O$$

【注意事项】

（1）测量时，电极的引入导线应保持静止，否则会引起测量不稳定。

（2）测量结束后，铜片和锌片用蒸馏水淋洗，滤纸条吸干。

【思考题】

1. 从电极电势说明介质的酸度变化对 H_2O_2、Br_2 和 Fe^{3+}的氧化性有无影响？

2. 归纳总结影响电极电势的因素，在实验中应如何控制介质条件？

实验40 毛细管电泳分离测定饮料中防腐剂

【实验目的】

1. 学习毛细管电泳的基本原理和毛细管电泳仪的操作方法。

2. 掌握毛细管电泳测定饮料中防腐剂的测定原理。

【实验原理】

毛细管电泳又称高效毛细管电泳（high performance capillary electrophoresis，HPCE），是一类在高压直流电场作用下，以电渗流为驱动力，毛细管为分离通道，依据样品中各组分的迁移速度不同而实现分离的新型液相分离技术。毛细管电泳与其他色谱技术相比，具有分离模式多、分析时间短、分辨率高、样品和试剂消耗极小、前处理简单、生物相容性强等优势，被广泛应用于手性分离、食品安全、生物分析、环境监测等领域。毛细管电泳是一种分离分析技术，它是高效液相色谱分析的补充，是凝胶电泳技术的升级发展，这种技术可以分析成分小至有机离子，大至生物大分子如蛋白质、核酸等。

苯甲酸是饮料中常见的食品防腐剂，又名安息香酸，稍溶于水，溶于乙醇，酸性条件下对酵母、霉菌、细菌等微生物有明显抑制作用。因为苯甲酸溶解度较低，实际生产中大多使用其钠盐。食品防腐剂一旦过量会对人体健康产生危害，所以各国对防腐剂的用量和残留量都有严格的规定，防腐剂的准备检测对食品卫生安全具有重要意义。本实验通过毛细管电泳分离测定饮料中防腐剂苯甲酸，利用苯甲酸对 225nm 波长紫外线的吸收进行定量检测。此外，也可以通过高效液相色谱法、气相色谱法、紫外分光光度法和薄层色谱法等检测饮料中防腐剂含量。

【仪器和试剂】

1. 仪器：毛细管电泳仪、紫外吸收检测器、石英毛细管（内径 75μm，总长度 60cm，有效长度 50.0cm）、吸量管、容量瓶。

2. 试剂：硼砂缓冲溶液、0.1mol·L^{-1} NaOH 溶液、1.0mg·mL^{-1} 苯甲酸钠标准储备液、市售饮料。

【实验内容】

1. 仪器测定条件和分离介质选择

仪器测定条件：工作电压为 25kV；紫外吸收检测器波长为 225nm，阴极检测；毛细管恒温在 25℃；以 30mBar（$1bar=10^5Pa$）的压力进样 10s。

分离介质选用 $0.01mmol \cdot L^{-1}$ 硼砂溶液，pH=9.2，经 0.45μm 滤膜过滤，脱气。

2. 标准曲线的绘制

分别吸取 $1.0mg \cdot mL^{-1}$ 苯甲酸钠标准储备液 0.10mL、0.20mL、0.40mL、0.60mL、0.80mL 于 5 个 10mL 容量瓶中，加蒸馏水稀释至刻度，摇匀，配制成苯甲酸钠系列标准溶液，在确定的分离条件下测定苯甲酸钠系列溶液的峰面积。以峰面积为纵坐标，苯甲酸钠质量浓度为横坐标，绘制标准曲线，线性拟合确定回归方程。

3. 样品中苯甲酸钠的测定

准确移取市售饮料 0.5mL 于 5mL 容量瓶中，加蒸馏水稀释定容，经 0.45μm 滤膜过滤，脱气，在上述测定条件下测定饮料中苯甲酸钠的峰面积，平行测定 3 次，计算峰面积的平均值，利用标准曲线的回归方程，求得样品溶液中苯甲酸钠的质量浓度。

【数据记录和处理】

样品溶液中苯甲酸钠的质量浓度计算公式如下：

$$c_{样品}=\frac{cV_0}{V}$$

式中，$c_{样品}$为样品中苯甲酸钠的质量浓度，$\mu g \cdot mL^{-1}$；c为由回归方程计算的苯甲酸钠的浓度，$\mu g \cdot mL^{-1}$；V_0为样品定容体积，mL；V为取样的体积，mL。

【注意事项】

（1）毛细管电泳仪采用高压电源，实验过程中要严格执行操作规程。

（2）每次进样后用 $0.1mol \cdot L^{-1}$ NaOH 溶液、蒸馏水和缓冲溶液各冲洗毛细管仪 2min。

【思考题】

1. 毛细管电泳与高效液相色谱法的区别是什么？其优势是什么？
2. 毛细管电泳适用于分离分析哪些物质？

实验 41　钼酸铁/氧化钼异质纳米结构的制备研究

【实验目的】

1．学会通过水热法合成制备氧化钼纳米棒。
2．学习制备钼酸铁/氧化钼一维异质纳米结构。
3．掌握实验条件对异质纳米结构合成的影响。

【实验原理】

钼酸铁具有良好的催化特性，可以催化丙烯生产环氧丙烷，另外，还可以用来制作气敏传感器检测乙醇和硫化氢等。钼酸铁在工业上一般采用共沉淀方法制备，制备条件对其催化等性能的影响较大。纳米材料具有较大的比表面积，因此有利于提高其物理化学性能。但是，纳米材料一般团聚现象较为明显，会显著影响其性能的稳定性。如果将纳米材料生长在其他一维纳米材料的表面，形成纳米异质结构，可以有效地抑制其团聚现象的产生。通过设计实验，寻找具有特定物理化学特性的一维纳米材料作为支撑材料，发挥它们的共性，即协同效应，可以进一步提高纳米催化剂的催化特性。将纳米钼酸铁生长在一维氧化钼纳米棒的表面，可以显著提高它们的催化特性。

【仪器和试剂】

1. 仪器：水浴装置、机械搅拌器、离心机、X射线粉末衍射仪、扫描电子显微镜。

2. 试剂：钼酸铵、硝酸铁、硝酸、双氧水。

【实验内容】

实验中所使用的一维氧化钼纳米棒采用水热方法制备。具体实验步骤为：将钼酸铵在空气气氛下，500℃退火4h，得到氧化钼粉末。称量7.5g氧化钼粉末，加入50mL双氧水、27mL浓硝酸、170mL蒸馏水，搅拌6h以上至形成透明黄色溶液，静置4天以上。取35mL上述溶液，置于高压釜内胆内，密封高压釜，170℃反应24h。待高压釜冷却到室温后，将内胆中的衬底用水清洗数次，干燥得到一维氧化钼纳米棒。

取0.075g氧化钼纳米棒，将其分散到100mL水中，加入0.3g硝酸铁，在机械搅拌下，水浴50℃反应2h，然后离心分离沉淀。将所得到的沉淀，在空气气氛下，500℃退火4h，得到钼酸铁/氧化钼一维异质纳米结构。

改变实验条件，观察异质纳米结构的变化。

【数据记录和处理】

设计数据记录表格，记录实验条件的改变对异质纳米结构的影响。根据实验数据，得出结论。

【注意事项】

（1）注意反应条件的控制。

（2）搅拌时间需足够长。

【思考题】

本实验采用的合成方法是什么？该方法有什么优点？

实验42　丙烯酸酯防污涂料合成及性能评价

【实验目的】

1. 掌握丙烯酸酯防污涂料的制备方法。

2. 掌握涂料基本性能，细度、固含量和黏度的评价方法。

【实验原理】

涂料是涂于物体表面能形成具有保护、装饰或特殊性能的固态漆膜的一类液体或固体材料的总称。早期多以植物油为主要原料，故有“油漆”之称。

丙烯酸酯防污涂料是涂覆于船底水线以下防腐底漆或连接漆表面的涂层，可以减少海洋中海洋生物如藻类、贝类以及浮游生物等附着于船底或水下建筑表面，保护船底表面不被生物黏附繁殖，以降低其对船舶航速、机动性能和燃油消耗的不良影响。

丙烯酸酯防污涂料的组成包括成膜树脂、有机/无机颜填料、溶剂、助剂及防污剂。成膜物质主要是支链上键接非锡官能团，如铜、锌以及硅烷等的（甲基）丙烯酸系共聚物，利用其侧链水解使其由疏水性树脂变成亲水性树脂而实现防污涂层的不断更新。颜填料一般是0.2～10μm的无机或有机粉末，可起到遮盖和赋色的作用，改善漆膜的力学性能和调节防污剂的渗出率。防污剂能在海水中微溶，主要实现驱除和杀灭污损生物的作用。溶剂通常为能溶解成膜物的易挥发有机液体，改善涂料的可涂布性，对最终涂膜的性质影响不大。助剂主要有触变剂、稳定剂及防沉剂。

研磨细度是涂料中颜料及体质颜料分散程度的量度，是色漆重要的内在质量之一，对成膜质量，漆膜的光泽、耐久性，涂料的贮存稳定性均有很大的影响。刮板细度计测定的原理是利用刮板细度计上的楔形沟槽将涂料刮出一个楔形层，用肉眼辨别湿膜内颗粒出现的显著位置，以得出细度读数。涂料的固体含量，即不挥发分，又称固体分，在涂料涂布和干燥过程中并不挥发逸出，而是留在被涂物表面形成涂膜。固体分在涂料中所占的质量分数就是涂料的“固体含量”，是涂料的一个重要技术指标。涂料固体含量的测定，即涂料在一定温度下加热焙烘后剩余物质量与试样质量的比值，以百分数表示。

黏度也是涂料产品的重要指标之一，是测定涂料中聚合物分子量大小的可靠方法。制漆中黏度过高会产生胶化，黏度过低则会使应加的溶剂无法加入，严重影响漆膜性能。同样，在涂料施工过程中，黏度过高会使施工困难，漆膜的流平性差，黏度过低会造成流挂及其他弊病。因此涂料黏度的测定，对于涂料生产过程中的控制以及保证涂料产品的质量都是必要的。液体涂料的黏度检测方法很多，有流出法、垂直式落球法、设定剪切速率法，分别适用于不同品种。

【仪器和试剂】

1. 试剂：丙烯酸酯树脂溶液（固含量≤48%）、松香溶液（50%二甲苯溶液）、氯化石蜡、二氧化钛、滑石粉、碳酸钙、硫酸钡、抗沉降剂、丙二醇单甲醚、颜料、膨润土、二甲苯、乙醇。

2. 仪器：烘箱、高速分散机、搪瓷杯、滤网、磨料玻璃珠、玻璃棒、涂料桶、漆膜涂布器、马口铁板、棉球、刮板细度计、培养皿、表面皿、干燥器、天平（精度0.01 g）、恒温鼓风干燥箱、斯托默黏度计。

【实验内容】

1. 涂料的配制

把树脂溶液、抗沉降剂、膨润土、填料、颜料以及溶剂、磨料玻璃珠加入配料缸中，开动高速分散机，快速搅拌30min，停止分散，取样品进行细度测试，达到60μm以下即可停止分散研磨。

2. 涂料的过滤包装

将上述研磨好的涂料通过滤网过滤至涂料桶中，观察涂料的外观和颜色，即可进行后续测试。

3. 清洗

实验完成后，需要用溶剂将实验用的设备、物品清洗干净，保证下次实验样品不受干扰。

4．涂料主要性能参数的表征

（1）细度的测定

细度在30μm及30μm以下时，应用量程为50μm的刮板细度计，31～70μm时应用量程为100μm的刮板细度计，70μm以上时应用量程为150μm的刮板细度计。刮板细度计在使用前须用溶剂仔细洗净擦干，在擦洗时应用细软的布将符合产品标准黏度指标的试样，用小调漆刀充分搅匀，然后在刮板细度计的沟槽最深部分，滴入试样数滴，以能充满沟槽而略有多余为宜。以双手持刮刀横置在磨光平板上端（试样边缘处），使刮刀与磨光平板表面垂直接触。在 3s 内，将刮刀由沟槽深的部分推向浅的部分，使漆样充满沟槽而平板上不留有余漆。刮刀拉过后，立即（不超过 5s）使视线与沟槽平面成 15°～30°角，对光观察沟槽中颗粒均匀显露处，记下读数（精确到最小分度值）。如有个别颗粒显露于其他分度线时，则读数与相邻分度线范围内，不得超过三个颗粒如图 5-2 所示。平行试验三次，试验结果取两次相近读数的算术平均值。两次读数的误差不应大于仪器的最小分度值。

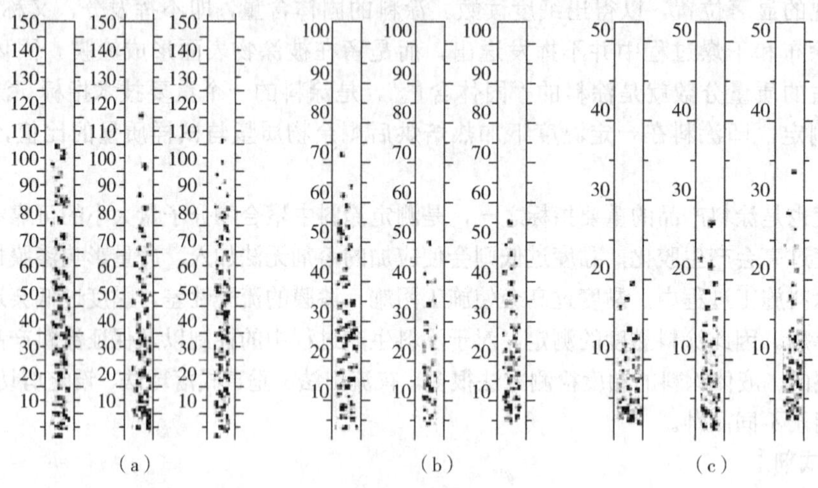

图 5-2　细度分布图

（2）固含量的测定

涂料的固含量采用培养皿法进行测量。首先将干燥、洁净的培养皿在 105℃±2℃烘箱内焙烘 30min。取出放入干燥器中，冷却至室温后，称重。用磨口滴瓶取样，以减量法称取 1.5～2g 试样（过氯乙烯漆取样 2～2.5g，丙烯酸漆及固含量低于 15%的漆类取样 4～5g），置于已称重的培养皿中，使试样均匀地流布于容器的底部，然后放于已调节到所规定温度的鼓风恒温烘箱内焙烘一定时间后，取出放入干燥器中冷却至室温后，称重，然后再放入烘箱内焙烘 30min，取出放入干燥器中冷却至室温后，称重，至前后两次称量的质量差不大于 0.01g 为止（全部称量精确至 0.01g）。试验平行测定两个试样，计算固含量。

（3）黏度的测定

斯托默黏度计是依据 GB/T 9269—88 设计制造，是利用砝码的质量经过一套机械转动系统而产生的力矩带动桨叶型转子转动。改变砝码的质量，使桨叶型转子克服涂料的阻力而转动。当其转速达到 $200r \cdot min^{-1}$ 时，可在频闪计时器上看到一个基本稳定的条形图案，此时砝码的质量可对应转化为被测涂料的黏度值，即 KU 值。

将涂料充分搅匀移入容器中，使涂料液面离容器盖约 19mm，使涂料和黏度计的温度保持在 23℃±0.2℃，将转子浸入涂料中，使涂料液面刚好达到转子轴的标记处。先加砝码，打开斯托默黏度计后，读数平衡在 $200r \cdot min^{-1}$ 时，然后读取砝码的读数，在数显中输入砝码的读数，直接按换算键，换算出黏度。

【数据记录和处理】

固含量（%）计算公式如下：

$$固含量(\%)=\frac{W_1-W_0}{G}\times 100\%$$

式中 W_0——容器质量，g；

W_1——焙烘后试样和容器质量，g；

G——试样质量，g。

试验结果取两次平行试验的平均值，两次平行试验的相对误差不大于 3%。

【注意事项】

（1）本次实验制备的为溶剂型涂料，操作过程中注意个人防护。具体试剂和药品使用过程注意事项如下：

① 丙烯酸酯树脂溶液（固含量≤48%）、松香溶液（50%二甲苯溶液）、二甲苯中均含有二甲苯，其具刺激性气味，属于易燃、低毒类化学物质。贮于低温通风处，远离火种、热源，避免与氧化剂等共储混运。禁止使用易产生火花的工具。着火后可采用泡沫、二氧化碳、干粉、沙土等灭火。

② 乙醇在常温常压下是一种易挥发的无色透明液体，低毒性，纯液体不可直接饮用。乙醇的水溶液具有酒香的气味，并略带刺激性，味甘。乙醇易燃，其蒸气能与空气形成爆炸性混合物。

③ 抗沉降剂为蜡状固体，内部含有一定量的二甲苯，注意事项同①。

④ 氯化石蜡是一种有机物，石蜡烃的氯化衍生物，具有低挥发性、阻燃、电绝缘性良好、价廉等优点，可用作阻燃剂和聚氯乙烯辅助增塑剂。

⑤ 二氧化钛、滑石粉、碳酸钙、硫酸钡、颜料及膨润土均为粉体填料，称量及取样时注意避免吸入。

⑥ 丙二醇单甲醚为无色液体，易溶于水，有特殊气味，属于第三类易燃液体。该物质大概能生成爆炸性过氧化物。与强氧化剂、酰基氯、酸酐、铝和铜发生反应。可通过吸入其蒸气或气溶胶和经皮肤吸收到体内，高浓度蒸气刺激眼睛、皮肤和呼吸道。贮存于阴凉、通风、干燥处。

（2）在搅匀颜料、填充料时，若黏度太大难以操作，可适量加入溶剂至能搅匀为止。

（3）在更换转子和调节转子高度后以及在测量过程中随时注意水平问题，否则会引起读数偏差，甚至无法读数。

【思考题】

1. 试说出配方中各种原料所起的作用。

2. 在搅拌颜料和填充料时为什么要用高速搅拌机高速搅拌？用普通搅拌器或手工搅拌对涂料性能有何影响？

实验 43　阿司匹林的合成及乙酰水杨酸含量的测定

【实验目的】

1. 掌握阿司匹林（aspirin）的制备方法。

2. 学习返滴定法测定乙酰水杨酸含量的实验原理及方法。

【实验原理】

阿司匹林又称乙酰水杨酸，是白色晶体，易溶于乙醇、氯仿和乙醚，微溶于水。因具有解热、镇痛和消炎作用，可用于治疗伤风、感冒、头痛、关节痛及风湿病等。实验室通常采用水杨酸（邻羟基苯甲酸）和乙酸酐在浓磷酸的催化下发生酯化反应来制取，其反应式如下：

$$C_6H_4(COOH)(OH) + (CH_3CO)_2O \xrightarrow{H^+} C_6H_4(COOH)(OCOCH_3) + CH_3COOH$$

水杨酸（邻羟基苯甲酸）是一种具有双官能团的化合物，一个是酚羟基，另一个是羧基。羧基和羟基都可以发生酯化，当与乙酸酐作用时，就可以得到乙酰水杨酸。

本实验通过返滴定法测定阿司匹林中乙酰水杨酸的含量，先加入过量且定量的 NaOH 标准溶液，加热使乙酰基水解完全。再用 HCl 标准溶液返滴定过量的 NaOH，指示剂选用酚酞，滴定至溶液由红色变为无色即为终点，该滴定反应中，滴定终点 pH 值为 7～8，酚羟基不与 NaOH 反应，反应式如下：

$$C_6H_4(COOH)(OCOCH_3) + 2NaOH \rightleftharpoons C_6H_4(COONa)(OH) + CH_3COONa + H_2O$$

【仪器和试剂】

1. 仪器和材料：锥形瓶、台秤、镊子、烧杯、温度计、量筒、玻璃棒、减压过滤装置、电热套、气流烘干机、酸式滴定管、移液管、容量瓶、分析天平。

2. 试剂：水杨酸、乙酸酐、浓磷酸、35%乙醇水溶液、0.1mol·L^{-1} NaOH 标准溶液、0.1mol·L^{-1} HCl 标准溶液，酚酞（0.1%）。

【实验内容】

1. 阿司匹林的合成

（1）酯化合成

在 50mL 干燥的锥形瓶中加入 1.4g 水杨酸（约 0.01mol）和 2mL 乙酸酐（0.02mol）后摇匀，向混合物中加入 5 滴浓磷酸，继续摇动锥形瓶至反应混合物出现热效应时，将反应瓶置入 80～90℃的热水浴中加热 10min。取出反应瓶，向其中加入 20mL 蒸馏水，用玻璃棒搅拌并粉碎所析出的晶体。在冰水浴中继续冷却并不断搅拌 8～10min，使晶体完全析出。减压过滤，并用 2mL 冷蒸馏水冲洗晶体，抽干，即得阿司匹林粗产品。

（2）重结晶提纯

将阿司匹林粗产品转移到锥形瓶中，小心用玻璃棒将晶体挤压粉碎。向锥形瓶中加入 10mL 35%的乙醇溶液，在 60℃的热水浴中搅拌使其迅速溶解。当粗产品完全溶解为无色透明溶液时，立即停止加热，取出锥形瓶放在冰水浴中冷却 10min，使晶体完全析出。减压过滤，抽干，称重，计算产率。

2. 乙酰水杨酸含量的测定

准确称取 0.4～0.5g 制备的阿司匹林（精确至 0.1mg），置于干燥的 250mL 烧杯中，用移液管准确加入 50.00mL 0.1mol·L^{-1} NaOH 溶液后，盖上表面皿，轻摇后水浴加热 15min，迅速用自来水冷却，将烧杯中溶液定量转移至 250mL 容量瓶中，用蒸馏水稀释至刻度，摇匀备用。

准确移取上述溶液 20.00mL 于 250mL 锥形瓶中，加入酚酞指示剂 2～3 滴，用 0.1mol·L^{-1} HCl 标准溶液滴定至红色刚好褪去即为终点，记录消耗的 HCl 标准溶液的体积。平行滴定 3 次，计算阿司匹林中乙酰水杨酸的质量分数。

【数据记录和处理】

1. 计算阿司匹林的产率，分析影响产率的因素。

2. 计算阿司匹林中乙酰水杨酸的质量分数，并计算相对平均偏差。

【注意事项】

（1）乙酸酐、浓磷酸具有很强的腐蚀性，使用时注意个人防护。

（2）控制好酯化反应温度，否则将增加副产物的生成。

（3）重结晶加热溶解时，加热时间不宜过长，温度不宜过高，否则乙酰水杨酸发生水解。

（4）测定乙酰水杨酸含量时，加热溶解后要迅速冷却，以防止水杨酸挥发或热溶液吸收空气中 CO_2。

【思考题】

1. 合成阿司匹林的容器为什么要干燥？

2. 在水杨酸的酯化反应中，解释加入浓磷酸的作用。

3. 对乙酰水杨酸进行重结晶时，说明选择溶剂的依据。

实验 44　土壤中铅的测定

【实验目的】

1. 学习石墨炉原子吸收分光光度法测定土壤中铅的原理和方法。

2. 掌握土壤样品的采样方法及消解方法。

【实验原理】

土壤受到重金属污染后，铅、镉等有害重金属元素在土壤中一般不易随水淋溶，也不能被土壤微生物分解；生物体还可以富集重金属，使重金属在土壤环境中逐渐积累，甚至某些重金属元素在土壤中还可以转化为毒性更大的甲基化合物，也可通过“食物链”或其他途径进入到人体内，对人体健康造成危害。

土壤中铅的污染主要来自大气污染中的铅沉降，如铅冶炼厂含铅烟尘的沉降和含铅汽油燃烧所排放的含铅废气的沉降等，工业生产中含铅废液的排放也是土壤铅污染来源之一，因此测定土壤中铅的含量对于铅污染土壤的治理和生态环境保护尤为重要。

土壤中铅的测定常应用石墨炉原子吸收分光光度法。首先采用盐酸-硝酸-氢氟酸-高氯酸消解法对土壤样品进行预处理，彻底破坏土壤的矿物晶格，使样品中的待测元素全部进入试液中，然后将试液注入石墨炉中，通过预先设定的干燥、灰化、原子化等升温程序使共存的基体成分蒸发除去，同时在原子化阶段的高温下，铅的化合物解离为基态原子蒸气，并对空心阴极灯发射的特征谱线产生选择性吸收。在选择的最佳测定条件下，经背景扣除后测定试液中铅的吸光度，利用标准曲线法计算得到土壤中铅的含量。

【仪器和试剂】

1. 仪器：石墨炉原子吸收分光光度计、铅空心阴极灯、氩气钢瓶、进样器（10μL）（或自动进样装置）、玛瑙研钵、控温电热板、20 目和 100 目尼龙筛、50mL 聚四氟乙烯坩埚、坩埚钳、容量瓶、吸量管等。

2. 试剂：浓盐酸（ρ=1.19g·mL^{-1}，优级纯）、氢氟酸（ρ=1.49g·mL^{-1}，优级纯）、高氯酸（ρ=1.68g·mL^{-1}，优级纯）、浓硝酸（ρ=1.42g·mL^{-1}，优级纯）、（1+5）硝酸溶液、0.2%（体积分数）硝酸溶液、5%（质量分数）磷酸氢二铵溶液、铅标准储备液（ρ=1.000g·L^{-1}）、铅标准使用液（ρ=250μg·L^{-1}）。

本实验所用试剂除特别说明外，其他试剂纯度均为分析纯，实验用水均为去离子水。

【实验内容】

1. 土壤样品的预处理

在风干室将采集的土壤样品（一般不少于500g）倒在白色搪瓷盘上，摊开成约2cm厚的薄层，用玻璃棒间断地压碎和翻动，使土壤均匀风干，同时挑出碎石、砂砾及植物残体等杂质。混匀后用四分法缩分至约200g，置于有机玻璃板上用木棒碾压，再用玛瑙研钵研磨，将处理后的土壤样品通过2mm（20目）尼龙筛，去除2mm以上砂砾后混匀。将过2mm尼龙筛的土壤样品用玛瑙研钵继续研磨，再全部过100目尼龙筛，混匀后储存于聚乙烯瓶中备用。

2. 土壤样品的消解

采用盐酸-硝酸-氢氟酸-高氯酸消解法对土壤样品进行消解，具体操作步骤如下。

（1）准确称取预处理过的土壤样品0.1～0.3g（精确至0.0002g）于50mL聚四氟乙烯坩埚中，先用少量水湿润，再加入5mL浓盐酸，置于通风橱内控温电热板上低温加热，使样品初步分解。

（2）当蒸发至2～3mL时，取下聚四氟乙烯坩埚稍冷，再加入5mL浓硝酸、2mL氢氟酸和2mL高氯酸，加盖后中温加热约1h，加热过程中要用坩埚钳不断摇动坩埚。

（3）加热至冒浓厚白烟时加盖，使黑色有机碳化物充分分解，待黑色有机物消失后开盖，继续加热驱赶白烟，直至分解好的样品呈白色或淡黄色，倾斜坩埚时呈不流动的黏稠状。否则，再加2mL浓硝酸、2mL氢氟酸和1mL高氯酸，重复上述消解步骤，直至消解物呈白色（或淡黄色）黏稠状。

（4）取下坩埚稍冷，用水冲洗坩埚盖及内壁，加入1mL（1+5）硝酸溶液，温热溶解残渣。冷却后将消解液全部转移至25mL容量瓶中，加入3mL磷酸氢二铵溶液后用水稀释定容，摇匀备用。

（5）同时制备空白试样，即除不加土壤样品外，其他实验步骤与土壤样品的消解过程完全相同。

3. 土壤样品中重金属的测定

（1）标准曲线的绘制

按照标准系列溶液的配制表，用吸量管分别量取铅标准溶液于6个25mL容量瓶中，加入3.0mL 5%磷酸二氢铵溶液，用0.2%硝酸溶液稀释定容，摇匀得到铅的系列标准溶液（见表5-2）。

表5–2 标准系列溶液的配制

铅标准溶液体积/mL	0.00	0.50	1.00	2.00	3.00	5.00
铅的浓度/$\mu g \cdot L^{-1}$	0.0	5.0	10.0	20.0	30.0	50.0

土壤样品中铅的测定采用石墨炉原子吸收分光光度法，测定条件见表5-3，以铅的零浓度标准溶液为参比，按浓度由低到高的顺序依次测量铅的系列标准溶液的吸光度值，以铅的系列标准溶液的吸光度值为纵坐标，铅的浓度为横坐标，绘制标准曲线。

表 5-3　石墨炉原子吸收分光光度法测定条件

测定条件	数值
测定波长	283.3nm
通带宽度	1.3nm
等电流	7.5mA
干燥温度，时间	80～100℃，20s
灰化温度，时间	700℃，20s
原子化温度，时间	2000℃，5s
清洁温度，时间	2700℃，3s
氩气流量	200L·min^{-1}
进样量	10μL

（2）样品的测定

以空白试样为参比，在相同的测试条件下，测量土壤样品的吸光度值，由铅标准曲线计算出土壤样品中铅的浓度。

【数据记录和处理】

1. 数据记录

铅标准溶液体积/mL	0.50	1.00	2.00	3.00	5.00	土壤样品
铅的浓度/μg·L^{-1}	5.0	10.0	20.0	30.0	50.0	
吸光度（A）						

2. 数据处理

（1）利用测定的铅系列标准溶液的吸光度值及对应的铅的浓度，以最小二乘法计算出标准曲线的回归方程 $y=a+bx$ 和相关系数 R^2，由标准曲线及土壤样品的吸光度值计算得到土壤样品中铅的浓度。

（2）计算土壤样品中铅含量 w(mg·kg^{-1})，公式如下：

$$w=\frac{cV}{m(1-f)}$$

式中，c 为土壤中铅的浓度，mg·L^{-1}；V 为试样定容后体积，mL；m 为试样的质量，g；f 为试样的水分含量，%。

（3）将土壤样品中铅的含量与《土壤环境质量标准》（GB 15618—1995）进行对比，对土壤中重金属铅进行等级评价。

【注意事项】

（1）若按称取 0.5g 样品，消解后定容至 50mL 计算，本方法铅的检出限为 0.1mg·kg^{-1}。

（2）在消解过程中要控制好温度和时间，温度过高，消解试样时间短或将试样蒸干，会导致测定结果偏低。

（3）使用氢氟酸时，要戴橡皮手套，用塑料管或量筒量取。

（4）高氯酸对空白试样影响较大，要控制用量。因高氯酸具有氧化性，应在土壤中大部分有机质消解完全冷却后再加入，以防止样品溅出或爆炸。

（5）本实验主要参考国家环境标准 GB/T 17141—1997。

【思考题】

1. 重金属污染对土壤的危害？

2. 土壤重金属污染评价有哪些方法？

实验45 手性高烯丙基胺的合成及表征

【实验目的】

1. 认识物质手性及手性化合物。

2. 了解不对称合成相关知识。

3. 初步掌握核磁、高效液相色谱等方法表征与拆分简单的手性物质。

【实验原理】

手性现象广泛存在于自然界中，动植物的生命起源本身与手性密切相关，它是控制生物体内生物大分子，如核酸、蛋白质、碳水化合物和无数生物小分子等活性的基本要素之一。手性合成也称为不对称合成，是化学中手性控制的核心部分。它也是合成手性材料不可或缺的工具，可以控制选择生成各种各样的手性化合物。在有机化学反应中，除了催化剂、溶剂的影响外，添加剂也往往发挥着重要的作用，溶剂的种类、比例与添加剂的选择对于调控反应速率、反应活性或反应选择性都有重要的影响。在锌参与的 *N*-叔丁基亚磺酰亚胺的烯丙基化反应中，通过选择合适的反应溶剂，可以由亚磺酰亚胺的单一对映异构体得到两种非对映异构体；在体系中加入添加剂（LiCl）能够进一步影响乃至逆转立体选择性。

本实验使用活化后的锌粉与烯丙基溴原位制备烯丙基锌试剂，在 *N,N*-二甲基甲酰胺（DMF）与四氢呋喃（THF）中分别对(*R*)-*N*-叔丁基亚磺酰亚胺进行加成，通过不同的机理生成非对映异构体，并通过加入添加剂 LiCl 对产物的立体选择性进行进一步调控[1]。反应式如下：

O N S F + Br —Zn, 溶剂，添加剂→ O HN S * F

【仪器和试剂】

1. 仪器：核磁共振仪、高效液相色谱仪、磁力搅拌器、旋转蒸发仪、分液漏斗、烧杯、滴管。

2. 试剂：*N,N*-二甲基甲酰胺、烯丙基溴、无水氯化锂、四氢呋喃、(*R*)-*N*-(2-氟亚苄基)-2-叔丁基-2-亚磺酰胺、NaCl、无水 Na_2SO_4、乙酸乙酯、稀盐酸、蒸馏水。

【实验内容】

1. 高烯丙基亚磺酰胺的合成

在试管中加入(*R*)-*N*-叔丁基亚磺酰亚胺（0.113g，0.5mmol）、活化锌粉（0.065g，1.0mmol），在无水无氧、氮气保护下加入THF（2mL）或DMF（2mL），在搅拌下滴加烯丙基溴（0.086mL，1.0mmol），然后在室温下搅拌反应30min[2]。使用薄层色谱TLC（$V_{石油醚}$/$V_{乙酸乙酯}$=5∶1）确认反应已完全。反应结束后，反应液用稀盐酸（0.1mol·L^{-1}，10mL）猝灭，然后加入60mL乙酸乙酯萃取，有机层依次用水（20mL）、饱和NaCl水溶液（20mL）洗涤（DMF应用水多次洗涤，以彻底除去），用无水Na_2SO_4干燥。溶液用旋转蒸发仪蒸除溶剂得到黄色油状液体产物。对其进行^{1}H NMR和^{19}F NMR测试及手性HPLC（高效液相色谱）测试。

另取两支试管加入无水LiCl（0.042g，1.0mmol），使用两种溶剂按上述方法重复实验。产物进行^{1}H NMR和^{19}F NMR测试及手性HPLC测试。计算产率及d_r值（d_r值为两种对映异构体的比值）。

2. 手性HPLC

在标准样品瓶中，将产物（10mg）溶解在HPLC级异丙醇（1mL）中，从中取一滴并加入HPLC级正己烷（1mL）。这一稀释溶液需要在小离心管中配制。在样品瓶上标明姓名和使用的溶剂。

3. ^{1}H NMR和^{19}F NMR

在核磁共振试样管中配制产物（5mg）的氘代氯仿（1mL）溶液。在样品管上标明姓名和使用的溶剂。

【数据记录和处理】

1. 记录NMR与HPLC测试的数据图。
2. 记录不同条件下产率及产品d_r值。

序号	溶剂	添加剂	产率	d_r值
1	DMF	无		
2	DMF	LiCl		
3	THF	无		
4	THF	LiCl		

【注意事项】

（1）实验中所采用的两种反应条件下均可取得一定的立体控制，在添加LiCl的条件下立体选择性进一步提高或是逆转。

（2）本实验要求在无氧、氮气保护条件下进行，实验期间应注意氮气瓶的使用方法及注意事项，确保实验安全。

（3）*N*,*N*-二甲基甲酰胺与四氢呋喃等溶剂具有较强挥发性且对身体有一定毒害作用，因此在取用时应尽量减少其暴露于空气中的时间并且做好防护。

主要试剂及产物的物理常数

名称	分子量	密度/g·cm^{-3}	熔点/℃	沸点/℃	折射率(n_D^{20})	溶解度/(g/100mL)		
						水	乙醇	乙醚
N,N-二甲基甲酰胺	73.095	0.948	−61	153	1.430	易溶	∞	∞
四氢呋喃	72.11	0.888	−108.5	66	1.405	∞	∞	∞
烯丙基溴	120.98	1.400	−199	71.3		不溶	溶	溶

【思考题】

1. 什么是对映异构体和外消旋体？
2. 本实验为什么要先驱赶容器中的空气，且必须采用惰性气体保护？
3. 高效液相色谱拆分手性分子的原理是什么？

5.2 设计性实验

设计性实验是为了使学生在掌握基本实验操作和实验技能的基础上，通过查阅文献、设计实验、实施方案、分析结果、报告总结等过程了解从事科学研究的一般方法，初步培养学生的科研和创新能力，达到学生独立思考，发现问题并进行创新实验的目的，为后续课程设计和毕业设计奠定基础。

设计性实验需要根据实验要求，实验前充分查阅参考文献和书籍，完成下列内容：

（1）确定测定方法，学习分析方法的测定原理和方法；

（2）拟定实验方案，写出详细的实验步骤；

（3）列出参考文献。

将拟定的实验方案交由指导教师审核，审核合格后方可进入实验室，若实验方案不合格，继续修改实验方法。实验方案合格后完成下列内容：

（1）列出所需实验试剂及实验仪器，包括试剂的规格和浓度；

（2）查阅化学品安全技术说明书，了解实验试剂的物化性质及实验注意事项；

（3）学习所需实验仪器的操作方法；

（4）绘制实验记录表格。

上述内容完成后，向指导教师领取实验用品，并经实验仪器使用操作和安全培训后，方可进入实验室按照拟定的实验方案独立开展实验。实验过程中正确记录实验数据和实验现象。实验结束后，将实验用品归还指导教师，并检查。课后完成实验报告，实验报告内容要完整，应包括：实验目的、实验测定原理、实验方案及步骤、原始实验数据的记录、实验数据的处理和分析讨论，实验结论及总结（对实验方案的完善或建议）。

实验46 微波消解-分光光度法测定紫菜中微量铜的含量

【实验背景】

紫菜是一种生长在浅海岩石上的红藻类植物，含有丰富的碘和人体必需的氨基酸、矿物质和维生素，具有很高的营养价值，既可食用，还可以制成中药。紫菜主要由 C、H、O、N 等元素组成，还含有多种微量金属元素，研究紫菜中化学成分、测定其微量元素和含量具有一定的实用价值。紫菜样品经过预处理才能进行分光光度法分析，预处理的方法有干灰化法和微波消解法。预处理后的样品经过显色反应可通过分光光度法对样品中微量金属元素进行定量分析。当测定紫菜中微量铜含量时，在 pH=8～10 的氨性介质中，铜试剂会与铜离子配位生成黄棕色配合物，以明胶溶液作稳定剂，测定其吸光度。同时，实验中需加入 EDTA-柠檬酸铵混合溶液作为掩蔽剂消除其他金属离子的干扰。

【实验目的】

1. 掌握微波消解进行样品前处理的方法。

2. 通过查阅文献，拟定分光光度法测定微量铜的实验方案，进一步掌握分光光度法测定原理。

【实验要求】

1. 通过查阅文献，拟定微波消解处理样品和分光光度法测定铜含量的实验方案，给出所需实验试剂和仪器。

2. 学习消解仪和紫外分光光度计的操作方法以及实验测定原理。

3. 绘制实验记录表格，正确地记录实验数据，利用化工专业软件处理实验数据，并完成实验报告。

【实验参考方案】

1. 紫菜样品预处理

准确称取 0.5g（精确至 0.1 mg）样品于聚四氟乙烯微波消解内罐中，加入 5mL 浓硝酸、1mL 过氧化氢和 4mL 超纯水于微波消解仪中消解，室温放置 60min，盖上内盖，旋紧外盖。第一次消解程序，升温时间为 5min，温度为 100℃，保持时间为 10min；第二次消解程序，升温时间为 10min，温度为 140℃，保持时间为 30min。样品消解完全后冷却，将消解液定量转移至 25mL 容量瓶中，定容摇匀，得到紫菜处理液。

2. 紫菜中铜含量的测定

（1）铜标准曲线的绘制：取 6 个 10mL 比色管，根据铜标准溶液的配制表完成铜标准系列溶液的配制，待显色 15min 后，在波长 450nm 处，用 1cm 比色皿，以空白试剂为参比，测定系列溶液的吸光度，绘制标准曲线。

试剂	1	2	3	4	5	6
铜标准溶液/mL	0.00	0.50	1.00	1.50	2.00	2.50
EDTA-柠檬酸铵/mL	1.00	5.0	10.0	20.0	30.0	50.0
pH=10 氯化铵-氨缓冲溶液/mL	0.50	0.50	0.50	0.50	0.50	0.50
明胶溶液/mL	0.50	0.50	0.50	0.50	0.50	0.50
铜试剂溶液/mL	1.00	1.00	1.00	1.00	1.00	1.00

（2）样品的测定：移取紫菜处理液 3.00mL 于 10mL 比色管中，按照上述铜标准溶液的配制方法配制待测溶液，显色 15min 后，在同样的测定条件下测定其吸光度值。

【数据处理】

用 Origin 软件绘制铜的标准曲线，根据标准曲线计算紫菜样品中铜的含量，以$\mu g \cdot g^{-1}$表示。

【思考题】

1. 对于紫菜样品的预处理，除了微波消解法，还可以采用什么方法？

2. 分光光度法测定时，吸光度应控制在什么范围？如何调控吸光度范围？

实验47 光催化降解有机污染物实验

【实验背景】

近几十年来，工业废气、废水、生活垃圾等污染物的剧增，使人类赖以生存的环境受到日益严重的污染。光催化技术在环保领域的应用前景十分广阔，近年来的研究表明光催化对常规水处理技术难以处理的污染物都表现出了高效的降解效果。光催化降解过程是在溶液中加入一定量的光敏半导体材料，在紫外线照射下，有机物逐步氧化成无机物，最终生成CO_2、H_2O或无机离子等。用于降解有机污染物的光催化剂多为n型半导体材料，如TiO_2、ZnO_2、CdS、WO、SnO_2、Fe_2O_3等。但备受人们关注的是纳米TiO_2（锐钛矿），因其具有活性高、稳定性好、对人体无害、持续作用时间长，并且可在常温常压下工作等特性而作为重要的光催化剂加以研究。

TiO_2光催化材料作为一种半导体催化剂，具有特殊的电子结构。与金属相比，半导体的能带是不连续的，在其填满电子的低能价带和空的高能导带之间存在着一个宽度较大的禁带。光催化氧化反应的基本机理：当半导体光催化剂收到光子能量高于半导体禁带宽度的入射光照射时，位于半导体催化剂价带的电子就会受到激发进入导带，同时会在价带上形成对应的空穴，即产生电子-空穴对。光生电子具有很强的氧化还原能力，它不仅可以将吸附在半导体颗粒表面的有机物活化氧化，还能使半导体表面的电子受体被还原。而受激发产生的光生空穴则是良好的催化剂，一般会通过与化学吸附水或表面羟基反应生成具有很强氧化能力的羟基自由基。

【实验目的】

1. 掌握光催化降解有机污染物的实验原理。

2. 了解半导体催化剂的制备方法，以及催化剂的结构和光催化降解性能的分析方法。

【实验要求】

1. 通过查阅文献和书籍，拟定二氧化钛的制备和光催化降解有机物的实验方案，给出所需实验试剂和仪器。

2. 学习合成实验和光催化降解实验所用仪器的操作方法，经培训后方可独立操作。

3. 绘制实验数据的记录表格，正确地记录数据，并完成实验报告。

【实验参考方案】

1. 二氧化钛的制备及结构表征

在冰水浴中，将2mL四氯化钛溶液溶解在8mL去离子水中。取上述制备好的四氯化钛溶液5mL，缓慢滴加到环己烷溶液中，搅拌30min后，加入5mL钛酸四丁酯。再搅拌1h后，将其转移到100mL不锈钢高压釜中，将反应釜置于恒温鼓风干燥箱内，在150℃下反应18h

后，自然冷却至室温，打开反应釜取出内胆，将反应产物用乙醇和蒸馏水洗涤 3 次，最后置于 60℃恒温鼓风干燥箱内干燥 12h。可选用 X 射线衍射仪（XRD）、扫描电子显微镜（SEM）、透射电子显微镜（TEM）对制备的材料的结构和形貌进行分析。

2. 光催化降解有机物实验

以甲基橙降解为例，取适量二氧化钛催化剂加入 20mg·L^{-1} 甲基橙溶液中，将上述溶液避光，使用波长为 365nm、功率为 150W 紫外灯照射进行光催化降解实验。每间隔 30min 取一次样（连续取 6 次），每次取 5mL，离心机离心分离，取上清液，利用紫外-可见分光光度计在 470nm 下测其吸光度值，按下列公式计算降解率。

$$降解率 = \frac{1-A}{A_0} \times 100\%$$

式中，A 和 A_0 分别为降解前后甲基橙的吸光度值。

【思考题】

1. 影响二氧化钛催化降解性能的因素有哪些？
2. 列举二氧化钛的其他制备方法？

实验48 超级电容器的组装及电化学性能分析

【实验背景】

超级电容器（Super capacitors，SCs），主要依靠电极与电解液界面快速的电荷转移进行储能，其能量密度虽然不及锂离子电池，但其充放电过程主要由电容控制，因此具有优异的功率密度，循环寿命更是远超锂离子电池，使用更加安全。超级电容器的出现，在性能方面弥补了传统电容器和电池之间的空白，在航空航天设备、电动汽车制动系统、后备电源以及各种便携式可穿戴器件应用广泛。开发高性能的超级电容器具有非常重要的实际意义。

钴铝水滑石材料（AlCo-LDH）具有类似于水镁石的层状结构，特殊的层板结构（层板上原子之间通过共价键作用，层间分子、离子等通过较弱的静电、氢键、范德华力相互作用）使 LDHs 具有很强的可插层性和组装性。由于其大比表面积、较高的电化学活性、层间阴离子可交换以及良好的结构稳定性等特点，可以作为电极材料制备高性能的超级电容器。钴铝水滑石的制备方法有水热法、化学共沉淀法、离子交换法、焙烧还原法等，其中以水热法和化学共沉淀法应用最广。

【实验目的】

1. 通过查阅文献，培养文献整理综述能力，了解超级电容器电极材料的最新研究进展。
2. 通过电极材料的制备及表征，了解纳米功能材料的制备与表征方法。
3. 通过超级电容器的组装和测试，学会利用电化学工作站研究电极材料电化学特性的实验方法。

【实验要求】

1. 通过查阅文献，设计电极活性材料钴铝水滑石的制备方案和超级电容器组装的实验方案，给出所需实验试剂和仪器。
2. 确定电极材料的结构表征方法和电化学性能分析方法（循环伏安测试、恒流充放电测试和电化学阻抗测试)。

3. 学习电化学工作站的操作方法，经培训后方可独立操作。

4. 绘制实验记录表格，正确地记录实验数据，利用化工专业软件处理实验数据，并完成实验报告。

【实验参考方案】

1. 水热法制备钴铝水滑石

将一定量的六水合氯化钴（$CoCl_2 \cdot 6H_2O$）、六水合三氯化铝（$AlCl_3 \cdot 6H_2O$）和尿素溶于去离子水中，室温下搅拌 2h，得到 80mL 混合溶液，其中 $CoCl_2$、$AlCl_3$ 和尿素浓度分别为 10mmol · L^{-1}、5mmol · L^{-1} 和 35mmol · L^{-1}。然后将混合溶液倒入 100mL 聚四氟乙烯内胆中，将内胆封严装入不锈钢反应釜中，于 120℃温度下反应 8h，反应产物通过离心分离，再经水和乙醇洗涤数次后，60℃真空干燥 24h，最终得到钴铝水滑石粉色粉末。

反应产物通过 X 射线衍射仪（XRD）、扫描电子显微镜（SEM）、透射电子显微镜（TEM）进行结构和形貌表征。

2. 电极的制备及超级电容器组装测试

（1）电极的制备

泡沫镍前处理：把泡沫镍剪成 10mm×10mm 的正方形置于烧杯中，倒入丙酮浸泡泡沫镍，超声振荡 15min；然后超声水洗 5min 除去丙酮；将泡沫镍放在 6mol · L^{-1} HCl 中浸泡 15min，以除去其表面的氧化膜；再超声波洗除去 Cl^-，最后将电极充分烘干。

水滑石正电极的制备：把水滑石粉末和乙炔黑按质量比为 85∶15 混合，加入适量的无水乙醇超声分散，然后滴入少量的黏结剂聚四氟乙烯，超声振荡混合均匀，得到所需的浆液；用玻璃棒将浆液均匀地涂覆到处理过的泡沫镍上，电极涂好后自然晾晒；将电极在粉末压片机上压制，压力为 6MPa；将压制好的电极放在烘箱中 60℃下烘干，以备使用。

活性炭负电极的制备：将水滑石换成超级电容器专用活性炭，质量配比和步骤与正极材料均一致。

（2）三电极体系的构筑及电化学测试

以饱和甘汞电极为参比电极，铂片（$1cm^2$）作对电极，6mol · L^{-1} KOH 溶液为电解质溶液进行电化学性能测试。

（3）超级电容器的组装及电化学测试

以正极（工作电极）为水滑石压片电极，负极为活性炭电极，隔膜为聚四氟乙烯膜，按照图 5-3 将三者组装后，用绝缘绑带将电容器绑牢，浸入 6mol · L^{-1} KOH 电解液中进行循环伏安测试、恒流充放电测试和电化学阻抗测试。

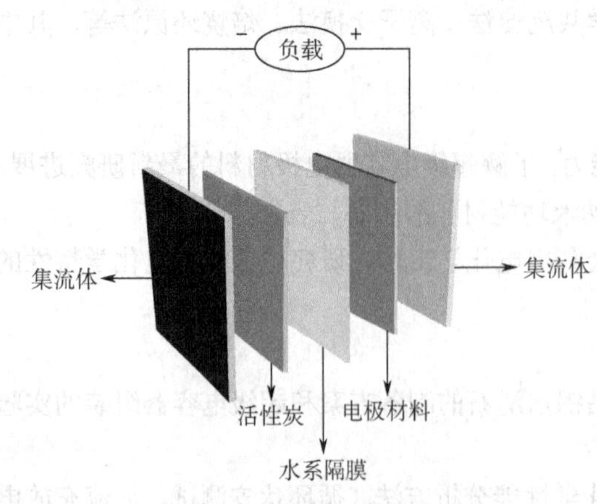

图 5-3　超级电容器的组装

【数据处理】

用 Origin 软件绘制电化学测试曲线，并根据曲线计算材料的比容量，评价材料的电化学性能。比容量计算公式如下：

$$C_{sp}=\frac{it}{\Delta V\times m}$$

式中，i、t、ΔV和m 分别代表放电电流密度（$A\cdot cm^{-2}$）、放电时间（s）、放电电压差（V）和活性物质的质量（g）。

【思考题】

1. 影响本实验制备的钴铝水滑石的电化学性能的因素有哪些？

2. 解释循环伏安曲线形状，从循环伏安曲线中可以获得哪些实验数据和结论？

实验 49　离子液体的合成及结构表征

【实验背景】

离子液体是一种低熔点盐，通常由有机阳离子和有机或无机阴离子组成。熔点低于室温的离子液体通常称为室温离子液体。离子液体对称性较低，通过离域，阳离子或阴离子上的电荷能够在整个阳离子或阴离子分布。离子液体可以在较宽的温度范围内保持稳定，在常温下几乎没有蒸气压。与传统溶剂相比，它们的挥发性几乎为零，特别是在炎热或者干燥条件下，不会在短时间内蒸发，如果用作有机溶剂的替代品，离子液体能够消除溶剂蒸气排放进入环境中。因此离子液体常作为绿色溶剂应用于有机及高分子物质的合成。此外，离子液体不可燃，且具有高的离子电导率和较宽的电化学窗口。

离子液体的性质主要受阳离子种类的影响，其中阳离子对离子液体的稳定性起着决定性作用；而离子液体的功能性和化学稳定性则受阴离子的影响。大部分的离子液体是由两步法合成，首先叔胺和卤代烃反应合成卤化季铵盐，然后将卤化盐中的卤素负离子与需要的负离子交换。

第一步是季铵化反应，反应式如下：

$$R_3N+R'X\longrightarrow[R'R_3N]X$$

一般参与反应的叔胺是 *N*-烷基咪唑和烷基吡啶，通常在反应过程中加入有机溶剂，并加入过量的卤代烷使季铵化反应定量完成，反应停止后除去过量的卤代烷和有机溶剂。

第二步是复分解反应，反应式如下：

$$[R'R_3N]X+MY\longrightarrow[R'R_3N]Y+MX$$

在复分解反应中，对阴离子和溶剂的选择是至关重要的。例如一些亲水性的离子液体，可以选择甲醇或丙酮作为溶剂；当制备疏水性离子液体时，可以用水作为溶剂，反应物和产物 MX 都溶于水，而离子液体不溶于水时，通过两相分离得到离子液体。

【实验目的】

1. 掌握两步法合成离子液体及其合成机理。

2. 学会离子液体的结构分析方法。

【实验要求】

1. 通过查阅文献，设计两步法合成离子液体 1-丁基-2,3-二甲基咪唑四氟硼酸盐的实验方案，给出所需实验试剂和仪器。

2. 确定离子液体的结构表征方法。

3. 学习红外光谱仪和核磁共振仪的测试原理和测试方法。

4. 绘制实验记录表格，正确地记录实验数据，利用化工专业软件绘图，并完成实验报告。

【实验参考方案】

1. 1-丁基-2,3-二甲基咪唑四氟硼酸盐的合成

1-丁基-2,3-二甲基咪唑四氟硼酸盐（$[BMMIM][BF_4]$）通过两步法合成。首先将 0.1mol 1,2-二甲基咪唑和 0.12mol 溴代正丁烷加入 40mL 乙酸乙酯溶液中，将混合物在氮气保护下加热并回流 24h。反应停止后，溶液形成两相，将上层含有未反应原料的乙酸乙酯倒出，底部含有 1-丁基-2,3-二甲基溴化物（[BMMIM]Br）。底相在乙酸乙酯与乙腈体积比为 3∶2 的溶液中重结晶，重复进行三次以除去未反应的试剂。然后将产物放入 70℃ 真空干燥箱中干燥 24h，得到白色固体[BMMIM]Br。将 0.05mol [BMMIM]Br 和 0.06mol $NaBF_4$ 加入丙酮中，在室温下搅拌 12h，反应结束后旋蒸除去丙酮。将得到的产物溶于二氯甲烷并用蒸馏水洗涤，直到水相在 $0.5mol \cdot L^{-1}$ $AgNO_3$ 溶液中不再产生 AgBr 沉淀。然后旋蒸除去二氯甲烷，放入 70℃ 真空干燥箱中干燥 24h 得到无色黏稠液体$[BMMIM][BF_4]$。该反应方程式如下：

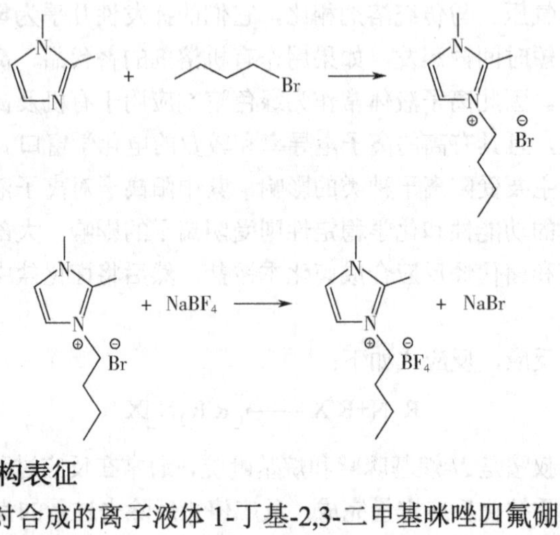

2. 离子液体的结构表征

使用核磁共振仪对合成的离子液体 1-丁基-2,3-二甲基咪唑四氟硼酸盐进行核磁共振波谱（^1H NMR）测试。制样时，将 15mg 离子液体溶于 1mL 氘代二甲基亚砜中，再转移至核磁管，测试在室温条件下进行。

使用傅立叶变换红外光谱仪（FT-IR）检测离子液体样品的红外光谱。红外光谱仪的分辨率为 $4cm^{-1}$，检测范围为 500～$4000cm^{-1}$。

【数据处理】

根据 ^1H NMR 和 FT-IR 测试分别绘制核磁共振氢谱和红外光谱图，结合理论知识和查阅文献分析红外光谱图中特征吸收峰和核磁共振波谱中氢化学位移，确定离子液体的分子结构。

【思考题】

1. 简述离子液体的其他制备方法。
2. 测试离子液体的红外光谱时如何制样？

实验50　高效液相色谱法测定奶制品中三聚氰胺的含量

【实验背景】

三聚氰胺（melamine），俗称密胺、蛋白精，分子式为 $C_3H_6N_6$，命名为“1,3,5-三嗪-2,4,6-三胺”，是一种三嗪类含氮杂环有机化合物。它是白色单斜晶体，无味，微溶于水（3.1g • L^{-1}，常温），可溶于甲醇、甲醛、乙酸、热乙二醇、甘油、吡啶等，不溶于丙酮、醚类。三聚氰胺虽然只有低毒性，但长期摄入会在人体内代谢形成无法溶解的氰尿酸三聚氰胺（氰尿酸又称三聚氰酸）沉淀，进而导致严重的肾结石。曾有不法商家在奶粉中添加三聚氰胺以提高奶粉中蛋白质含量，因此在食品工业中三聚氰胺的定性定量检测尤为重要。高效液相色谱法是国家标准规定的检测原料乳与乳制品中三聚氰胺含量的常用方法。

通过高效液相色谱法分析奶制品的三聚氰胺含量时，需要提前对样品进行提取和净化，进而提高分析方法的灵敏度，降低检测限，获得理想的检验结果。提取的目的是从样品中提取待测组分，提取技术的选择主要依赖待测组分的理化性质，同时要考虑样品的类型、样品的组分、待测组分在样品中存在的形式等。目前样品的提取方法很多，基本上是基于化合物的极性-溶解度或挥发性-蒸气压的理化特性而建立的，常用的提取方法有溶剂提取法、固相提取法和强制挥发提取法；净化的目的是去除提取物中对测定有干扰作用的杂质，如脂肪、色素等，在众多物理和化学净化方法中两相溶剂的分配和吸附色谱是最常用的净化方法，有时净化过程比较复杂，需要多种方法结合使用。

【实验目的】

1. 掌握高效液相色谱法检测奶制品中三聚氰胺含量的原理和方法。

2. 学习阳离子固相萃取柱的净化原理及操作方法。

【实验要求】

1. 通过查阅文献，设计高效液相色谱法测定奶制品中三聚氰胺含量的实验方案，给出所需实验试剂和仪器。

2. 掌握样品的提取和净化的方法。

3. 学习高效液相色谱仪的测试原理和测试方法。

4. 绘制实验记录表格，绘制标准曲线，确定其线性方程和相关系数，并完成实验报告。

【实验参考方案】

1. 样品的提取和净化

称取 2g 奶制品（液态奶、奶粉、酸奶等）（精确至 0.01g）置于 50mL 具塞塑料离心管中，加入 15mL 1%三氯乙酸溶液和 5mL 乙腈，经超声、振荡提取后，离心机离心，取上清液经三氯乙酸溶液润湿的滤纸过滤后，加三氯乙酸溶液定容至 25mL。移取 5mL 滤液，加入 5mL 水混匀，将此溶液做待净化液转移至固相萃取柱中，依次用水和甲醇洗涤，抽干后，用氨化甲醇溶液洗脱。洗脱液于 50℃ 下用氮气吹干，残留物（相当于 0.4g 样品）用 1mL 流动相定容，涡旋混合后，过 0.22μm 微孔膜后备用。

2. 色谱条件的选择

色谱柱：C_{18} 柱；进样量：20μL；流动相：离子对试剂缓冲液-乙腈（90+10）；流速：1.0mL • min^{-1}；柱温：40℃；波长：240nm。

3. 样品的测定

（1）标准曲线的绘制：在上述色谱条件下，将配制好的标准溶液和空白试剂分别注入高效液相色谱仪测定，以峰面积为纵坐标，浓度为横坐标，绘制标准曲线。

（2）样品的测定：在同样色谱条件下，利用高效液相色谱仪测定待测样液，根据标准曲线和三聚氰胺的峰面积，计算样品溶液的浓度。

【数据处理】

样品中三聚氰胺含量的计算公式如下：

$$X=\frac{AcV\times 1000}{A_s m\times 1000}\times f$$

式中 X——样品中三聚氰胺的含量，$mg\cdot kg^{-1}$；

A——样液中三聚氰胺的峰面积；

c——标准溶液中三聚氰胺的浓度，$\mu g\cdot mL^{-1}$；

V——样液最终定容体积，mL；

A_s——标准溶液中三聚氰胺的峰面积；

m——试样质量，g；

f——稀释倍数。

【思考题】

1．简述阳离子固相萃取柱的净化原理。

2．简述样品的提取技术定义和分类？对于溶剂提取法，选取溶剂的原则是什么？

附　录

附录1　国际单位制

附表 1　国际单位制基本单位及其定义

物理量	单位名称	单位符号	定义
长度	米	m	光真空中 1/299792458s 时间间隔内所经过路径的长度
质量	千克	kg	等于保存在巴黎国际计量局的铂铱合金的千克原器的质量
时间	秒	s	秒是铯原子在基态两个超精细能级之间跃迁辐射 9192631770 个周期的持续时间
电流强度	安[培]	A	在真空中，使两根相距 1m 极细且无限长的圆直导线间产生在每米长度为 2×10^{-7} 牛顿力时，所对应的每根导线中通过的等量恒定电流
热力学温度	开尔文	K	开尔文是水三相点热力学温度的 1/273.15
光强度	坎德拉	cd	坎德拉是一光源在给定方向上的发光强度，该光源发出频率为 540×10^{12}Hz 的单色辐射，且在此方向上的辐射强度为 1/683W/sr
物质的量	摩尔	mol	摩尔是一物系的物质的量，该物系中所包含的结构粒子数与 0.012kg 碳-12 的原子数目相等

附表 2　国际单位制单位的词头

所表示的因数	词头名称	词头符号
10^{24}	尧[它]	Y
10^{21}	泽[它]	Z
10^{18}	艾[可萨]	E
10^{15}	拍[它]	P
10^{12}	太[拉]	T
10^{9}	吉[咖]	G

续表

所表示的因数	词头名称	词头符号
10^6	兆	M
10^3	千	k
10^2	百	h
10^1	十	da
10^{-1}	分	d
10^{-2}	厘	c
10^{-3}	毫	m
10^{-6}	微	μ
10^{-9}	纳[诺]	n
10^{-12}	皮[可]	p
10^{-15}	飞[母托]	f

附表 3　具有专门名称的导出单位

物理量	单位名称	国际符号	用 SI 基本单位表示
力	牛[顿]	N	$m \cdot kg/s^2$
压力	帕[斯卡]	Pa	N/m^2
能、功、热量	焦[耳]	J	$N \cdot m$
功率	瓦[特]	W	J/s
电量、电荷	库[仑]	C	$A \cdot s$
电位、电压、电动势	伏[特]	V	W/A
电阻	欧[姆]	Ω	V/A
电导	西[门子]	S	Ω^{-1}
电容	法[拉]	F	C/V
磁通	韦[伯]	Wb	$V \cdot s$
电感	亨[利]	H	Wb/A
磁感应强度	特[斯拉]	T	Wb/m^2
频率	赫[兹]	Hz	s^{-1}
面积	平方米	m^2	
体积	立方米	m^3	
密度	千克每立方米	kg/m^3	
速度	米每秒	m/s	
加速度	米每二次方秒	m/s^2	
浓度	摩[尔]每立方米	mol/m^3	
表面张力	牛[顿]每米	N/m	kg/s^2

附录2 基本常量

附表 4 常见元素原子量

元素		原子量	元素		原子量
符号	名称		符号	名称	
Ag	银	107.87	Li	锂	6.941
Al	铝	26.98	Mg	镁	24.31
B	硼	10.81	Mn	锰	54.938
Ba	钡	137.33	Mo	钼	95.96
Br	溴	79.904	N	氮	14.007
C	碳	12.01	Na	钠	22.99
Ca	钙	40.08	Ni	镍	58.71
Cl	氯	35.45	O	氧	15.999
Cr	铬	51.996	P	磷	30.97
Cu	铜	63.54	Pb	铅	207.19
F	氟	18.998	Pd	钯	106.4
Fe	铁	55.845	Pt	铂	195.09
H	氢	1.008	S	硫	32.064
Hg	汞	200.59	Si	硅	28.086
I	碘	126.904	Sn	锡	118.69
K	钾	39.10	Zn	锌	65.37

附表 5 一些物理化学基本常量

常数	符号	数值	SI 单位
真空中的光速	c_0	2.997924×10^{8}	$m\cdot s^{-1}$
真空磁导率	$\mu_0=4\pi\times10^{-7}$	12.566371×10^{-7}	$H\cdot m^{-1}$
真空电容率	$\varepsilon_0=(\mu_0 c_0^2)^{-1}$	8.854187×10^{-12}	$F\cdot m^{-1}$
基本电荷	ε	1.602177×10^{-19}	C
普朗克常数	h	6.626075×10^{-34}	$J\cdot s^{-1}$
阿伏伽德罗常数	L	6.022137×10^{23}	mol^{-1}
电子静止质量	m_e	9.109390×10^{-31}	kg
质子静止质量	m_p	1.672623×10^{-27}	kg
中子静止质量	m_n	1.674929×10^{-27}	kg
法拉第常数	F	9.648530×10^{4}	C/mol
里德堡常数	R_∞	1.097373×10^{7}	Wb/A
玻尔半径	$a_0=a/4\pi R_\infty$	5.291772×10^{-11}	m
摩尔气体常数	R	8.314510	$J\cdot K^{-1}\cdot mol^{-1}$
玻尔兹曼常数	$K=R/L$	1.380658×10^{-23}	$J\cdot K^{-1}$

附录3 常用实验数据

附表 6 液体的折射率

物质	15℃	20℃	物质	15℃	20℃
苯	1.50439	1.50110	四氯化碳	1.46305	1.46044
丙酮	1.36175	1.35911	环已烷	1.4290	
甲苯	1.4998	1.4968	硝基苯	1.5547	1.5524
醋酸	1.3776	1.3717	正丁醇		1.39909
氯苯	1.52748	1.52460	二硫化碳	1.62935	1.62546
氯仿	1.44853	1.44550	甲醇	1.3300	1.3286

附表 7 水和乙醇的折射率

t/℃	水	乙醇	t/℃	水	乙醇
16	1.33333	1.36210	36	1.33107	1.35390
18	1.33317	1.36129	38	1.33079	1.35306
20	1.33299	1.36048	40	1.33051	1.35222
22	1.33281	1.35967	42	1.33023	1.35138
24	1.33262	1.35885	44	1.32992	1.35054
26	1.33241	1.35803	46	1.32959	1.34969
28	1.33219	1.35721	48	1.32927	1.34885
30	1.33192	1.35639	50	1.32894	1.34800
32	1.33164	1.35557	52	1.32860	1.34715
34	1.33136	1.35474	54	1.32827	1.34629

注：1. 相对空气，钠光波长为 589.3nm。

2. 参见 Robert C Weast. CRC Handbook of Chemistry and Physics. 69th ed.（1988–1989），E–382.

附表 8 不同温度下水的黏度（η）和表面张力（σ）

t/℃	η/mPa · s	$\sigma/10^{-3}N \cdot m^{-1}$	t/℃	η/mPa · s	$\sigma/10^{-3}N \cdot m^{-1}$
0	1.787	75.64	24	0.9111	72.13
5	1.519	74.92	25	0.8904	71.97
10	1.307	74.23	26	0.8705	71.82
11	1.271	74.07	27	0.8513	71.66
12	1.235	73.93	28	0.8327	71.50
13	1.202	73.78	29	0.8148	71.35
14	1.169	73.64	30	0.7975	71.20
15	1.139	73.49	35	0.7194	70.38

续表

t/℃	η/mPa·s	$\sigma/10^{-3}N \cdot m^{-1}$	t/℃	η/mPa·s	$\sigma/10^{-3}N \cdot m^{-1}$
16	1.109	73.34	40	0.6529	69.60
17	1.081	73.19	45	0.5960	68.74
18	1.053	73.05	50	0.5468	67.94
19	1.027	72.90	55	0.5040	67.05
20	1.002	72.75	60	0.4665	66.24
21	0.9779	72.59	70	0.4042	64.47
22	0.9548	72.44	80	0.3547	62.67
23	0.9325	72.28	90	0.3147	60.82

注：参见 David R Lide. CRC Handbook of Chemistry and Physics，73rd ed.（1992–1993），6–10，Robert C. Weast，CRC Handbook of Chemistry and Physics，69th ed.（1988–1989），F–34，F–40.

附表 9　水的蒸气压

t/℃	p/kPa	p/mmHg	t/℃	p/kPa	p/mmHg
0	0.61129	4.5851	29	4.0078	30.061
5	0.87260	6.5451	30	4.2455	31.844
10	1.2281	9.2115	31	4.4953	33.718
11	1.3129	9.8476	32	4.7578	35.687
12	1.4027	10.521	33	5.0355	37.754
13	1.4979	11.235	34	5.3229	39.925
14	1.5988	11.992	35	5.6267	42.204
15	1.7056	12.793	36	5.9453	44.594
16	1.8185	13.640	37	6.2795	47.100
17	1.9380	14.536	38	6.6298	49.728
18	2.0644	15.484	39	6.9969	52.481
19	2.1978	16.485	40	7.3814	55.365
20	2.3388	17.542	45	9.5898	71.930
21	2.4877	18.659	50	12.344	92.588
22	2.6447	19.837	60	19.932	149.50
23	2.8104	21.080	70	31.176	233.84
24	2.9850	22.389	80	47.373	355.33
25	3.1690	23.770	90	70.117	525.92
26	3.3629	25.224	95	84.529	634.02
27	3.5670	26.755	100	101.32	760.00
28	3.7818	28.366	101	104.99	787.49

注：引自 Daivd R Lide. CRC Handbook of Chemistry and Physics，73rd ed.（1992–1993），6–14.

附表 10 常用酸碱溶液的相对密度和组成

一、硫酸

H_2SO_4 质量分数/%	d_4^{20}	H_2SO_4/(g/100mL 水溶液)	H_2SO_4 质量分数/%	d_4^{20}	H_2SO_4/(g/100mL 水溶液)
1	1.0051	1.005	65	1.5533	101.0
2	1.0118	2.024	70	1.6105	112.7
3	1.0184	3.055	75	1.6692	125.2
4	1.0250	4.100	80	1.7272	138.2
5	1.0317	5.159	85	1.7786	151.2
10	1.0661	10.66	90	1.8144	163.3
15	1.1020	16.53	91	1.8195	165.6
20	1.1394	22.79	92	1.8240	167.8
25	1.1783	29.46	93	1.8279	170.0
30	1.2185	36.56	94	1.8312	172.1
35	1.2579	44.10	95	1.8337	174.2
40	1.3028	52.11	96	1.8355	176.2
45	1.3476	60.64	97	1.8364	178.1
50	1.3951	69.76	98	1.8361	179.9
55	1.4453	79.49	99	1.8342	181.6
60	1.4983	89.90	100	1.8305	183.1

二、硝酸

HNO_3 质量分数/%	d_4^{20}	HNO_3/(g/100mL 水溶液)	HNO_3 质量分数/%	d_4^{20}	HNO_3/(g/100mL 水溶液)
1	1.0036	1.004	65	1.3913	90.43
2	1.0091	2.018	70	1.4134	98.94
3	1.0146	3.044	75	1.4337	107.5
4	1.0201	4.080	80	1.4521	116.2
5	1.0256	5.128	85	1.4686	124.8
10	1.0543	10.54	90	1.4826	133.4
15	1.0842	16.24	91	1.4850	135.1
20	1.1150	22.30	92	1.4873	136.8
25	1.1469	28.67	93	1.4892	138.5
30	1.1800	35.40	94	1.4912	140.2
35	1.2140	42.49	95	1.4932	141.9
40	1.2463	49.85	96	1.4952	143.5
45	1.2783	57.52	97	1.4974	145.2

续表

HNO_3 质量分数/%	d_4^{20}	HNO_3/(g/100mL 水溶液)	HNO_3 质量分数/%	d_4^{20}	HNO_3/(g/100mL 水溶液)
50	1.3100	65.50	98	1.5008	147.1
55	1.3393	73.66	99	1.5056	149.1
60	1.3667	82.00	100	1.5129	151.3

三、盐酸

HCl 质量分数/%	d_4^{20}	HCl/(g/100mL 水溶液)	HCl 质量分数/%	d_4^{20}	HCl/(g/100mL 水溶液)
1	1.0032	1.003	22	1.1083	24.38
2	1.0082	2.006	24	1.1187	26.85
4	1.0181	4.007	26	1.1290	29.35
6	1.0279	6.167	28	1.1392	31.90
8	1.0376	8.301	30	1.1492	34.48
10	1.0474	10.47	32	1.1593	37.10
12	1.0574	12.69	34	1.1691	39.75
14	1.0675	14.95	36	1.1789	42.44
16	1.0776	17.24	38	1.1885	45.16
18	1.0878	19.58	40	1.1980	47.92
20	1.0980	21.96			

四、氢氧化钠

NaOH 质量分数/%	d_4^{20}	NaOH/(g/100mL 水溶液)	NaOH 质量分数/%	d_4^{20}	NaOH/(g/100mL 水溶液)
1	1.0095	1.010	26	1.2848	33.40
2	1.0207	2.041	28	1.3064	36.58
4	1.0428	4.1714	30	1.3279	39.84
6	1.0648	6.389	32	1.3490	43.17
8	1.0869	8.695	34	1.3696	46.57
10	1.1089	11.09	36	1.3900	50.04
12	1.1309	13.57	38	1.4101	53.58
14	1.1530	16.14	40	1.4300	57.20
16	1.1751	18.80	42	1.4494	60.87
18	1.1972	21.55	44	1.4685	64.61
20	1.2191	24.38	46	1.4873	68.42
22	1.2411	27.30	48	1.5065	72.31
24	1.2629	30.31	50	1.5253	76.27

五、碳酸钠

Na_2CO_3 质量分数/%	d_4^{20}	Na_2CO_3/(g/100mL 水溶液)	Na_2CO_3 质量分数/%	d_4^{20}	Na_2CO_3/(g/100mL 水溶液)
1	1.0086	1.009	12	1.1244	13.49
2	1.0190	2.038	14	1.1463	16.05
4	1.0398	4.159	16	1.1682	18.50
6	1.0606	6.364	18	1.1905	21.33
8	1.0816	8.654	20	1.2132	24.26
10	1.1029	11.03			

附表 11　常见共沸混合物的沸点及组成

一、二元共沸混合物

混合物的组分		760mmHg 时沸点/℃		共沸物组成（质量分数）/%	
		纯组分	共沸物	第一组分	第二组分
H_2O		100			
	氯仿	61.2	56.1	2.5	97.5
	二氯乙烷	83.7	72.0	19.5	80.5
	苯	80.4	69.2	8.8	91.8
	甲苯	110.5	85.0	19.6	80.4
	正丙醇	97.2	87.7	28.8	71.2
	异丙醇	82.4	80.4	12.1	87.9
	正丁醇	117.7	92.2	37.5	62.5
	异丁醇	108.0	90.0	33.2	66.8
	仲丁醇	99.5	88.5	32.1	67.9
	叔丁醇	82.8	79.9	11.7	88.3
	乙醇	78.4	78.1	4.5	95.5
	乙酸乙酯	77.1	70.4	8.2	91.8
	乙醚	35	34	1.0	99.0
	乙腈	82.0	76.0	16.0	84.0
	丙烯腈	78.0	70.0	13.0	87.0
	烯丙醇	97.0	88.2	27.1	72.9
	丁醛	75.7	68	6	94
	氢碘酸	−34	127（最高）	43	57
	氢溴酸	−67	126（最高）	52.5	47.5
	氢氯酸	−84	110（最高）	79.8	20.2
	甲酸	100.8	107.3（最高）	22.5	77.5
	硝酸	86	120.5（最高）	32	68

续表

混合物的组分		760mmHg 时沸点/℃		共沸物组成（质量分数）/%	
		纯组分	共沸物	第一组分	第二组分
正己烷		69			
	苯	80.2	68.8	95	5
	氯仿	61.2	60.8	28	72
环己烷		80.8			
	苯	80.2	77.8	45	55
丙酮		56.5			
	二硫化碳	46.3	39.2	34	66
	氯仿	61.2	65.5	20	80
	异丙醚	69.0	54.2	61	39
乙醇		78.4			
	乙酸乙酯	78.0	72.0	30	70
	苯	80.4	68.2	32	68
	氯仿	61.2	59.4	7	93
	四氯化碳	77.0	75.0	16	84
甲醇		64.7			
	苯	80.4	48.3	39	61
	四氯化碳	77.0	55.7	21	79

二、三元共沸混合物

第一组分		第二组分		第三组分		沸点/℃
名称	质量分数%	名称	质量分数%	名称	质量分数%	
水	7.8	乙醇	9.0	乙酸乙酯	83.2	70.0
水	4.3	乙醇	9.7	四氯化碳	86	61.8
水	7.4	乙醇	18.5	苯	74.1	64.9
水	7	乙醇	17	环己烷	76	62.1
水	3.5	乙醇	4.0	氯仿	92.5	55.5
水	7.5	异丙醇	18.7	苯	73.8	66.5

附表 12　常用基准物及其干燥条件

基准物	干燥后的组成	干燥温度及时间	标定对象
$NaHCO_3$	Na_2CO_3	260～270℃干燥至恒重	酸
$Na_2B_4O_7 \cdot 10H_2O$	$Na_2B_4O_7 \cdot 10H_2O$	NaCl-蔗糖饱和溶液干燥器中室温下保存	酸
$KHC_6H_4(COO)_2$	$KHC_6H_4(COO)_2$	105～110℃干燥1h	碱

续表

基准物	干燥后的组成	干燥温度及时间	标定对象
$Na_2C_2O_4$	$Na_2C_2O_4$	105～110℃干燥2h	氧化剂
$K_2Cr_2O_7$	$K_2Cr_2O_7$	130～140℃加热 0.5～1h	还原剂
$KBrO_3$	$KBrO_3$	120℃干燥 1～2h	还原剂
KIO_3	KIO_3	105～120℃干燥	还原剂
As_2O_3	As_2O_3	硫酸干燥器中干燥至恒重	氧化剂
NaCl	NaCl	250～350℃加热 1～2h	$AgNO_3$
$AgNO_3$	$AgNO_3$	120℃干燥 2h	氯化物
Cu	Cu	室温干燥器中保存	还原剂
Zn	Zn	室温干燥器中保存	EDTA
ZnO	ZnO	约 800℃灼烧至恒重	EDTA
无水 Na_2CO_3	Na_2CO_3	260～270℃加热 30min	酸
$CaCO_3$	$CaCO_3$	105～110℃干燥	EDTA
$H_2C_2O_4 \cdot 2H_2O$	$H_2C_2O_4 \cdot 2H_2O$	室温空气中干燥	碱或 $KMnO_4$

附表 13　常用指示剂

一、酸碱指示剂

指示剂名称	变色 pH 范围	颜色变化	溶液配制方法
甲基紫（第一变色范围）	0.13～0.5	黄-绿	0.1%或 0.05%的水溶液
甲基紫（第二变色范围）	1.0～1.5	绿-蓝	0.1%水溶液
甲基紫（第三变色范围）	2.0～3.0	蓝-紫	0.1%水溶液
苦味酸	0.0～1.3	无色-黄	0.1%水溶液
甲基绿	0.1～2.0	黄-绿-浅蓝	0.05%水溶液
百里酚蓝（麝香草酚蓝）（第一变色范围）	1.2～2.8	红-黄	0.1g 指示剂溶于 100mL 20%乙醇中
茜素黄 R（第一变色范围）	1.9～3.3	红-黄	0.1%水溶液
茜素黄 R（第二变色范围）	10.1～12.1	黄-浅紫	0.1%水溶液
二甲基黄	2.9～4.0	红-黄	0.1g 或 0.01g 指示剂溶于 100mL 90%乙醇中
甲基橙	3.1～4.4	红-橙黄	0.1%水溶液
溴酚蓝	3.0～4.6	黄-蓝	0.1g 指示剂溶于 100mL 20%乙醇中
刚果红	3.0～5.2	蓝紫-红	0.1%水溶液
溴甲酚绿	3.8～5.4	黄-蓝	0.1g 指示剂溶于 100mL 20%乙醇中

续表

指示剂名称	变色pH范围	颜色变化	溶液配制方法
甲基红	4.4～6.2	红-黄	0.1g或0.2g指示剂溶于100mL 60%乙醇中
溴酚红	5.0～6.8	黄-红	0.1g或0.04g指示剂溶于100mL 20%乙醇中
溴甲酚紫	5.2～6.8	黄-紫红	0.1g指示剂溶于100mL 20%乙醇中
溴百里酚蓝	6.0～7.6	黄-蓝	0.05g指示剂溶于100mL 20%乙醇中
中性红	6.8～8.0	红-亮黄	0.1g指示剂溶于100mL 60%乙醇中
酚红	6.8～8.0	黄-红	0.1g指示剂溶于100mL 20%乙醇中
甲酚红	7.2～8.8	亮黄-紫红	0.1g指示剂溶于100mL 50%乙醇中
酚酞	8.2～10.0	无色-紫红	0.1g指示剂溶于100mL 60%乙醇中
百里酚酞	9.4～10.6	无色-蓝	0.1g指示剂溶于100mL 90%乙醇中
达旦黄	12.0～13.0	黄-红	溶于水、乙醇

二、混合酸碱指示剂

指示剂溶液组成	变色点pH	颜色		备注
		酸色	碱色	
一份0.1%甲基黄乙醇溶液 一份0.1%亚甲基蓝乙醇溶液	3.25	蓝紫	绿	pH 3.2 蓝紫色 pH 3.4 棕色
一份0.1%甲基橙溶液 一份0.25%靛蓝（二磺酸）水溶液	4.1	紫	黄绿	
一份0.1%溴百里酚绿钠盐水溶液 一份0.2%甲基红乙醇溶液	4.3	黄	蓝绿	pH 3.5 黄色 pH 4.0 黄绿色 pH 4.3 绿色
三份0.1%溴甲酚绿乙醇溶液 一份0.2%甲基红乙醇溶液	5.1	酒红	绿	
一份0.2%甲基红乙醇溶液 一份0.1%亚甲基蓝乙醇溶液	5.4	红紫	绿	pH 5.2 红紫 pH 5.4 暗蓝 pH 5.6 绿
一份0.1%溴甲酚绿钠盐水溶液 一份0.1%氯酚红钠盐水溶液	6.1	黄绿	蓝紫	pH 5.4 蓝绿 pH 5.8 蓝 pH 6.2 蓝紫
一份0.1%溴甲酚紫钠盐水溶液 一份0.1%溴百里酚蓝钠盐水溶液	6.7	黄	蓝紫	pH 6.2 黄紫 pH 6.6 紫 pH 6.8 蓝紫
一份0.1%中性红乙醇溶液 一份0.1%亚甲基蓝乙醇溶液	7.0	蓝绿	绿	pH 7.0 蓝紫
一份0.1%溴百里酚蓝钠盐水溶液 一份0.1%酚红钠盐水溶液	7.5	黄	绿	pH 7.2 暗绿 pH 7.4 淡紫 pH 7.6 深紫
一份0.1%甲酚红钠盐水溶液 三份0.1%百里酚蓝钠盐水溶液	8.3	黄	紫	pH 8.2 玫瑰色 pH 8.4 紫色

三、金属离子指示剂

指示剂名称	离解平衡和颜色变化	溶液配制方法
铬黑 T（EBT）	$H_2In \underset{}{\overset{pK_{a_2}=6.5}{\rightleftharpoons}} HIn^{2-} \overset{pK_{a_3}=11.55}{\rightleftharpoons} In^{3-}$ 紫红　蓝　橙	0.5%水溶液
二甲酚橙（XO）	$H_3In^{4-} \overset{pK_a=6.3}{\rightleftharpoons} H_2In^{5-}$ 黄　红	0.2%水溶液
K-B 指示剂	$H_2In \overset{pK_{a_1}=8}{\rightleftharpoons} HIn^{-} \overset{pK_a=13}{\rightleftharpoons} In^{2-}$ 红　蓝　紫红 （酸性铬蓝K）	0.2g 酸性铬蓝 K 与 0.4g 萘酚绿 B 溶于 100mL 水中
钙指示剂	$H_2In^{-} \overset{pK_{a_2}=7.4}{\rightleftharpoons} HIn^{2-} \overset{pK_{a_1}=13.5}{\rightleftharpoons} In^{3-}$ 酒红　蓝　酒红	0.5%乙醇溶液
吡啶偶氮萘酚（PAN）	$H_2In^{+} \overset{pK_{a_1}=1.9}{\rightleftharpoons} HIn \overset{pK_{a_2}=12.2}{\rightleftharpoons} In^{-}$ 黄绿　黄　淡红	0.1%的乙醇溶液
磺基水杨酸	$H_2In \overset{pK_{a_2}=2.7}{\rightleftharpoons} HIn^{-} \overset{pK_{a_3}=13.1}{\rightleftharpoons} In^{2-}$ （无色）	0.1%水溶液
钙镁试剂	$H_2In^{-} \overset{pK_{a_2}=8.1}{\rightleftharpoons} HIn^{2-} \overset{pK_{a_3}=12.4}{\rightleftharpoons} In^{3-}$ 红　蓝　红橙	0.5%水溶液

注：EBT、钙试剂、K–B 指示剂等在水溶液中稳定性较差，可以配成指示剂与 NaCl 之比为 1：100 或 1：200 的固体粉末。

四、氧化还原指示剂

指示剂名称	$E^{\ominus}([H^+]=1mol \cdot L^{-1})/V$	颜色变化		溶液配制方法
		氧化态	还原态	
中性红	0.24	红色	无色	0.05%的 60%乙醇溶液
亚甲基蓝	0.36	蓝	无色	0.05%水溶液
变胺蓝	0.59（pH=2）	无色	蓝色	0.05%水溶液
二苯胺	0.76	紫	无色	1%的浓 H_2SO_4 溶液
二苯胺磺酸钠	0.85	紫红	无色	0.5%水溶液
N-邻苯氨基苯甲酸	1.08	紫红	无色	0.1g 指示剂加 20mL 5%的 Na_2CO_3 溶液，用水稀释至 100mL
邻二氮菲-Fe（Ⅱ）	1.06	浅蓝	红	1.485g 邻二氮菲加 0.965g $FeSO_4$，溶于 100mL 水中（0.025mol・L^{-1}水溶液）
5-硝基邻二氮菲-Fe（Ⅱ）	1.25	浅蓝	紫红	1.685g 5-硝基邻二氮菲 0.695g $FeSO_4$，溶于 100mL 水中（0.025mol・L^{-1}水溶液）

五、沉淀滴定吸附指示剂

指示剂	被测离子	滴定剂	滴定条件	溶液配制方法
荧光黄	Cl^-	Ag^+	pH7～10（一般7～8）	0.2%乙醇溶液
二氯荧光黄	Cl^-	Ag^+	pH4～10（一般5～8）	0.1%水溶液
曙红	Br^-，I^-，SCN^-	Ag^+	pH2～10（一般3～8）	0.5%水溶液
溴甲酚绿	SCN^-	Ag^+	pH4～5	0.1%水溶液
甲基紫	Ag^+	Cl^-	酸性溶液	0.1%水溶液
罗丹明6G	Ag^+	Br^-	酸性溶液	0.1%水溶液
钍试剂	SO^{2+}	Ba^{2+}	pH1.5～3.5	0.5%水溶液
溴酚蓝	Hg_2^{2+}	Cl^-，Br^-	酸性溶液	0.1%水溶液

附表14 常用缓冲溶液

缓冲液组成	缓冲液pH值	配制方法
氨基乙酸–HCl	2.3	取氨基乙酸150g溶于500mL水中，加浓HCl 80mL，水稀释至1L
H_3PO_4–柠檬酸盐	2.5	取$Na_2HPO_4 \cdot 12H_2O$ 113g溶于200mL水中，加入柠檬酸387g，溶解，过滤后，稀释至1L
一氯乙酸–NaOH	2.8	取200g一氯乙酸溶于200mL水中，加NaOH 40g，溶解后稀释至1L
邻苯二甲酸氢钾–HCl	2.9	取500g邻苯二甲酸氢钾溶于500mL水中，加浓HCl 180mL，稀释至1L
甲酸–NaOH	3.7	取95g甲酸和NaOH溶于500mL水中，稀释至1L
NH_4Ac–HAc	4.5	取NH_4Ac 77g溶于200mL水中，加冰HAc 59mL，稀释至1L
NaAc–HAc	4.7	取无水NaAc 83g溶于水中，加冰HAc 60mL，稀释至1L
NaAc–HAc	5.0	取无水NaAc 160g溶于水中，加冰HAc 60mL，稀释至1L
NH_4Ac–HAc	5.0	取NH_4Ac 250g溶于水中，加冰HAc 25mL，稀释至1L
六亚甲基四胺–HCl	5.4	取六亚甲基四胺40g溶于200mL水中，加浓HCl 10mL，稀释至1L
NH_4Ac–HAc	6.0	取NH_4Ac 600g溶于水中，加冰HAc 20mL，稀释至1L
NaAc–H_3PO_4盐	8.0	取无水NaAc 50g和$Na_2HPO_4 \cdot 12H_2O$ 50g溶于水中，稀释至1L
Tris–HCl（三羟甲基氨甲烷）	8.2	取25g Tris试剂溶于水中，加浓HCl 18mL，稀释至1L
NH_3–NH_4Cl	9.2	取NH_4Cl 54g溶于水中，加浓氨水63mL，稀释至1L
NH_3–NH_4Cl	9.5	取NH_4Cl 54g溶于水中，加浓氨水126mL，稀释至1L
NH_3–NH_4Cl	10.6	取NH_4Cl 54g溶于水中，加浓氨水350mL，稀释至1L

注：1. 缓冲液配制后可用pH试纸检查。如果pH值不对，可用共轭酸或碱调节。pH值欲调节精确可用pH计调节。

2. 若需增加或减少缓冲溶液的缓冲容量时，可响应增加或减少共轭酸碱对的物质的量进行调节。

附表 15　常用洗涤剂

名称	配制方法	用途
合成洗涤剂	将合成洗涤剂粉用热水搅拌配成浓溶液	用于一般玻璃仪器的洗涤
肥皂液	将肥皂捣碎，用水熬成溶液	用于一般玻璃仪器的洗涤
铬酸洗液（重铬酸钾-硫酸洗液）	取 $K_2Cr_2O_7$（L.R.）20g于500mL 烧杯中，加水 40mL，加热溶解，冷后，缓缓加入 320mL 粗浓 H_2SO_4 即成（注意边加边搅拌），贮存于磨口细口瓶中	用于洗涤油污及有机物，使用时防止被水稀释。还原为绿色的铬酸洗液，可加入固体 $KMnO_4$ 使其再生，这样实际消耗的是 $KMnO_4$，可减少铬对环境的污染
$KMnO_4$ 碱性溶液	取 $KMnO_4$（L.R.）4g，溶于少量水中，缓缓加入 100mL 10% NaOH 溶液中	用于洗涤油污，洗后玻璃壁上附着的 MnO_2 沉淀，可用粗亚铁盐或 Na_2SO_3 溶液洗去
碱性乙醇溶液	30%～40%NaOH 乙醇溶液	强碱性洗涤剂，用于洗涤油污，洗涤时间不宜过长
有机溶剂	如丙酮、乙醇、乙醚	用于洗脱油脂，二甲苯可洗脱油漆的污垢
乙醇-浓硝酸洗液	洗涤时先加少量乙醇于脏仪器中，再加入少量浓硝酸，即产生大量 NO_2，将有机物氧化而破坏	用于洗涤沾有有机物或油污的结构复杂的仪器（滴定管）

附表 16　常用干燥剂

干燥剂名称	干燥能力（经干燥后空气中剩余水分）/mg·L^{-1}	应用实例
硅胶	6×10^{-3}	NH_3、O_2、N_2、空气防潮
P_2O_5	2×10^{-5}	CS_2、H_2、O_2、SO_2、N_2、CH_4 等
浓硫酸	3×10^{-3}	As_2O_3、I_2、$AgNO_3$、SO_2、卤代烷、饱和烃
$CaCl_2$	0.14	H_2、O_2、HCl、Cl_2、H_2S、NH_3、CO_2、CO、N_2、SO_2、CH_4、乙醚等
碱石灰	—	NH_3、O_2、N_2 等，并可除去空气中的 CO_2 和酸气
氧化钙	0.2	NH_3
固体氢氧化钠	0.16	NH_3、O_2、N_2、H_2、CO、CH_4 等，也可除去气体中少量的 H_2S、SO_2、CO_2、HCl 等气体
分子筛	1.2×10^{-3}	O_2、H_2、空气、乙醇、乙醚、甲醇、吡啶、丙酮、苯等

附表 17 玻璃砂芯滤器规格及其使用

滤板编号	滤板平均孔径/μm	一般用途
1	80～120	过滤粗颗粒沉淀，收集或分布大分子气体
2	40～80	过滤较粗颗粒沉淀，收集或分布较大分子气体
3	15～40	过滤化学分析中一般结晶沉淀和杂质。过滤水银，收集或分布一般气体
4	5～15	过滤细颗粒沉淀，收集或分布小分子气体
5	2～5	过滤极细颗粒沉淀，滤出较大细菌
6	<2	滤除细菌

注：新玻璃滤器使用前应先以热盐酸或铬酸洗液抽滤一次，并随即用水冲洗干净，使滤器中可能存在的灰尘杂质完全清除干净。每次用完或经一定时间使用后，都必须进行有效的洗涤处理，以免因沉淀物堵塞而影响过滤功效。

参考文献

[1] 曾和平，王辉，李兴奇，赵蓓，等. 有机化学实验［M］. 4版. 北京： 高等教育出版社， 2014.
[2] 辛剑， 孟长功. 基础化学实验［M］. 北京： 高等教育出版社， 2004.
[3] 姚刚，王红梅. 有机化学实验［M］. 2版. 北京： 化学工业出版社， 2018.
[4] 孔祥文. 有机化学实验［M］. 北京： 化学工业出版社， 2011.
[5] 孙尔康，张剑荣，曹健，等. 有机化学实验［M］. 南京： 南京大学出版社， 2009.
[6] 孙尔康，高卫，徐维清，易敏. 物理化学实验. 南京：南京大学出版社，2014.
[7] 刘志明，吴也平，金丽梅. 应用物理化学实验. 北京：化学工业出版社，2009.
[8] 王丽芳，康艳珍. 物理化学实验. 北京：化学工业出版社，2007.
[9] 金丽萍，邬时清，陈大勇. 物理化学实验. 上海：华东理工大学出版社，2005.
[10] 华南理工大学物理化学教研室. 物理化学实验. 广州：华南理工大学出版社，2006.
[11] 刘廷岳，王岩. 物理化学实验. 北京：中国纺织出版社，2006.
[12] 蒋月秀，龚福忠，李俊杰. 物理化学实验. 上海：华东理工大学出版社，2005.
[13] 吴洪达，叶旭. 物理化学实验. 2版. 武汉：华中科技大学出版社，2017.
[14] 郭子成，杨建一，罗青枝. 物理化学实验. 北京：北京理工大学出版社，2005.
[15] 杨冬花，武正簧. 物理化学实验. 徐州：中国矿业大学出版社，2005.
[16] 胡晓洪，刘弋潞，梁舒萍. 物理化学实验. 北京：化学工业出版社，2007.
[17] 张军，宋帮才，关振民. 物理化学实验. 北京：化学工业出版社，2009.
[18] 陈芳. 物理化学实验. 武汉：武汉理工大学出版社，2011.
[19] C R Wang，KB Tang，Q Yang，et al . J. Cryst. Growth，2001，226： 175-178.
[20] 龚凡. 分析化学实验. 哈尔滨：哈尔滨工程大学出版社，2004.
[21] 四川大学化工学院，浙江大学化学系. 分析化学实验. 北京：高等教育出版社，2002.
[22] 侯海鸽，朱志彪，范乃英. 无机及分析化学实验. 哈尔滨：哈尔滨工业大学出版社，2005.
[23] 孟长功. 基础化学实验. 3版. 北京：高等教育出版社，2019.
[24] 罗世忠，魏庆莉，李会平，等. 基础化学实验. 3版. 北京：科学出版社，2020.
[25] 高世萍，于春玲，杨大伟. 基础化学实验. 北京：化学工业出版社，2020.
[26] 曾仁权. 基础化学实验. 北京：科学出版社，2020.
[27] 季桂娟，齐菊锐，郑克岩，马成有. 分析化学实验. 北京：高等教育出版社，2017.
[28] 龚跃法. 基础化学实验-无机与分析化学实验分册. 北京：高等教育出版社，2020.
[29] 魏庆莉，罗世忠，解从霞. 基础化学实验［M］. 北京：科学出版社. 2008.
[30] 王秋长，赵鸿喜，张守民，李一峻. 基础化学实验［M］. 北京：科学出版社. 2007.
[31] 李志富，颜军，干宁. 仪器分析实验［M］. 武汉：华中科技大学出版社. 2019.
[32] 薛晓丽，于加平，韩凤波. 仪器分析实验［M］. 北京：化学工业出版社. 2020.